国家自然科学基金青年科学基金项目（52204090）

裂隙煤岩多级水力裂缝形成过程及机理研究

王 伸 / 著

中国矿业大学出版社
· 徐州 ·

内容提要

本著作综合采用现场调研、实验室试验、数值模拟、理论分析等方法，对裂隙煤岩水力压裂生成的多级裂缝结构特征和形成机理进行研究，建立了用于模拟裂隙煤岩水力压裂裂缝扩展的拉剪和压剪损伤模型，编写了相应的USDFLD用户子程序；研究了水力压裂裂缝的应力扰动范围，讨论了多缝压裂的模型边界效应；系统分析了层理、非连续共轭节理网络、割理系统等天然裂缝网络对水力压裂裂缝形成过程的影响，揭示了天然裂缝粗糙度、方向及地应力对压裂缝网形态、剪切裂缝占比、次级裂缝发育特征的影响；阐明了裂隙煤岩多级水力压裂裂缝的形成机理，建立了水力裂缝遇天然裂缝分叉的理论判别方法。

本书可供采矿工程、油气田开发工程、新能源科学与工程、岩土工程等专业的科研与工程技术人员参考。

图书在版编目(CIP)数据

裂隙煤岩多级水力裂缝形成过程及机理研究 / 王伸著. — 徐州 : 中国矿业大学出版社, 2024. 7. — ISBN 978-7-5646-6349-0

Ⅰ. P618.11

中国国家版本馆 CIP 数据核字第 2024NY5875 号

书　　名　裂隙煤岩多级水力裂缝形成过程及机理研究

著　　者　王　伸

责任编辑　王美柱

出版发行　中国矿业大学出版社有限责任公司

（江苏省徐州市解放南路　邮编 221008）

营销热线　(0516)83885370　83884103

出版服务　(0516)83995789　83884920

网　　址　http://www.cumtp.com　**E-mail**:cumtpvip@cumtp.com

印　　刷　江苏淮阴新华印务有限公司

开　　本　787 mm×1092 mm　1/16　**印张** 10.5　**字数** 269 千字

版次印次　2024 年 7 月第 1 版　2024 年 7 月第 1 次印刷

定　　价　45.00 元

前　言

裂隙煤岩多级水力裂缝的形成过程和扩展特征对煤系气储层压裂增透效果以及煤岩定向水力致裂成效具有关键影响作用。为研究裂隙煤岩中多级水力裂缝的形成过程及形成机理,通过现场调研、实验室试验以及类比分析等方式,研究了裂隙煤岩的多尺度结构特征对水力裂缝的控制作用;提出了一种简便的内聚力单元全局和局部嵌入算法及模拟缝网压裂的孔隙压力节点合并法;建立了用于研究裂隙煤岩水力压裂的裂缝扩展损伤模型,包括拉剪混合损伤模型和基于巴顿模型的天然裂缝压剪损伤模型,编写了 USDFLD 用户子程序;提出了非连续共轭节理网络、正交割理网络及 Voronoi 裂隙网络的数值建模方法;研究了水力裂缝的应力扰动范围,讨论了多缝压裂的模型边界效应;对裂隙煤岩多级水力裂缝的形成过程进行了数值模拟试验,研究了层理、非连续共轭节理网络、割理系统等天然裂缝网络特征对水力裂缝形成过程的影响,分析了天然裂缝粗糙度、方向及地应力对缝网形态与影响宽度、水力裂缝分叉过程、张拉和剪切裂缝比例、次级裂缝特征的影响;最后研究了裂隙煤岩多级水力裂缝的形成机理,建立了水力裂缝遇天然裂缝分叉的理论判别方法,研究了天然裂缝粗糙度、裂隙流体压力、天然裂缝面抗压强度、有效应力场、天然裂缝方向对水力裂缝分叉行为的影响;对比分析了常规压裂与重复压裂的诱导应力场特征,初步探讨了大排量压裂下动态水力裂缝的分叉特征。研究表明:

(1) 主应力差恒定条件下,最小主应力增加不利于次级裂缝开启,同时促使主水力裂缝类型从张拉型向剪切型过渡。在同一区域地应力环境中,埋藏浅的煤层较埋藏深的煤层产生张拉型水力裂缝的可能性大。天然裂缝随最小主应力增加对水力缝网主裂缝类型、缝网形态的控制作用逐渐增强。

(2) 裂隙煤岩水力缝网中既存在张拉裂缝,也存在相当比例的剪切裂缝。张拉型和剪切型水力裂缝可多级交替分叉形成,形成张拉型的第 1 级主裂缝、第 2 级剪切次级裂缝、第 3 级张拉次级裂缝的多级分叉结构;但在粗糙度低的天然裂缝网络中更倾向于形成水力剪切主裂缝伴随张拉分叉裂缝的缝网结构。第 2 级剪切次级裂缝的长度和分叉数量显著影响更次级分叉裂缝数量,进而在宏观上影响水力压裂的缝网改造效果。次级裂缝总长度占总缝网长度的绝大部分,长度大于 0.05 m 的次级裂缝与主裂缝长度之比普遍大于 4.34,最高达 14.20,如何提高次级裂缝占比对提高增透效果或地层导流能力至关重要。

(3) 定义了水力裂缝迂回度的概念,即最大主应力方向上单位长度范围内水力裂缝周期性曲折次数的倒数。采用迂回度评价最大主应力以及天然裂缝对水力裂缝走向的控制作用，水力裂缝迂回度与地应力的控制作用呈反相关关系。水力裂缝迂回度随主应力差增大而降低；迂回度越小，非连续共轭节理地层中分叉裂缝数量越多。

(4) 共轭节理锐角角平分线与最大主应力方向接近垂直时，所形成的主裂缝迂回度、缝网影响范围最大，可形成大型剪切成因的分叉裂缝；共轭节理锐角角平分线与最大主应力方向近似平行时，分叉裂缝数量较多，但在缝网宽度方向上影响范围较窄；当某组节理走向与最大主应力夹角较小时，节理方向对裂缝走向的控制作用强于地应力。

(5) 多尺度天然裂缝诱导分叉、重复压裂诱导地应力大小和方向改变、大排量动态压裂导致裂缝动态传播分叉是裂隙煤岩压裂形成多级水力裂缝的主要机制。重复压裂比常规压裂的缝网改造能力更强，尤其体现在缝网影响宽度方面；重复压裂作用下，水力裂缝附近的局部应力场方向可改变90°，为后续压裂过程中裂缝实现多级分叉提供应力环境。

由于作者水平所限，书中难免存在不妥之处，恳请读者批评指正。

著　者

2024年5月

目　录

1 绪 论

1.1 研究目的和意义

非常规油气[1]和地热资源[2]是未来能源需求的经济有效的解决方案。非常规油气主要包括重油、超重油、深层石油、低渗岩层气、煤层气、天然气水合物以及无机成因油气等[3]。全球煤层气总储量为 $8.438\times10^{10}\sim2.622\,1\times10^{11}$ m^3;我国煤层气储量居世界第三位,总储量大约为 3.7×10^{10} m^3[4]。致密砂岩、低渗煤层、干热岩等储层往往需要通过人工对其渗透性、导流性进行改造,以达到增产目的。水力压裂作为一项有效的储层改造技术,已被广泛用于各类油气及地热开采中,此外也用于煤矿坚硬顶板卸压[5-6]、核废料埋藏[7]以及地应力测量[8]等。水力压裂最早可追溯至 19 世纪 60 年代[9];1968 年,大体积水力压裂首次应用于原油开采[10];20 世纪 70 年代,水力压裂在美国被用于煤层气开采[11]。至今,全球已有超过 250 万次压裂[12]。

水力裂缝形态直接影响储层增透效果。普遍认为,完整岩石中的水力裂缝面沿垂直于最小主应力的方向扩展[13]。由于地质条件、煤岩结构复杂多样,裂隙煤岩多级裂缝产生机理及缝网形态尚未完全明确。有研究表明,水力压裂可诱导出复杂立体多级的裂缝空间结构,此裂缝结构往往包含一条主干裂缝与诸多次级乃至更次级的分叉裂缝[14]。McClure 等将裂隙岩体中的水力裂缝扩展机制分为 4 类[15],即纯张开型(POM)、纯剪切型(PSS)、张裂缝伴随剪切滤失型(PFSSL)以及混合型(MMS)(图 1-1),但并未揭示 4 类裂缝扩展机制更深层次的联系,也未给出明确的水力缝网空间结构的定量表征。其中,POM 多用于油气开采,而 PSS 多用于增强地热系统(EGS)。水力裂缝扩展的不同机制主要可归因于压裂工艺、岩体强度、裂隙分布特征及力学性质、地应力场等方面的差异[16]。

裂隙煤岩系统包含多孔煤岩基质、割理、层理、节理、断层、填充物等[13],其基质分布呈非均匀性,天然裂隙网络呈空间结构复杂性、非连续性与多尺度性。压裂作用下,压裂液滤失对裂隙煤岩的浸润作用可引起孔隙压力与煤体力学性质显著变化,这种变化反过来又影响水力裂缝的扩展。此外,剪切型水力裂缝在裂隙地层压裂中越来越被重视,刘晓、苏现波等认为通过采用分段压裂、重复压裂等方式,煤储层内可形成径向引张裂缝、周缘引张裂缝、剪切裂缝、转向裂缝以及次级裂缝[14,17],这些裂缝相互交错,充分切割煤体,可形成复杂的缝网系统。目前,关于径向引张裂缝扩展机理及扩展模型的研究较为充分,但以下 3 个关键科学问题尚未完全明确:① 压裂液滤失与渗流对裂隙煤岩有效应力场的影响及此影响对裂缝扩展的反作用机制;② 压裂影响下天然裂缝的剪胀、扩展、动态剪切破坏机制;③ 多因素影响下(压裂工艺、应力场、天然裂缝网络结构)的裂隙煤岩复杂缝网形成过程及几何形态。

研究裂隙煤岩多级水力裂缝扩展机理及缝网形态不仅对改善煤储层压裂工艺、提高储

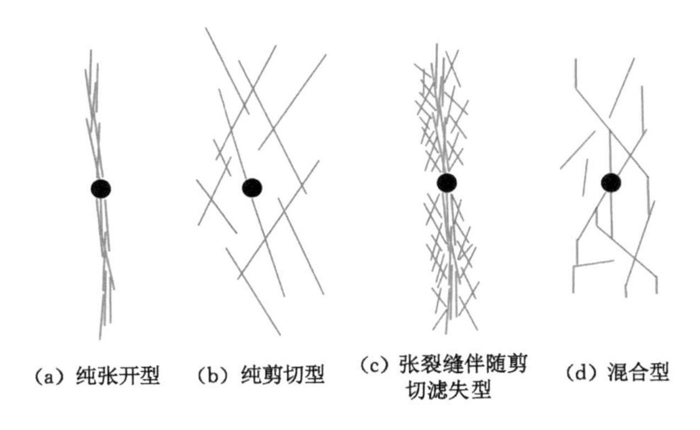

图 1-1 4 种裂隙岩体水力裂缝扩展模型

层增透效果有积极意义，而且对改善煤层顶板定向造缝压裂技术、增强卸压效果有重要意义。例如，同忻煤矿特厚煤层开采采用宽煤柱护巷技术，为减轻巷道围岩与煤柱变形情况，沿巷道走向实施顶板定向水力致裂，但受采动应力及采动裂隙影响，水力裂缝扩展形态及压裂卸压效果远比完整岩层中的复杂。

本研究拟在前人研究的基础上，针对“裂隙煤岩多级水力裂缝形成过程及机理”展开研究，考虑压裂液滤失及渗流效应，分析水力裂缝的张开、剪切、滑移等力学行为的临界条件与内在联系，阐明不同类型天然裂隙网络与水力裂缝的动态相互作用机制，并对复杂缝网形态及其形成过程进行分析，在此基础上研究多级水力裂缝的形成机理，为裂隙煤岩层水力缝网改造及定向压裂提供基础性理论依据。

1.2 国内外研究进展

1.2.1 水力压裂工程技术及水力裂缝扩展研究现状

水力压裂技术目前已广泛用于常规天然气(油)、页岩气(油)、煤层气、地热能等能源开采。20 世纪 60 年代，我国水力压裂主要用于在浅部地层诱导水平裂缝，开始用于石油增产[18]。1985 年，Giger 提出水平井压裂技术；20 世纪 90 年代，分段压裂开始应用于油气开采[19]。此后，水力喷射以及水力喷射环空压裂相继成功应用于页岩油开采[20]。近 20 年来，多种特殊压裂技术逐步得到发展，如垂直井分层压裂、水平井同步压裂、脉冲式压裂、水平井多段压裂、复合压裂、多次扰动压裂等[21]。多段压裂又分顺序多段压裂与交替多段压裂等[22]，其目的是最大限度地重复干扰原始应力场，使储层中形成复杂裂缝网络[14]，提高渗透性和导流性。可根据多段压裂条件下水力裂缝密度分布，评估储层体积改造的有效性[23]。根据压裂液的不同，压裂技术可分为水基压裂液压裂、CO_2 泡沫压裂、液态 CO_2 压裂、SC-CO_2 压裂、液氮压裂等。

我国经过 40 多年的煤层气开采，累计共试验了 20 000 口煤层气井[24]。煤层水力压裂的核心在于煤岩体结构改造[18]。对于渗透率高、厚度大的油气储层，可采用垂直井直接压裂；而对于渗透率低、厚度小、产状赋存稳定的储层，多采用水平井压裂技术。水平井较垂直井的优点主要有：① 水平井增大了井壁与储层的接触面积，其钻进工程也是对储层的扰动；② 水平井多段压裂所诱导的垂直裂缝更易与天然裂缝系统相交并形成复杂缝网[25-26]，实现体积压裂[27-28]；③ 水平井延伸范围广。

在某些情况下，水力裂缝的方向应由人工强制控制，需要采用定向压裂(DHF)技术以改变地应力对裂缝方向的控制。在石油开采中，为了使水力裂缝面延伸至相应靶区，常采用小孔径径向钻孔技术[29-30]控制裂缝主面。煤层压裂时，为了覆盖难以被水力扰动的区域，也常采用定向水力压裂[31]。常用的定向水力压裂技术有压裂孔径向切槽(RPF)[32-33]、密集线性钻孔(LCMF)[34-35]以及孔隙压力导向压裂(PPGF)[36]。其中，RPF虽可通过增加切槽深度显著降低初次破裂压力，但对压裂孔周围的应力场影响有限，以至于对水力裂缝方向的控制作用不强。LCMF多用于岩石切割、煤矿坚硬顶板预裂，因布孔密集，代价较高。PPGF主要通过改变岩体内孔隙压力分布，间接改变岩体内有效应力分布，从而控制裂缝朝着高孔隙压力区域扩展；PPGF对压裂泵压要求较高且改变孔隙压力的时间较长，因此不太适合井下煤层压裂。近年来，有学者提出一种将水力压裂与水力割缝联合使用的DHF技术[31,37-38]，这种压裂方法将压裂孔与割缝孔交替线性布置。水力割缝除切割槽口外，也可对槽尖前方一定范围的煤岩造成损伤，使得水力裂缝易于向槽口扩展。相关试验表明，这种方法可在主应力比(σ_H/σ_h)为1.5的条件下实现定向压裂[31]。

水力裂缝的起裂与扩展是水力压裂的核心问题。理论上，无论压裂液类型如何，完好岩石中的水力裂缝大致沿垂直于最小主应力方向萌生与扩展[16]。若不考虑孔隙压力的改变以及岩石的相对可压缩性，裂缝起裂压力完全由应力场和岩石抗拉强度控制。但当考虑孔隙压力变化及岩石可压缩性时，起裂机理则要复杂得多。表1-1列出了8种裂缝起裂压力计算模型及其相应的适用条件，表中所有计算参数均为标量。然而，关于岩石的多孔弹性参数与有效应力修正参数并不易获取。

水基压裂液和SC-CO_2对同类岩石(无明显天然裂缝)进行压裂的初次破裂压力和水力裂缝形态有很大差异：SC-CO_2压裂条件下的初次破裂压力更低，裂缝形态更加复杂[39-41]；且根据传统的初次破裂压力与岩石抗拉强度关系，SC-CO_2压裂的岩石抗拉强度显著低于水基压裂结果[40,42-43]，这是矛盾的(同一岩石只可能有一个抗拉强度)。因SC-CO_2的特殊性质(表面无张力、低黏度、高密度)——存在与更加微小的岩体孔隙进行相互作用的可能性，传统计算公式对此尺度已不适用。Zhang等[39]试图采用表1-1中模型1和4解释SC-CO_2压裂的裂缝起裂压力显著低于清水压裂的原因，但并未给出模型1和4分别适用于清水和SC-CO_2的原因。

表1-1 裂缝起裂压力计算模型

序号	计算方法	模型适用条件	参数含义
1	$p_b=\sigma_t+(3\sigma_h-\sigma_H)$ [44]	不可渗透且无初始孔隙压力的岩石	p_b为裂缝起裂压力；σ_t为岩石抗拉强度
2	$p_b=\sigma_t+(3\sigma_h-\sigma_H)-p_0$ [45]	不可渗透但有初始孔隙压力的岩石	p_0为初始孔隙压力
3	$p_b=(3\sigma_h-\sigma_H)-p_0$ [44]	第二次注液循环	
4	$p_b=\dfrac{\sigma_t+(3\sigma_h-\sigma_H)-\alpha\eta p_0}{2-\alpha\eta}$ [46]	基于Biot多孔弹性理论，适用于可渗透且有初始孔隙压力的岩石	α为Biot多孔弹性参数；η为多孔弹性常数，$\eta=\dfrac{1-2\nu}{1-\nu}$，$\nu$为泊松比

表 1-1(续)

序号	计算方法	模型适用条件	参数含义
5	$p_b = \sigma_t + (3\sigma_h - \sigma_H) - \beta p_0$[13]	适用于不可渗透同时孔隙率较低的岩石,基于太沙基有效应力原理考虑了岩石的可压缩性	β为有效应力修正系数;$\sigma' = \sigma - \beta p_0$,$\sigma'$为有效应力
6	$p_b = \dfrac{\sigma_t + (3\sigma_h - \sigma_H) - \alpha\eta p_0}{1 + \beta - \alpha\eta}$[47]	适用于可渗透同时孔隙率较低的岩石,基于修正的有效应力原理	
7	$p_b = C\cos\varphi + (1 + \sin\varphi)\dfrac{\sigma_t}{2} + (1 + \sin\varphi)\sigma_h$[48]	当孔壁应力达到剪切强度时岩石破裂	C为内聚力;φ为内摩擦角
8	$p_b = \dfrac{1}{h_0(L,r_w) + h_a(L,r_w)} \times \left[\dfrac{K_{IC}}{\sqrt{r_w}} + \sigma_H f(L,r_w) + \sigma_h g(L,r_w)\right]$[49]	假设由裂缝不稳定扩展引起	L为裂缝长度;r_w为钻孔半径;K_{IC}为Ⅰ型断裂韧度;h_0,h_a,f,g为与裂缝长度和钻孔半径有关的函数

从 1955 年 Khristianovic 等对压裂过程中水力裂缝几何参数的解析计算研究开始,至今已发展出二维、拟三维以及全三维模型。常用的二维模型有 PKN 和 KGD 模型[50-51],此两种模型假设缝高不变,仅分析压裂液沿缝长方向的流动影响。拟三维(P3D)模型[52]于 20 世纪 80 年代被提出,认为缝高沿缝长变化,但仅考虑压裂液沿缝长方向的作用。全三维模型则不仅考虑了更加真实的裂缝几何特征,还考虑了压裂液在缝高与缝长方向的压力梯度变化。上述模型的主要差别在于裂缝几何特征与缝内流体流动方式的描述[53]。近年来发展出许多基于上述经典模型改进的水力压裂模型[54-58]。Zhong 等[59]提出了一种用于预测井眼强化压裂条件下的渗流-断裂耦合水力裂缝扩展模型。Wang 等[60]基于 PKN 模型提出了一种考虑压裂液滤失和多孔介质渗流的压裂模型,发现滤失可使水力裂缝长度与宽度缩短。Zhang 等[61]提出了适用于复合煤岩层水力裂缝扩展的拟三维模型,认为煤岩层弹性模量差控制着裂缝垂向发育高度,裂缝穿层可反映在注入压力变化曲线上。Wang 等[62]采用叠加法提出了弹性介质内二维和三维动态水力裂纹扩展、闭合模型。Zhao 等[63]提出了一种水力压裂模型可靠性分析方法,用于评价不同模型在不同工程中的适用性。Badjadi 等[64]提出矩形脉冲水力压裂模型,其具有优越的加压性能,同时可产生复杂的裂缝网络。Wang 等[65]利用有限差分法,建立了瞬态水力学模型,模拟了井筒周围流体渗流引起的应力分布和孔隙压力变化。Sun 等[66]通过改进离散元法内传统管域模型的算法,建立了多尺度水力耦合模型。

与其他储层压裂相比,煤储层压裂造缝有自身特点。对于硬煤压裂,因裂隙十分发育,非均质性强,水力裂缝一般为天然裂缝的延伸和扩展,地应力环境严格控制着裂纹宏观走向[67]。通过采用分段压裂、重复压裂等方式,煤储层裂缝从形成机制上可分为径向引张裂缝、周缘引张裂缝、剪切裂缝、转向裂缝以及次级裂缝[14,17],这些裂缝相互交错,充分切割煤体,形成复杂的缝网系统。压裂工艺可控参数有注入流量、注入压力、压裂液黏度与密度,储层可变参数有地应力场、裂隙分布、渗透性、弹性模量、拉剪强度等;诸多研究已对上述因素进行了系统分析[68-76],但裂缝形态在不同条件下的定量关系,以及裂缝形态与增透效果的定量关系仍有待进一步深入研究。

1.2.2 天然裂缝对水力裂缝的影响研究现状

天然裂缝是裂隙煤岩压裂机理研究的重要影响因素。天然裂缝对压裂过程的影响主要体现在两大方面:压裂液滤失与诱导改向[16]。煤储层包含大量天然裂缝,水力裂缝与天然裂缝相互作用可形成复杂缝网,增强储层的区域连通性[22]。因此,模拟、预测裂隙煤岩中复杂缝网产生过程对于改进水力压裂工艺及提高储层渗透性具有重要实际意义,近年来国内外均对此问题开展了大量研究。程万等[77]对三维的水力裂缝裂尖应力场以及压裂作用在天然裂缝上形成的应力场进行了理论分析,确定了水力裂缝穿透天然裂缝的临界条件;同时采用大尺寸真三轴水力压裂试验系统研究了不同裂缝交角与地应力差对水力裂缝扩展方向的影响,发现裂缝交角和地应力差较大时,水力裂缝易穿透天然裂缝而不被其捕获。赵金洲等[78]在考虑天然裂缝闭合程度条件下,对水力裂缝逼近时的天然裂缝稳定性进行了理论分析,研究发现影响天然裂缝稳定性的主要因素有主应力差值、逼近角、逼近距离、天然裂缝闭合程度、净压力。赵金洲等[79]同样对裂缝性地层的起裂机制进行了理论分析,认为天然裂缝与孔眼的相对方位显著影响水力裂缝的张性起裂压力。张然等[80]、李勇明等[81]研究了水力裂缝穿透天然裂缝的判别准则,认为当水平应力比低于一定值时,水力裂缝必将沿天然裂缝扩展。唐煊赫等[82]建立了页岩气储层水力压裂复杂裂缝交错扩展的多场耦合模型,研究认为天然裂缝的分布状态是决定压裂裂缝复杂度的关键性因素。赵海峰等[83]基于岩石断裂动力学原理对页岩储层压裂网状裂缝的形成和天然裂缝的激活机理进行了初步探索,发现水力裂缝沿天然裂缝转向后,需在两端同时转向才能形成复杂缝网;存在形成网状裂缝的临界排量;裂缝交角过大、过小都对裂缝激活不利,30°～60°时激活效果最佳。Qiu 等[84]通过室内试验从天然裂缝角度、裂缝大小、裂缝数量、裂缝生成方式、地应力等方面研究了高应力条件下水力裂缝与天然裂缝相互作用的规律和特征。Sherratt 等[85]研究表明,天然裂缝韧性低和原位应力低都会增加水力压裂利用天然裂缝的趋势。Yoon 等[86-89]利用 PFC 模拟了水力裂缝和天然裂缝的相互影响规律,但没有考虑微裂隙的滤失影响。此外,Al-Busaidi 等[90]、Shimizu[91]、Wang 等[92-93]同样采用 PFC 研究了不同类型的天然裂缝网中水力裂缝网形态。Xie 等[94]模拟了非常规气储层中不同交角与长度的弱面对水力裂缝扩展的影响。Ghaderi 等[95-96]采用扩展有限元法(extended finite element method,XFEM)模拟了天然裂缝的滤失效应以及天然裂缝和水力裂缝相互作用的细观机制。Kar 等[97]将相场模型应用于由多条天然裂缝组成的多孔储层的水力压裂模拟,研究表明,在水力压裂条件下,高注入压力可获得裂缝分支,形成多条高渗透性流道,从而提高天然裂缝之间的连通性。Zhao 等[98]采用 UDEC 模拟了不同裂缝网络对水力裂缝形态的影响。Wang 等[16]采用内聚力单元法(CEM)建立了煤层非连续裂隙网络,模拟并分析了非连续天然裂缝影响下的水力裂缝扩展形态、次级裂缝生长机理以及孔隙压力变化机理。Dahi-Taleghani 等[99]同样采用 CEM 分析了天然裂缝对水力裂缝扩展形态的影响。Hu 等[100]使用连续模拟器 TOUGHREACT-FLAC3D 分析水力压裂与天然裂缝潜在的相互作用情况。Haghi 等[101]对伊朗西南部含大量天然裂缝的碳酸盐岩储层水力压裂特征进行了详细调研。天然裂缝可分为摩擦型和黏结型两类[22],而以往研究大多针对摩擦型天然裂缝,且上述研究在构造水力裂缝穿透天然裂缝的理论准则时,较少考虑天然裂缝的剪切破坏机制,同时未对黏结型天然裂缝的影响进行充分研究。

Wang 等[102]通过实验室试验与数值模拟研究了黏结型天然裂缝对水力裂缝的诱导作用,发现天然裂缝胶结厚度和强度可显著影响水力裂缝扩展方向。McClure 等[15]将裂隙岩体中的水力裂缝扩展机制分为纯张开型、纯剪切型、张裂缝伴随剪切滤失型以及混合型几类。根据干热岩压裂过程中的微震监测数据,断层区的单井微震能够产生百万平方米级别的响应,从而表明地下天然裂缝发生大规模剪切滑移[103];天然裂缝纯剪切破坏是干热岩压裂的重要机理。天然裂缝剪切机理可概括为:在法向压力作用下处于闭合状态,但其在裂隙粗糙度影响下可有微小的机械张开度,可提供微弱的导水能力;当压裂液流入天然裂缝时,流体压力使裂缝面的正压力降低,同时流体可减小摩擦型天然裂缝的摩擦系数和黏结型天然裂缝的黏结力;在剪应力作用下,天然裂缝可形成不可恢复的剪胀[104],裂缝面可形成凸点自支撑,从而增加导流能力。但在力学强度较低的煤储层中是否存在大量的水力剪切裂缝仍需进一步研究。

1.2.3 水力压裂数值模拟研究现状与评述

数值模拟是分析裂隙煤岩中水力裂缝扩展机理的重要研究方法。尽管目前实验室已开发出大尺寸真三轴水力压裂设备,但岩样尺寸普遍难以超过 500 mm[31,104-111],因此实验室试验在研究多段压裂、大规模体积裂缝形态时较为有限。随着水力裂缝长度不断增加,其在岩体中的扰动影响区域也不断增大,实验室真三轴加载目前还难以解决应力和位移边界条件的双满足问题。现场多通过微震监测、注入压力监测等方式间接推测缝网形态,难以准确捕捉裂缝扩展的精确过程以及缝网最终形态。因此,数值模拟仍是目前行之有效的水力压裂研究手段,有助于揭示各种压裂工艺、各类地层条件下的裂缝扩展机理。

裂隙煤岩水力压裂涉及煤岩基质弹-塑性变形,裂缝的萌生、扩展、分叉、交汇,压裂液滤失,多孔介质渗流-应力耦合等关键问题[54,112];若模拟 SC-CO_2压裂还应考虑压裂液相变、温度-应力耦合、热传递问题——SC-CO_2压裂是一个应力-渗流-断裂-滤失的多场耦合问题,而实际情况可因煤岩蠕变、动态裂缝扩展、支撑剂作用而更加复杂。

水力压裂数值模拟的难点主要有 3 方面:(a) 天然裂缝网络及多孔基质模型的合理抽象及数值建模;(b) 应力-渗流-断裂-滤失全过程耦合计算模型构建;(c) 非连续位移场及裂尖应力场的数值描述。针对难点(a),目前已有基于 JRC 或裂缝统计学特征的 DFN 随机节理建模[113-118]、Python 脚本建模[16]、数字图像映射建模[119]等方法。总体思路为对平面或空间的随机分割离散,采用界面接触单元(弹簧)或内聚力单元表示天然裂缝。对于难点(b),水力压裂控制方程至少要包含 4 个方面[16,120]:① 描述裂隙流速、裂隙张开度以及流体压力梯度的偏微分方程;② 水力裂缝起裂和扩展准则;③ 流体滤失及扩散耦合方程;④ 描述多孔介质渗流与孔隙率、孔隙压力关系的耦合方程。当采用有限元法求解瞬态水力压裂扩展过程时,可采用反向差分算子对连续方程进行积分。反向差分算子满足无条件稳定,只关心对时间积分的精度,因而具有较高的收敛性及精度。对于难点(c),目前有水平集法(level set method,LSM)[121]、刚度退化法(包含内聚力单元刚度退化以及界面弹簧刚度退化)[76,122]、单元删除法(如 RFPA)[123]、位移不连续法(displacement discontinuity method,DDM)[124]等方法。其中水平集法多和 XFEM 联合使用,刚度退化法和单元删除法本质上属于有限元方法(finite element method,FEM)。水力压裂数值模拟方法可大致分为 XFEM、FEM、DDM、DEM、数值流形法(NMM)、相场法(PFM)等。下面简要介绍 XFEM、FEM、DDM 和 DEM 数值模拟水力压裂方法。

(1) XFEM 模拟水力压裂

XFEM 引入额外的非连续项的富集函数来描述含裂缝的间断位移场[125-126]。基于此方法,裂缝的描述不需要依赖网格形状,不需要在裂缝扩展过程中重划分网格。富集函数为[125,127]:

$$\boldsymbol{u} = \sum_{I=1}^{N} N_I(x)[\boldsymbol{u}_I + H(x)\,\boldsymbol{a}_I + \sum_{I=1}^{4} F_\alpha(x)\,\boldsymbol{b}_I^\alpha] \tag{1-1}$$

式中 $\boldsymbol{u}$ ——位移矢量;

$N_I(x)$ ——普通节点的位移形函数;

$\boldsymbol{u}_I$ ——连续部分的位移矢量;

$H(x)$ ——非连续裂缝跳跃函数;

$F_\alpha(x)$ ——裂尖应力渐进函数;

$\boldsymbol{a}_I, \boldsymbol{b}_I^\alpha$ ——扩展的节点自由度矢量;

$\boldsymbol{u}_I, H(x)\,\boldsymbol{a}_I, \sum_{I=1}^{4} F_\alpha(x)\,\boldsymbol{b}_I^\alpha$ ——普通节点、裂缝穿过单元的节点、裂尖所在单元节点的位移。

近年来,XFEM 框架内的各种算法得到了快速发展,并已被广泛用于水力压裂模拟,包括非相交的水力裂缝扩展与转向[125,128-129]、水力裂缝与天然裂缝相交[130-132]、多段压裂方式对裂缝形态的影响[133-134]、注入参数与岩石力学性质对裂缝形态的影响[135-136]、多段压裂顺序和裂缝间距对缝间干扰的影响[137]、三维非平面水力裂缝扩展[121]以及支撑剂在裂缝内的运移问题[138-139]。其中,Shi 等[132]采用 Junction 函数描述 XFEM 水力裂缝相交的问题,并引入新的 Newton-Raphson 算法,求解时间缩短为常规方法的 17%,为采用 XFEM 求解大尺度多裂缝复杂问题提供了可能性。Mohammadnejad 等提出了一种 XFEM 的全耦合模型[129]以及一种考虑部分饱和多孔介质渗流的 XFEM 模型[128],用于预测多孔介质中水力裂缝扩展路径。Khoei 等对比了"分区求解算法"与"依赖时间的恒压力算法"在求解流体对裂缝面压力方面的差异[140],并采用 XFEM 分析了不可渗透岩层中水力裂缝与摩擦型天然裂缝的相互影响[141-142],提出了一种含多种尺度裂隙的可变性多孔介质内的两相流 XFEM 模型以及与之相应的等效连续模型[143]。Gordeliy 等[144-145]通过分析裂尖流体压力奇异性与流体迟滞现象,提出一种处理裂尖流体压力奇异性的应力-渗流耦合模型以及新的水平集描述方法。王涛等[146]对 XFEM 进行了改进,采用虚拟节点简化处理单元内部裂纹,采用有限差分法对流体连续方程进行离散,通过对三维实体单元使用减缩积分和沙漏控制,实现了高效率的页岩水力压裂数值模拟。Ren 等[147]采用施加均匀水压的方式模拟了水力裂缝在二维坝体中的扩展行为。Wang 等[148]提出了二维正交各向异性介质的 XFEM 水力压裂模型。Shi 等[139]采用多点约束方式限定缝宽,模拟了支撑剂在裂缝内的运移情况以及支撑剂对裂缝的干扰问题。Deng 等[149]基于离散裂缝模型和 XFEM,建立了模拟层状页岩水力裂缝扩展的全耦合数值求解器,通过不同的富集函数能够准确捕捉物理场的局部特征。Saber 等[150]采用 XFEM 结合 ABAQUS 中的内聚区模型(CZM),研究了横向各向同性页岩在多级水力压裂(MSHF)过程中的弹性行为。

目前,可采用 cohesive zone model(CZM)和虚拟裂纹闭合法(VCCT)对 XFEM 水力裂缝裂尖应力场进行描述,在保证计算精度的前提下,极大地提高了计算收敛性。尽管

XFEM 在模拟水力裂缝方面已显示出良好的应用前景，但目前仍存在一定的局限性：① 求解代价（求解时间、所消耗的计算资源）依然过高，在三维非平面裂缝或多裂缝计算方面依然存在瓶颈。② 若采用 XFEM 求解复杂缝网，则模型内大多数节点都会转化为裂缝或裂尖单元节点，这种情况下节点自由度之和不比有限元方法的少很多，没有明显的求解优势；目前还没有采用 XFEM 求解复杂水力缝网的成熟方法。③ XFEM 主要通过水平集法对裂纹路径进行追踪记录，若多裂缝交叉、分叉、接触，则域内水平集函数划分较为复杂。④ XFEM 对脆性裂缝有较好的模拟效果，但对塑性裂缝裂尖应力场机理描述仍不清楚。为了提高 XFEM 的求解效率，许多学者对 XFEM 裂缝做了简化处理，如不在单元内完成裂缝二次转向、沿裂缝面二次分叉不被允许、裂尖不能停留在单元内部等，但与工程现象的差异较大。

（2）FEM 模拟水力压裂

FEM 模拟水力压裂主要有三种方式，即单元删除法、自适应网格划分法与 CEM。RFPA 基于渗流-损伤理论，采用单元删除法模拟水力裂缝扩展。He 等[119]提出了一种岩体建模方法，并基于 RFPA 对水力裂缝的形态进行了参数化分析。Li 等[151]基于图像理论提出了一种非均匀岩体的建模方法，将岩体划分为不同强度的 RVE 正方形块体，分析了脆性对页岩水力裂缝扩展的影响。Yang 等[152]利用有限元软件 RFPA3D 建立了能够反映岩体中观结构的三维非均匀数值模型，研究页岩预制裂缝的压裂机理。富向[153]、孙剑秋[154]、门晓溪[155]、李永生[156]同样采用 RFPA 分析了不同条件下水力压裂机理。

单元删除法求解水力裂缝扩展的效率较高，同时可以模拟大规模张性裂缝交汇、分叉，但也存在一定局限性：① 裂缝通过单元删除实现，因此裂缝宽度依赖网格尺寸，无法反映真实的裂缝体积；② 裂缝表面为锯齿状，不能精确模拟裂缝的再接触摩擦作用；③ RFPA 中，天然裂缝的建模依靠强度较弱的实体单元近似线性分布或团簇分布实现，这对于模拟含充填物且有一定厚度的节理是适用的，但不太适用于模拟界面分明、无厚度的天然裂缝，因而也不能模拟摩擦型裂缝的剪切破坏-剪胀。总之，单元删除法适用于对天然裂缝或水力裂缝轮廓要求不高的分析。

自适应网格划分法是一种传统的 FEM 裂缝求解方法，总体思路是将求解与前处理交替使用：每当裂缝扩展一步，更新几何边界并对模型网格重划分；随着裂缝生长，模型单元数量和计算量显著增加。Omidi 等[157]采用此方法模拟了水力裂缝扩展过程。Obeysekara 等[158]采用自适应网格划分模拟了裂隙岩体中的单相与多相流问题。Li 等[159]提出了一种新的对离散裂隙网建模的自适应网格划分方法。Ju 等[160]采用自适应网格划分方法对比研究了裂隙地层及非裂隙地层中二维多段压裂的水力裂缝缝间干扰问题。Wijesinghe 等[161]采用基于四叉网格的自适应细化策略，通过对裂缝中注入流体驱动的水力裂缝的数值算例进行建模，验证模型处理几何形状复杂的裂缝的能力。新旧网格之间通过映射差值进行数据传递，存在一定的误差。为保证求解精度与收敛性，裂尖附近网格需要局部加密。这种方法适用于水力裂缝数目较少且扩展路径简单的问题。

CEM 嵌入有限元网格极大地减少了计算量，避免了网格在裂缝扩展过程中重划分。起初 CEM 多用于研究沿指定路径开裂的水力压裂问题。Chen[120]提出共享节点与节点绑定两种嵌入内聚力单元的方法，并将 CEM 的水力裂缝计算结果与解析解相比，验证了 CEM 在求解水力裂缝方面的良好精确性。Zhao 等[76]采用 CEM 研究了单条三维水力裂缝在煤层中的扩展行为。Chen 等[162]、Dahi-Taleghani 等[99]采用 CEM 研究了二维水力裂缝与单条天然裂缝的相交问题。CEM 不仅可以模拟压裂液滤失以及多孔渗流问题，而且通过网格细分、随机不规则网格生成等手段，全局嵌入内聚力单元，可实现水力裂缝的随机扩展。Wang 等[16]提出一种孔隙压力节点合并法，可实现水力裂缝的任意扩展。Sheng 等[163]提出一种新的裂缝连接单元法，用于模拟具有复杂水力裂缝形态的非常规油藏流体流动。CEM 在模拟裂隙煤岩水力压裂方面具有巨大的应用价值，通过修改内聚力单元的本构关系可模拟拉伸、剪切以及混合破坏的水力裂缝。

(3) DDM、DEM 模拟水力压裂

DDM 是石油工程中最常用的模拟水力压裂的计算方法之一。自从 1983 年 Crouch 和 Starfield 提出此方法，DDM 已从二维一阶形式逐渐发展到二维二阶和高阶形式、三维二阶和高阶形式[164]。20 世纪 90 年代 Olson 等最早采用 DDM 模拟水力裂缝扩展[165]，随后又研究了多段压裂工程中天然裂缝对水力裂缝的影响[166-167]，忽略压裂液流速且假定裂缝面受均匀水压作用，研究发现流体净压力与地应力差的比值对水力缝网的复杂度有重要影响，但未能分析裂隙流与岩基质受力变形的相互作用对缝网规模的影响。

由于全三维水力裂缝扩展计算代价较大，实际中很多 DDM 都做了一定程度的简化。例如，Olson 等[165]采用三维修正因子通过二维 DDM 计算缝高变化，分析了多段压裂的缝间干扰问题(也称为应力阴影效应)。Wu[168]、Zhang 等[169]基于均匀荷载垂直缝的解析解推导得到三维 DDM 的缝高修正因子，并模拟了缝间干扰、天然裂缝影响、复杂体积缝网形成等问题；此改进的 DDM 在保留计算精度前提下显著提高了计算速度。Zhang 等[57,170-171]基于 DDM 开发了二维水力压裂数值模拟软件 MineHF2D，并研究了水力裂缝的储隔层界面穿透、复杂体积裂缝形成等问题。Weng 等[124,172-173]提出了非常规裂缝模型(UFM)，用于模拟含大量天然裂隙储层的体积改造过程。UFM 模型包含裂隙流体流动方程、裂隙变形方程以及裂隙扩展准则，对进一步推广和发展 DDM 有重要意义。Weng 等[173]采用 UFM 对比模拟了交联凝胶和清水压裂的缝网形态，与微震监测结果保持良好一致性，发现清水压裂可生成更加复杂的缝网。此外，Di 等[174]、Cheng 等[175]、Sesetty 等[176]、Xie 等[177]、Ren 等[178]也采用 DDM 对水力裂缝形态进行了研究。Zhang 等[179]采用位移间断法和有限体积法迭代求解裂缝扩展的数值模拟，验证裂缝扩展模型的准确性。

DDM 模拟裂缝扩展时具有良好的计算效率与精度，但对本构非线性问题存在数值不稳定的问题，难以模拟非均匀材料内裂纹扩展。此外，UFM 模型没有考虑多孔弹性及多孔非线性渗流所引起的孔隙压力改变效应问题。对于煤层情况则可能不同，煤作为有机质，其力学性质在水浸润下软化；煤中各尺度的裂隙非常发育，压裂液滤失以及由滤失引起的孔隙压力改变效应似乎不可忽略。采用 UFM 模拟裂隙煤岩压裂需要注意此问题。

近年来 DEM 也被广泛用于水力压裂模拟中。Yoon 等[86-89,180]基于 PFC 开发了岩石破裂的微震算法，模拟了裂隙岩体多段压裂、天然裂缝与水力裂缝相互影响等问题。Wang 等[92]采用 PFC 模拟了裂隙煤体中层理、正交天然裂隙网以及随机裂隙网对水力裂缝扩展的影响。Zhao 等[98]采用 UDEC 模拟了正交裂隙、交错正交裂隙、随机 Voronoi 裂隙网对水力裂缝形态的影响，但水力裂缝只能沿预设节理扩展。Zou 等[181]采用三维离散元法模拟了含复杂裂隙地层的水力压裂过程，并分析了岩块塑性变形对水力缝网形态的影响，研究发现岩块的塑性变形不利于体积缝网改造，加大排量有利于提高缝网复杂程度。Shimizu 等[182]

提出一种颗粒流建模方法，同时基于此方法研究了颗粒尺寸、孔隙率、注入参数等因素对裂缝扩展的影响，分析了裂缝扩展过程中压裂液的渗漏现象。Deng 等[183]采用 DEM 研究了压裂过程中支撑剂对页岩裂缝的影响。Zhu 等[184]结合微尺度重建技术和 CFD-DEM，研究了支撑剂流体在粗糙水力裂缝中的迁移率和分布规律。

DEM 本质上基于非连续介质力学，可较好模拟断裂问题。其多采用显式的有限差分法（或中心差分法）模拟裂缝扩展，当模拟准静态问题时，为缩短计算时间、提高计算效率，大部分的计算都要引入动态松弛法，即在节点处增加阻尼防止冲击，抵消部分惯性力的作用。因此，DEM 不易准确获得压裂过程与真实时间的关系。此外，DEM 的力学输入参数的准确性、断裂机理、多孔介质渗流描述方面还有待进一步研究。

1.2.4 裂隙形态与力学性质的抽象描述方法

裂隙形态与力学性质的抽象描述的主要思路为：首先通过现场调研、数字图像技术（CT、SEM、DIC 等）等获得裂隙客观分布；然后采用分形理论、节理粗糙度系数（JRC）、裂隙统计分布、RMR、RMi、GSI 等方法定量描述裂隙煤岩的几何或力学特征。其中，分形理论多用于分析裂隙分布与渗透率、孔隙率的关系；其他方法多用于分析节理裂隙与岩体宏观力学性质的关系。

傅雪海等[185]采用分形理论计算了煤样的宏观及显微裂隙的面密度维数，并根据压汞法所测的连续孔体积数据获得了孔隙体积的分形维数；对煤岩裂隙发育程度和变质程度与分形维数的关系进行了分析，分形结果可为煤层渗透率估算、瓦斯抽采难易程度评价提供一种定量分析方法。谢和平等[186-187]采用分形几何理论研究了采动覆岩裂隙分布的自相似性，证明了分形维数可作为描述采动覆岩裂隙发育程度的指标。靳钟铭等[188-189]基于长度-条数分形法表征了煤样裂隙分维值，采用信息维计算了顶煤冒落块体分维值，提出了顶煤冒放性的分形表征方法。李振涛[190]采用多种定量表征方法建立了煤层多尺度裂隙的二维和三维表征技术体系；基于多种分形模型分析了煤裂隙的非均匀性；根据渗流孔隙分形维数与孔隙率的关系，提出了渗流孔隙的非均匀性与渗透率的耦合模型。汪文勇等[191]采用 DIC 技术研究了煤岩体裂隙演化过程，采用分形几何理论计算了不同加载阶段裂隙分形维数。周福军等[192]计算了裂隙岩体的不连续面密度的分形维数，认为不连续面密度与其分形维数呈正相关关系；并在此基础上提出了裂隙岩体的等效抗剪强度折减方法。陈玮胤等[193]研究了碎裂煤微观变形和其显微裂隙的分形特征，并根据分形特征对碎裂煤进行了分类。邹俊鹏等[194]对珲春煤田低阶煤微观形态及微裂隙分布进行了扫描电镜试验和压汞试验，进一步将图像二值化处理并计算了微裂隙分形维数。陆瑞全等[195]采用 Image J 软件对煤岩剪切裂隙 CT 图像进行阈值分割与降噪处理，基于人工神经网络获取了目标裂隙，采用多重分形理论和缺项分析法分析了剪切裂隙的非均匀分布特征。Zhou 等[196]采用 CT 扫描与分形理论对煤中孔隙-裂隙网进行了多尺度表征，提出采用简化的似 Sierpinski 分形模型描述孔隙-裂隙网的转化特征。Pandey 等[197]采用成像与分形方法探讨了在生物作用影响下煤层气储层物理结构的多尺度变化特征。Zhang 等[198]确定了孔隙率与渗透率之间的分形理论关系，建立了裂隙鲁棒性与压裂液滤失系数的分形计算模型，最终提出了真三维水力裂缝扩展模型。Liu 等[199]采用分形几何理论建立了一种改进的裂隙煤岩毛细压力模型。Liu 等[114-115,200]总结了近 30 年来关于二维煤岩裂隙网络等效渗透率与分形维数关系的研究进展，并提出了改进两者关系的数学表达的方法。Wang 等[201]将分形理论应用于煤岩加载期间电磁辐射(EMR)信号分析,提出 EMR 的维数的相关性可以作为预测煤岩动力灾害的指标。Zheng 等[202]基于核磁共振(NMR)与分形理论对煤的全尺度孔隙分布、孔隙率以及渗透率进行了表征。Shi 等[203]采用 CT 扫描与分形理论分析了煤中微米尺度裂隙与煤阶的关系,发现孔隙率随裂隙分形维数呈 U 形变化趋势。Zhou 等[204]提出了一种用于裂隙煤岩数值模型重建的分级分形法:通过 X 射线衍射和 CT 扫描试验获得煤岩图像,再基于分级分形算法对裂隙进行多尺度与非均匀表征,并重构裂隙煤岩几何体;试验结果显示,这种分级分形法对构建裂隙煤岩数值模型有良好的适用性。

剪切型水力裂缝在 EGS 工程中已被广泛证实[205]。在压裂液的浸润下,摩擦型天然裂缝(节理)面的摩擦系数降低,含充填物的黏结型天然裂缝的内聚力遇水弱化,在地应力剪切作用下,天然裂缝发生不可恢复的相对位移。因裂缝面表面粗糙、非平坦,裂隙体积扩容,裂隙岩体渗透性与流体导通性增强。甚至水力压裂过程中新生成的水力裂缝也会再次发生剪切错动。因此,裂缝的平整度或粗糙度可显著影响裂缝扩展机制。Barton[206]对节理轮廓进行划分,提出了 JRC 概念,并建立了 JRC 和摩擦型节理面抗剪强度之间的关系。孙辅庭等[207-208]提出了一种裂隙面三维粗糙度的分形描述法,此外还提出了剪切粗糙度指标(SRI),并分析了 SRI 和 JRC 之间的关系。曹平等[209]采用 Talysurf CLI 2000 软件对节理表面进行三维可视化研究,计算了节理剖面线的分形维数,并建立了其与 JRC 的关系。周枝华等[210]应用 GIS 技术将节理三维可视化,然后对节理表面粗糙度、裂隙张开度、粗糙面高度等参数进行统计分析,发现花岗岩节理表面起伏度较砂岩大,裂隙张开度与粗糙面高度呈正态分布。Lê 等[211]研究了 JRC 随机节理的粗糙度空间分布特征及其与强度的关系。Zhao 等[212]采用变异函数参数法对节理粗糙度进行定量表征。Wang 等[213]提出采用支持向量机和因素分析的机器学习算法确定二维节理 JRC 值,这标志着人工智能方法已被应用至裂隙表征。Yong 等[214]采用傅立叶级数方法对 JRC 进行数值分解与表征,基于 Shannon 采样理论给出了适用于节理轮廓描述的调和数和采样间隔的关系。Zheng 等[215]提出采用所有与剪切擦痕反向的裂隙面的全正割角的平均值作为描述 JRC 的新指标。

Bieniawski[216]于 1973 年首次提出了岩体质量分类 RMR 法。RMR 法包含 6 类参数:单轴抗压强度、岩石质量指标、节理与层理间距、节理条件、地下水情况以及非连续体方向[217]。RMR 法被广泛用于巷道支护设计与采矿方法设计等。RMR 法的本质是一种地质统计学,侧重研究节理裂隙对岩体宏观力学性质的影响。González 等[218]基于 RMR 法提出了一种修正岩石破坏准则。Laderian 等[219]分析了伊朗部分地区岩体的 RMR 值和 Q 值的相关性(岩体质量 Q 值由 Barton 等[220-221]于 1974 年提出)。此外,裂隙岩体力学性质的表征方法还有岩石结构分级(RSR)[222]、岩体指数(RMi)[223]、地质强度因子(GSI)[224]等。苏现波等[17,225]、蔺海晓[226]、郭红玉等[227-229]、Ma 等[230]分析了地质强度指标与煤储层渗透率之间的关系,并基于此系统地提出了通过缝网改造实现煤层增透的成套理论与技术。

确定的工程问题对应着相应的研究尺度。在分析具体的工程问题时,应对裂隙煤岩体所包含的信息进行合理选择性保留。例如,宏观大裂隙以及断层分布是分析断层滑移机制应重点考虑的对象,而微孔、微裂隙分布及连通性是研究瓦斯在煤体中运移的重要研究对象。代表性体积单元法(RVE)作为周期性材料数值建模的方法,也被应用到岩石渐进破坏数值计算[231]中,其本质是对岩石信息的合理选择性保留。

人工智能近年来得到了快速发展,以卷积神经网络(CNN)为主的深度学习算法成为图像识别领域的主流[232]。其中,卷积和池化是逐层剥离图像特征或空间信息特征的重要方法[233-240],可以实现空间信息特征的多尺度保留与尺度间换算,具有科学定量表征裂隙煤岩的重大应用前景。卷积和池化的作用是将一个函数空间(或有序的数字张量)映射到另一个函数空间,对图像的卷积和池化操作过程如下所述。① 将图像以像素为单位转化为数字张量(或矩阵) $\boldsymbol{X}$,数字的相对位置信息涵盖了图像的局部特征与总体特征的关系。② 采用一个过滤方阵 $\boldsymbol{F}$ 对数字张量 $\boldsymbol{X}$ 做卷积操作。将 $\boldsymbol{F}$ 的中心元素 f_c 依次对应于 $\boldsymbol{X}$ 中的每个元素 x_{ij},$\boldsymbol{F}$ 与所覆盖的 $\boldsymbol{X}$ 中的元素对应相乘再求和,将所得结果列于新的矩阵 $\boldsymbol{R}$ 中的 r_{ij} 位置。③ 用 $\boldsymbol{F}$ 依次扫描 $\boldsymbol{X}$ 中所有元素,重复步骤②,所得的新矩阵 $\boldsymbol{R}$ 为 $\boldsymbol{X}$ 与 $\boldsymbol{F}$ 的卷积。卷积操作的本质是用小矩阵 $\boldsymbol{F}$ 将 $\boldsymbol{X}$ 的信息进行过滤,得到局部特征关联性更加显著的 $\boldsymbol{R}$。④ 采用多个 $\boldsymbol{F}_i$ 进行卷积,可得到一组 $\boldsymbol{R}_i$。每个 $\boldsymbol{R}_i$ 保留了原始图像中局部像素的关联信息。⑤ 对 $\boldsymbol{R}_i$ 做 ReLU 非线性变换。⑥ 将 $\boldsymbol{R}_i$ 进行池化。可采用平均池化、最大池化或金字塔池化对局部信息做分块变换。池化后的新矩阵仍保留图像信息的关联性,代表有序特征的组合;同时对原始图像信息进行抽象。卷积和池化明确地给出了尺度变换与局部特征抽象算法,可用于裂隙煤岩微观-细观-宏观多尺度结构抽象与表征,进一步可用于数值模拟中 RVE 尺寸及本构模型的确定、显著结构面信息的保留(如显著的天然裂缝)、力学参数的选择等,还可用于复杂缝网空间形态描述与评价。

1.2.5 目前研究存在的问题

水力压裂作为煤岩层造缝的有效手段,广泛用于地面煤层气开发、井下瓦斯抽采、煤层顶板卸压等工程;但由于地质条件、煤岩结构复杂多样,裂隙煤岩多级裂缝产生机理及缝网形态尚不明确。目前存在的主要问题如下:

(1) 裂隙煤岩压裂过程中有效应力场变化及对水力裂缝扩展与分叉的作用机制尚不明确。

(2) 天然裂缝结构与力学性质对多级水力缝网扩展的影响机制未完全阐明。

(3) 目前关于张开型水力裂缝的力学行为的研究较为充分,但压裂影响下煤岩天然裂缝的剪胀、扩展、动态剪切破坏机制尚未完全清晰。

(4) 缺乏对多因素(压裂工艺、应力场、天然裂缝网络)影响下的裂隙煤岩复杂缝网形成过程及几何形态的定量描述。

1.3 技术路线及主要研究内容

1.3.1 技术路线

研究技术路线如图 1-2 所示。

1.3.2 主要研究内容

针对目前裂隙煤岩水力缝网形成过程及机理的研究所存在的问题,本书通过现场调研、实验室试验等方法分析裂隙煤岩多尺度结构特征对水力裂缝的控制作用,进行裂隙煤岩水化损伤试验并分析煤遇水软化损伤对压裂的影响;基于内聚力单元法建立孔隙压力节点合并法及天然裂缝压剪损伤模型,研究层理结构、共轭节理结构、网状割理结构下裂隙煤岩水力缝网的形成过程;根据上述成果进一步分析天然裂缝网络结构与力学性质对多级水力裂缝形成过程的影响机理,为裂隙煤岩层水力缝网改造及定向压裂提供基础性理论依据。具

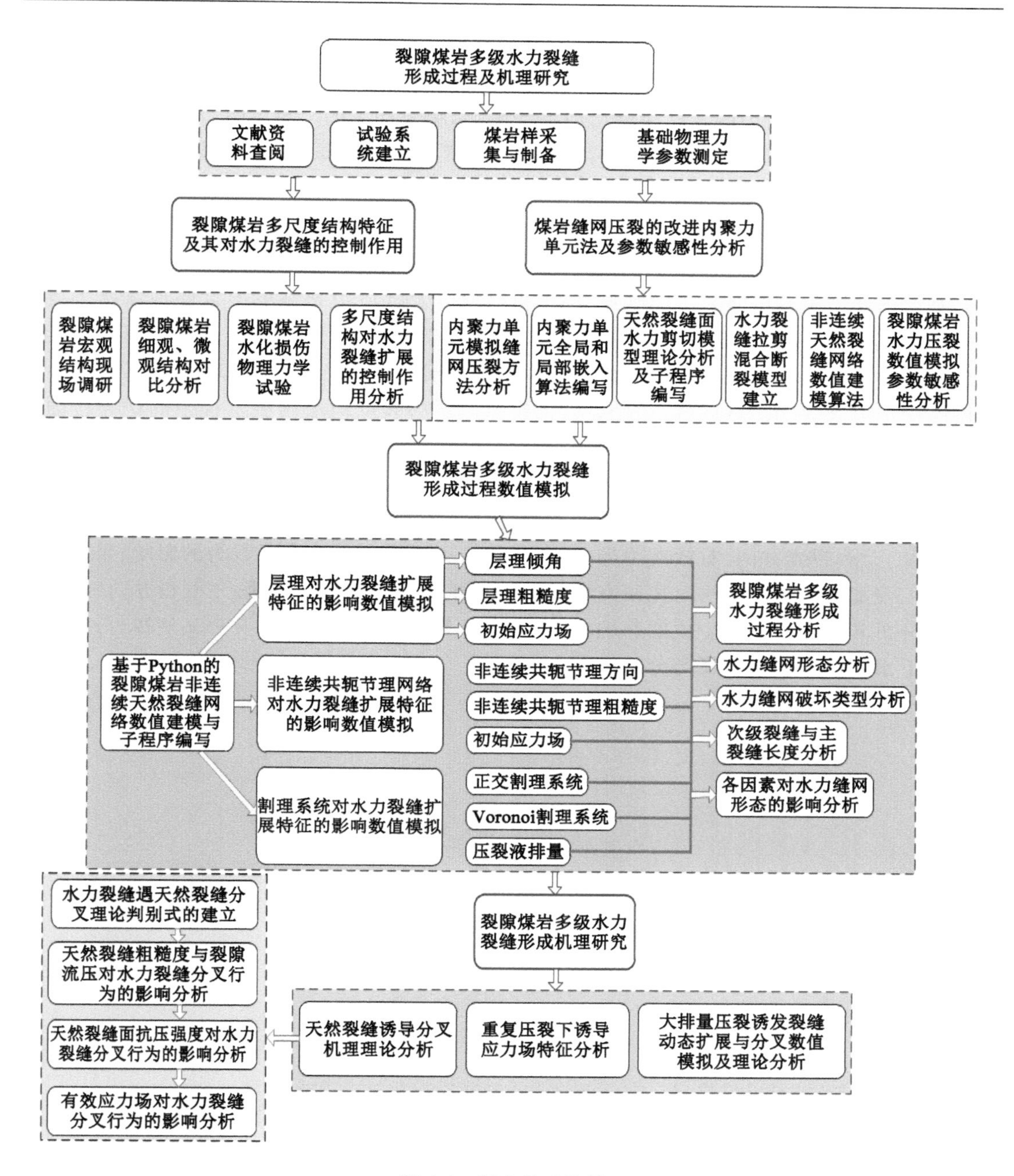

图 1-2　研究技术路线

体研究内容如下所述。

（1）裂隙煤岩多尺度结构及其对水力裂缝的控制作用研究

分析裂隙煤岩的宏观、细观、微观结构特征，进行裂隙煤岩水化损伤试验并分析煤遇水软化损伤对压裂过程的影响；分析不同尺度裂隙结构对水力裂缝的控制作用。

（2）裂隙煤岩缝网压裂的内聚力单元法及参数敏感性研究

分析内聚力单元的基本属性，并建立内聚力单元全局嵌入和局部嵌入算法，编写相应的

Python 脚本建模程序；分析内聚力单元尺寸、刚度等参数对模拟结果的影响；建立多孔煤岩介质渗流-应力耦合控制方程、缝内压裂液流动方程，建立拉剪混合损伤水力裂缝扩展损伤模型，建立基于巴顿模型的天然裂缝压剪损伤模型，编写相应的 USDFLD 用户子程序；基于上述方法分析水力裂缝扰动应力特征，对多缝压裂模型边界对试验结果的影响展开讨论；提出非连续共轭节理、正交割理网络、Voronoi 裂隙网络的数值建模方法，并编写相应的 Python 建模程序。

(3) 裂隙煤岩多级水力裂缝形成过程数值模拟研究

基于内聚力单元法研究不同倾角、层理粗糙度以及地应力条件下的含层理煤层多级水力裂缝形成过程、裂缝形态、裂缝破坏类型以及次级裂缝数量；研究不同角度、节理粗糙度、地应力条件下的非连续共轭节理网络中水力裂缝扩展特征；研究正交割理网络、Voronoi 割理网络中水力裂缝的扩展规律；对比研究无裂隙地层与裂隙地层压裂过程中的诱导应力场特征。

(4) 多级水力裂缝形成机理研究

采用理论分析方法研究天然裂缝诱导裂缝分叉的判别条件，分析天然裂缝粗糙度、缝面抗压强度、天然裂缝方向、有效应力场、裂隙流体压力对水力裂缝分叉行为的影响；采用数值模拟与工程案例分析的方法对比研究常规压裂和重复压裂诱导应力场大小和方向特征，并进一步分析其对次级裂缝生成的影响；研究不同排量压裂下裂缝形态及分叉规律，分析大排量压裂下水力裂缝动态扩展与分叉机制。

2 裂隙煤岩多尺度结构及其对水力裂缝的控制作用

受煤化(泥炭化)、成岩、变质和地质构造作用,天然煤岩体往往富含多尺度、非均匀的裂隙,结构复杂,是一种天然的缺陷材料介质。裂隙煤岩的物理结构特征对水力裂缝扩展路径、规模有重要影响。本章从裂隙煤岩多尺度裂隙特征出发,分析不同尺度、不同类型的裂隙结构对水力裂缝的控制作用。

2.1 裂隙煤岩宏观结构特征

裂隙煤岩的宏观结构指肉眼可辨、毫米级别以上且显著的煤岩体结构,如由割理、不整合面、层理、劈理、片理、节理、断层所组成的裂隙结构等。煤岩体宏观结构特征决定煤岩体的宏观力学行为,进而影响其压裂与煤层气产出特征。

《煤矿瓦斯等级鉴定规范》[241]中从煤体的破坏特征出发,根据光泽、构造特征、节理与节理面性质、断口特征以及煤岩强度的不同,将煤体分为非破坏煤、破坏煤、强烈破坏煤、粉碎煤以及全粉煤 5 类,如表 2-1 所示。此分类较全面且定性地反映了煤结构与煤的均质性、力学性质、地质特征的关系,为指导煤与瓦斯突出动力灾害防治提供了依据,但此分类方法未能考虑裂隙的定量分布特征以及不同尺度裂隙对煤岩力学性质的控制影响。

表 2-1 《煤矿瓦斯等级鉴定规范》的煤结构分类方法[241]

破坏类型	光泽	构造与构造特征	节理性质	节理面性质	断口性质	强度
非构造煤	亮与半亮	层状构造、块状构造,条带清晰明显	一组或两三组节理,节理系统发达、有次序	有充填物(方解石等),次生面很少,节理劈理面平整	参差阶状,贝状,波浪状	坚硬,用手难以掰开
破坏煤	亮与半亮	(1) 尚未失去层状,较有次序;(2) 条带明显,有时扭曲,有错动;(3) 不规则块状,多棱角;(4) 有挤压特征	次生节理面多,且不规则,与原生节理呈网状分布	节理面有擦纹,滑皮,节理平整,易掰开	参差多角	用手极易剥成小块,中等硬度
强烈破坏煤	半亮与半暗	(1) 有弯曲,呈透镜体构造;(2) 小片状构造;(3) 细小碎块,层理较紊乱,无次序	节理不清,系统不发达,次生节理密度大	有大量擦痕	参差及粒状	用手捻成粉末,松软,硬度低

表 2-1(续)

破坏类型	光泽	构造与构造特征	节理性质	节理面性质	断口性质	强度
粉碎煤	暗淡	粒状或小颗粒胶结而成,似天然煤团	节理失去意义,成粉块状		粒状	用手捻成粉末,偶尔较硬
全粉煤	暗淡	(1) 土状构造,似土质煤;(2) 如断层泥状			土状	可捻成粉末,疏松

焦作矿业学院于20世纪90年代将煤体的宏观结构特征分为原生结构煤、碎裂煤、碎粒煤以及糜棱煤[242](表2-2)。其中,后三者(碎裂煤、碎粒煤和糜棱煤)称为构造煤;原生结构煤和碎裂煤因完整性良好、宏观力学强度较大,可称为硬煤;因构造作用将其原始的力学特征破坏而无法测量,碎粒煤和糜棱煤可进入软煤范畴,但显微煤岩学特征可测。也就是说,硬煤和软煤不是从其塑性变形能力角度进行区分的,而是从其宏观结构特征(完整性)和宏观力学强度特征角度进行定义的。

表 2-2 焦作矿业学院关于煤体结构的分类方法[242]

代号	煤体结构类型	赋存状态和分层特点	光泽和层理	破碎程度	裂隙、揉皱发育程度	手试强度
Ⅰ	原生结构煤	层状、似层状,与上下分层整合接触	煤岩类型界限清晰,原生条带状结构明显	呈现较大的保持棱角状的块体,块体间无相对位移	内、外生裂隙均可辨认,未见揉皱镜面	捏不动或成厘米级块
Ⅱ	碎裂煤	层状、似层状、透镜状,与上下分层呈整合接触	煤岩类型界限清晰,原生条带状结构断续可见	呈现棱角状块体,但块间已有相对位移	煤体被多组互相交切的裂隙切割,未见揉皱镜面	可捻搓成厘米、毫米级碎粒或煤粉
Ⅲ	碎粒煤	透镜状、团块状,与上下分层呈构造不整合接触	光泽暗淡,原生结构遭到破坏	煤被揉搓捻碎,主要粒径在1 mm以上	构造镜面发育	易捻搓成毫米级碎粒或煤粉
Ⅳ	糜棱煤	透镜状、团块状,与上下分层呈构造不整合接触	光泽暗淡,原生结构遭到破坏	煤被揉搓捻碎得更小,主要粒径在1 mm以下	构造、揉皱镜面发育	极易捻搓成粉末或粉尘

为了将裂隙煤岩结构与渗透性、可压性、断裂力学特征等建立定量关系,苏现波等提出基于GSI的煤体结构定量表征方法,如图2-1所示。此方法根据裂隙网络对煤岩体的切割程度、裂隙充填程度、粗糙度等确定出裂隙煤岩的GSI值,然后可将GSI值应用于广义Hoek-Brown准则以及线弹性断裂准则中,用于描述非完整煤岩体的宏观力学性质。基于

广义 Hoek-Brown 准则所描述的非完整煤岩体宏观力学性质为各向同性。

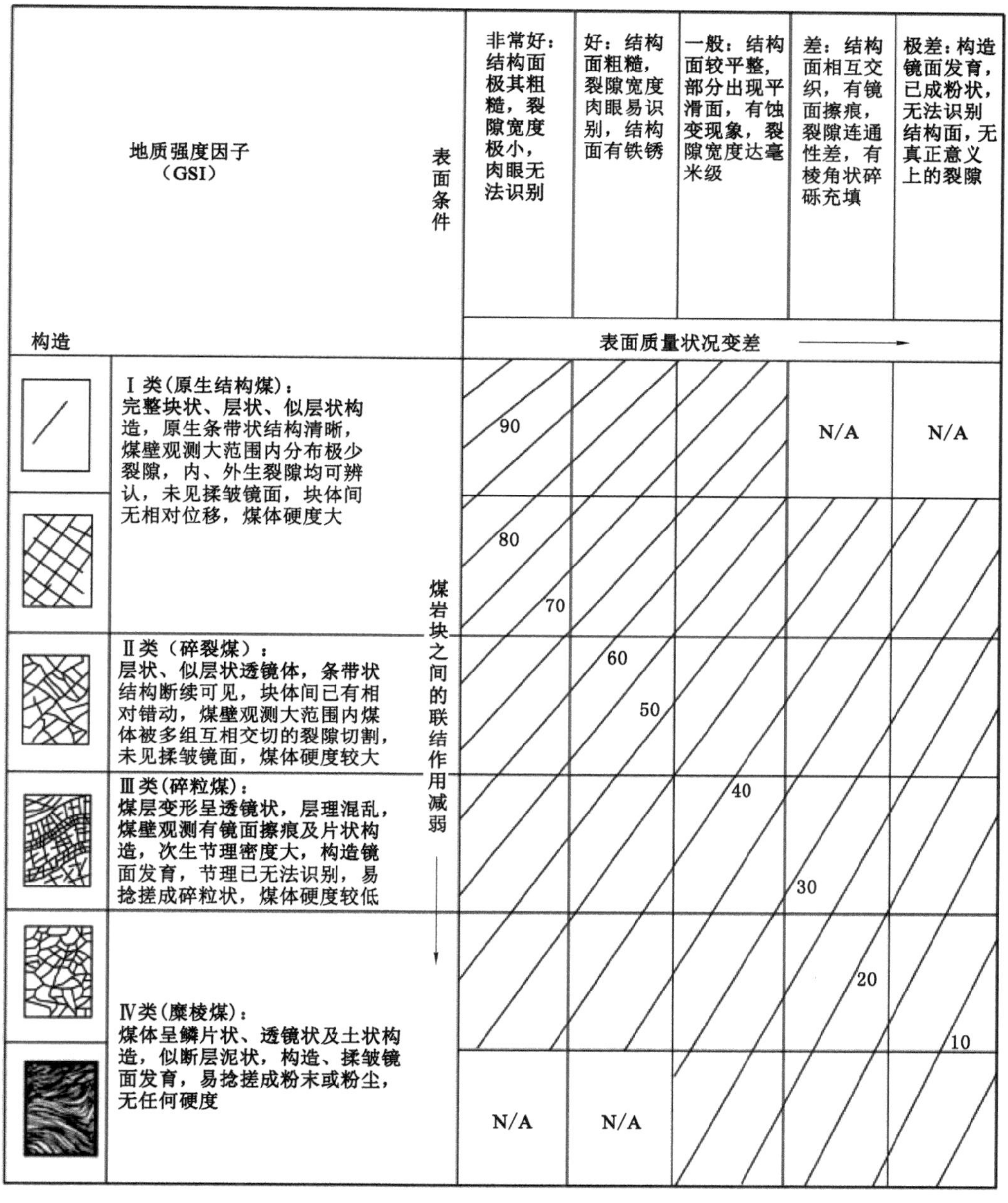

地质强度因子（GSI） 构造	表面条件	非常好：结构面极其粗糙，裂隙宽度极小，肉眼无法识别	好：结构面粗糙，裂隙宽度肉眼易识别，结构面有铁锈	一般：结构面较平整，部分出现平滑面，有蚀变现象，裂隙宽度达毫米级	差：结构面相互交织，有镜面擦痕，裂隙连通性差，有棱角状碎砾充填	极差：构造镜面发育，已成粉状，无法识别结构面，无真正意义上的裂隙
		表面质量状况变差 →				
Ⅰ类（原生结构煤）：完整块状、层状、似层状构造，原生条带状结构清晰，煤壁观测大范围内分布极少裂隙，内、外生裂隙均可辨认，未见揉皱镜面，块体间无相对位移，煤体硬度大	煤岩块之间的联结作用减弱 ↓	90			N/A	N/A
		80 70				
Ⅱ类（碎裂煤）：层状、似层状透镜体，条带状结构断续可见，块体间已有相对错动，煤壁观测大范围内煤体被多组互相交切的裂隙切割，未见揉皱镜面，煤体硬度较大			60 50			
Ⅲ类（碎粒煤）：煤层变形呈透镜状，层理混乱，煤壁观测有镜面擦痕及片状构造，次生节理密度大，构造镜面发育，节理已无法识别，易捻搓成碎粒状，煤体硬度较低				40	30	
Ⅳ类（糜棱煤）：煤体呈鳞片状、透镜状及土状构造，似断层泥状，构造、揉皱镜面发育，易捻搓成粉末或粉尘，无任何硬度					20	10
		N/A	N/A			

图 2-1　煤体结构量化的 GSI 定量表征（据苏现波等）

图 2-2 为大同矿区同忻煤矿石炭系 3-5 号煤层宏观结构实物照片，表 2-3 为 3-5 号煤层及其顶底板岩样力学参数。3-5 号煤层为近水平煤层，厚 13.61～28.92 m，平均 15.26 m；煤质偏硬，整体完整性良好；共有夹矸 8 层，主要由碳质泥岩或高岭质泥岩构成，夹矸分层厚度 0.12～0.35 m，属于中厚夹矸，夹矸累计厚度约 2 m，单轴抗压强度 10.3～34.5 MPa，与煤层强度较为接近。由图 2-2 可知：① 煤层内可见多层理结构，即便在同一煤层内，各分层煤的结构差异依然较大[图 2-2(a)]。图中最上层煤呈块状，光泽较强，触碰质感较硬，完整

性良好；而其下紧邻的分煤层呈碎粒结构，竖向节理密集发育，较暗淡，触碰易剥落碎粒，力学强度较低；图中从上至下第 3 层完整程度介于上两层之间，呈碎裂形态，被斜节理切割，同层内包含块煤与碎粒煤，局部有光泽；最下位分煤层呈碎粒状，触碰易剥落。② 断层内煤破坏程度较高，可见煤粉；断层破碎带内同样可见一组节理[图 2-2(a)]，这说明煤体在历史不同时期经历多次地质构造作用；断层破碎带宽度和断层伪倾角随断层延伸而变化，这说明褶皱与断层共同发育，煤体由脆性向韧性转变。③ 宏观上，煤层中斜节理方向性明显，切割煤体的节理呈现非连续特征，部分节理不能连续穿透夹矸层[图 2-2(b)]；夹矸层与煤层间的结构面呈起伏状态。④ 煤层中节理局部被黄铁矿、方解石等矿物充填，但同样存在局部空洞[图 2-2(b)、图 2-2(c)和图 2-2(d)]，这与地下水侵蚀等因素有关。⑤ 煤层中局部发育空洞-裂隙群，呈蜂窝状分布[图 2-2(c)]。⑥ 在完整性良好的硬煤区域存在宽度超过 36 mm

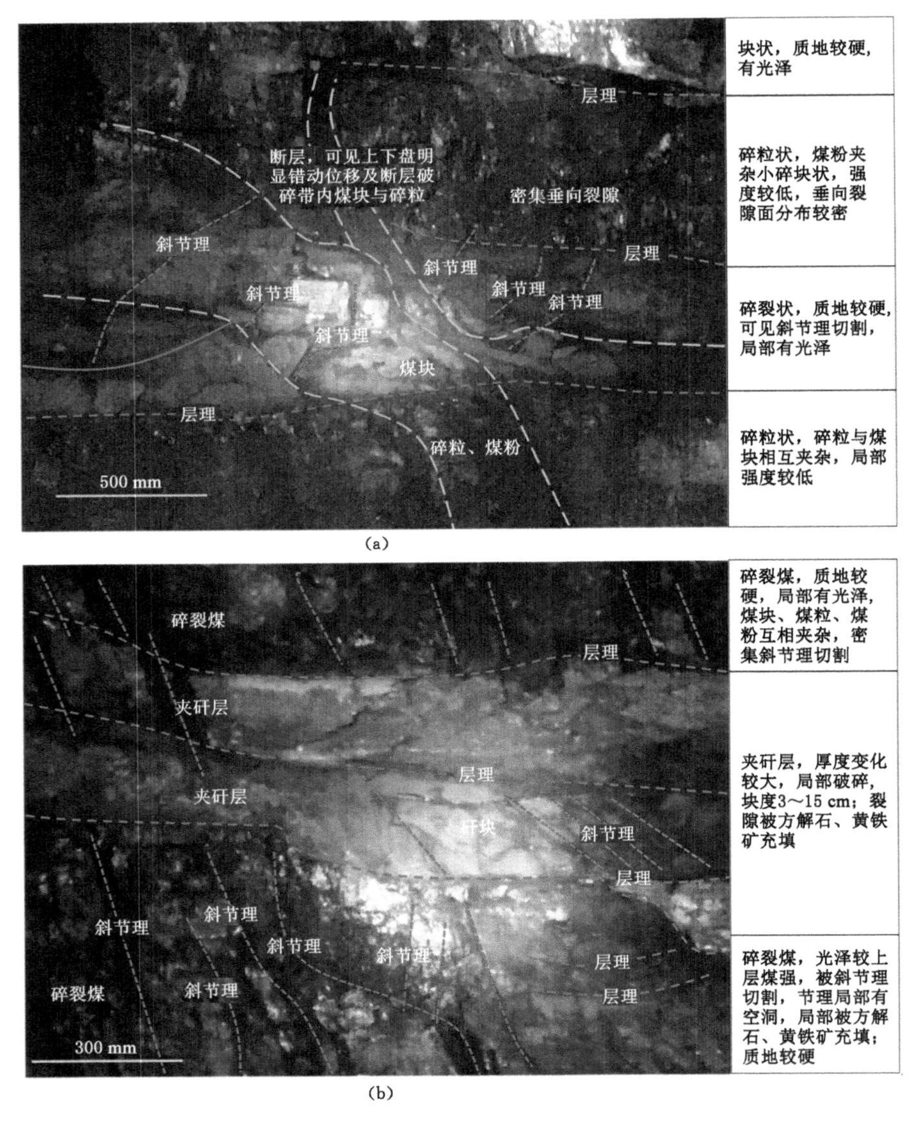

图 2-2　同忻煤矿 3-5 号煤层宏观结构照片

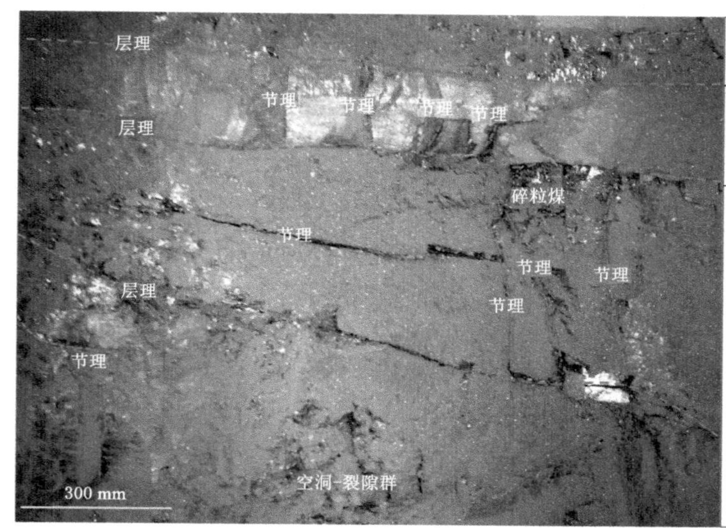

(c)

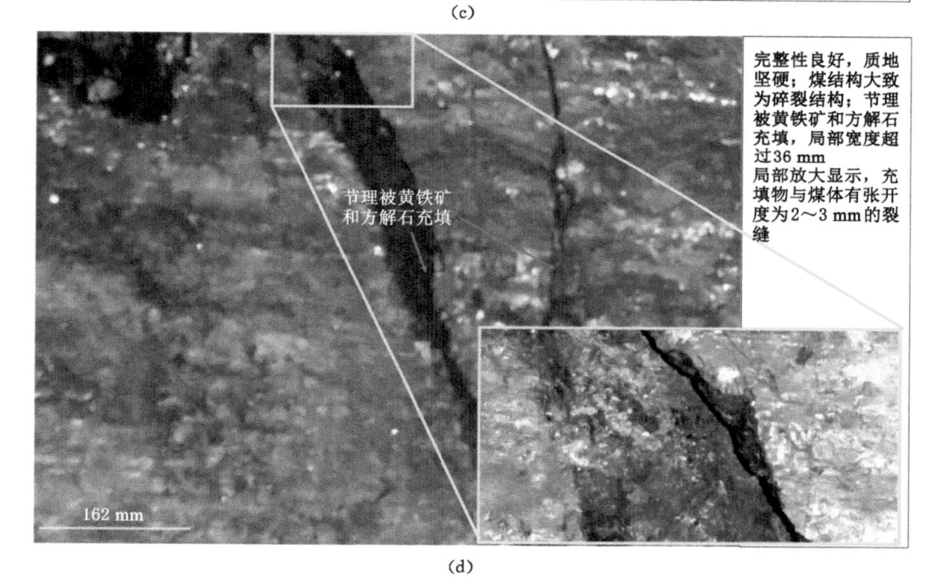

(d)

图 2-2(续)

且被矿物充填的节理，局部放大显示充填物与煤体间还存在张开度为 2～3 mm 的裂缝，这可能是在后期构造作用下，充填矿物和煤体的变形不协调所导致的。

表 2-3 同忻煤矿 3-5 号煤层及其顶底板岩样力学参数

岩性	重度/(kN/m³)	弹性模量/GPa	抗拉强度/MPa	泊松比	内聚力/MPa	内摩擦角/(°)
煤	13.4	2.8	0.5	0.34	6.5	28.6
碳质泥岩	15.6	4.4	0.9	0.29	15.9	33.7

根据上述对煤岩宏观结构特征的分析，基于充填物、张开度、黏结-摩擦类型将裂隙煤岩

中宏观裂隙做如下分类：

① 不含充填物的紧闭型裂隙；

② 不含充填物但局部张开的裂隙；

③ 不含充填物的断续状裂隙；

④ 含充填物非黏结型裂隙；

⑤ 含充填物黏结型裂隙；

⑥ 含破碎带有擦痕的裂隙(如断层)。

宏观上，对于裂隙分布较均匀且各类软弱结构面(层理、节理、裂隙等)对煤体整体变形及强度不起主导作用的煤体，可采用广义 Hoek-Brown 准则进行煤岩体宏观强度力学表征，并可进一步用于分析此宏观煤岩特性对压裂工程中水力缝网规模及形态的影响。但是，对于变形(如滑移方向)及强度特性由结构面特征(强度、产状、粗糙度、充填物等)主控的煤岩体，往往不宜将其视为均质体并用广义 Hoek-Brown 准则表述其变形和强度特性；对于此类煤岩体，应着重分析其结构面特征对压裂裂缝形态的控制作用。

2.2 孔裂隙细微观尺度分布特征

煤层孔隙不仅是煤层气的聚集场所和运移通道，也是地下水、压裂液渗流和滤失的通道。因此，分析裂隙煤岩的孔隙特征，是分析孔裂隙对水力裂缝扩展的控制作用的重要基础。

煤岩中孔隙和裂隙的总的集合可称为煤中孔隙，本书不再对孔隙与裂隙进行具体区分。煤中孔隙具有多尺度特征，因研究侧重点不同，国内外诸多学者对其尺度特征的划分标准各异。Close[243]提出煤层是孔隙-裂隙的双重孔隙结构系统，也有学者从孔隙形态出发，认为还存在一种介于孔隙与裂隙之间的微裂隙[244]。傅雪海等[245]指出，孔隙系统(煤层气聚集场所)、显微裂隙系统(沟通桥梁)以及宏观裂隙系统(运移通道)共同组成了煤储层的三元裂隙结构系统。目前普遍认为，煤的孔隙呈三元结构，不同尺度裂隙对煤中流体的运移控制机理不同。

2.2.1 煤基质孔隙分类及孔体积分布特征

煤基质孔隙按成因可分为原生孔、热成因孔和矿物质孔[246-247]。原生孔主要形成于沉积阶段，如植物组织孔和原始粒间孔。热成因孔主要为煤化变质时期形成的气孔。矿物质孔是因煤中矿物质存在和地下水溶蚀所形成的孔隙，如铸模孔、晶间孔和溶蚀孔。根据施兴华[248]和王文[249]的 FESEM 试验结果(图 2-3)，基质孔隙尺度分布跨度为从微米级(以孔径测算，最大 2.5 μm)至纳米级，即使部分孔隙呈聚集状分布，其相互连通性也较差；纳米级孔多发育于高煤阶煤中；气孔边缘一般较为圆滑，而溶蚀孔形状不规则，反映了矿物的晶体边界效应；纳米级孔的连通性较微米级孔的好。

国内外大多将基质孔隙分为微孔(<10 nm)、过渡孔(10～100 nm)、中孔(100～1 000 nm)和大孔(>1 000 nm)，划分依据为孔径[250]。基于压汞法[250]、单一纳米 CT 扫描成像法[248]、聚焦离子束扫描电子显微镜(FIB-SEM)结合 CT 成像法[251](FIB-SEM 测 1 000 nm 以下孔径、CT 测 1 000 nm 以上孔径)测得的煤基质孔隙的孔径分布特征如图 2-4 所示。由图 2-4 可知，压汞法测得过渡孔和微孔为主要孔体积集中区，单一纳米 CT 扫描成像法测得的赵庄矿和寺河矿

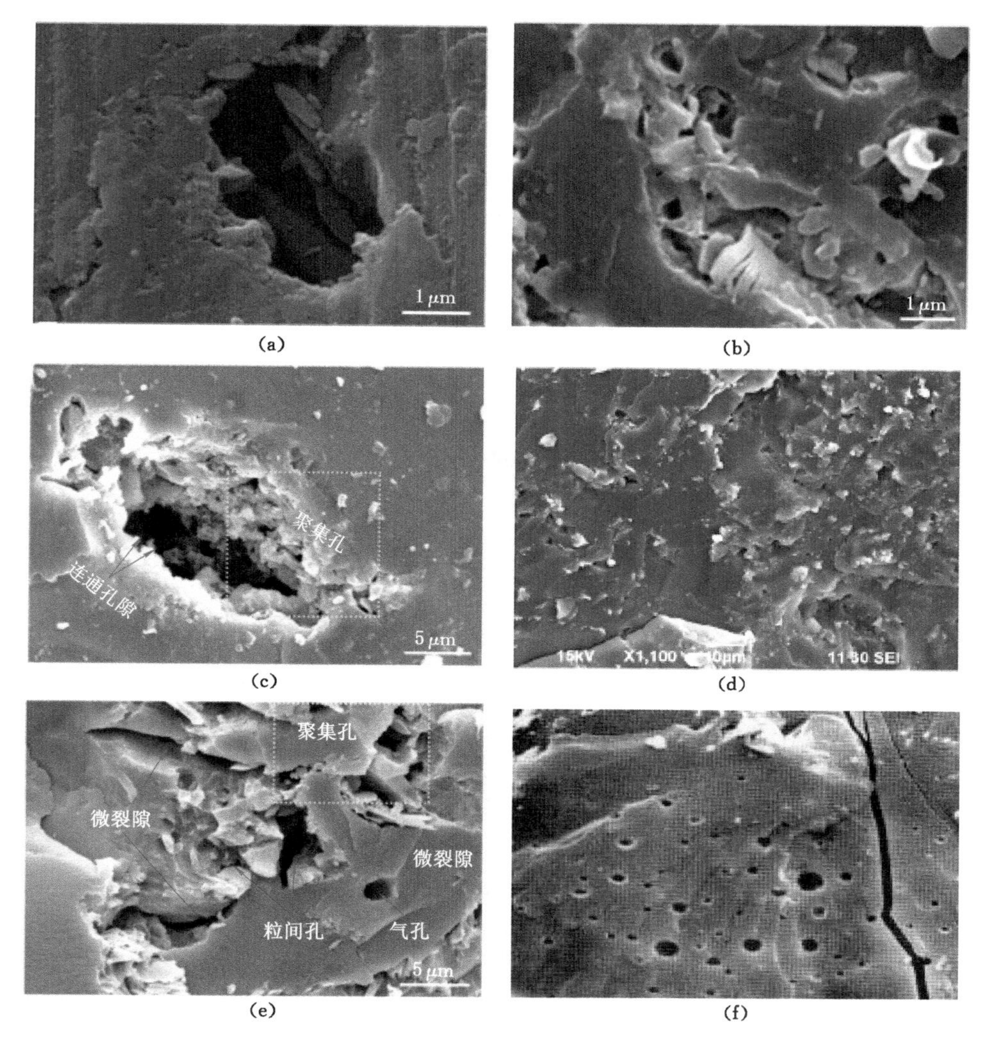

图 2-3 电镜下的煤基质孔隙特征[248-249]

煤的主要孔体积集中区为中孔，FIB-SEM 结合 CT 成像法测得中孔或大孔为主要孔体积集中区。造成这一差异的原因分析如下。

(1) 单一纳米 CT 扫描成像的分辨率为 65 nm，因此无法捕捉到微孔，这也意味着孔径小于 65 nm 的喉道无法被统计。

(2) 喉道和孔的相对个数影响压汞过程的实测孔径，喉道尺寸较孔径小，且喉道多会引起压汞所测孔径小于实际孔径。

压汞法对孔径分类的主要依据为进退汞曲线特征。汞液随压力增大逐级进入更小的孔隙，即若要进入某一更小孔径，需要突破相对应的压力。一般地，在孔径为 10 nm、100 nm、1 000 nm 时可出现进汞液量的突变，可作为判定孔径的依据。

汞液为非浸润液体，即接触角 $\theta \in (90°, 180°)$；在无压力条件下，毛细管中会出现退汞现象，因此必须加压才能维持或促使其进入孔隙。Washburn 公式给出了压力与孔径的关系[252]：

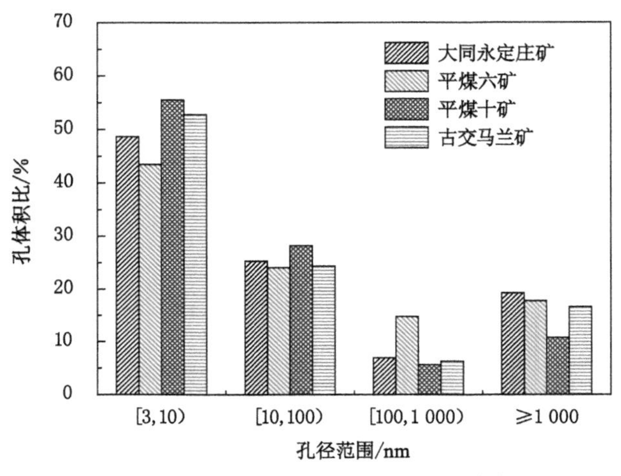

(a) 压汞法(数据源于苏现波等[250])

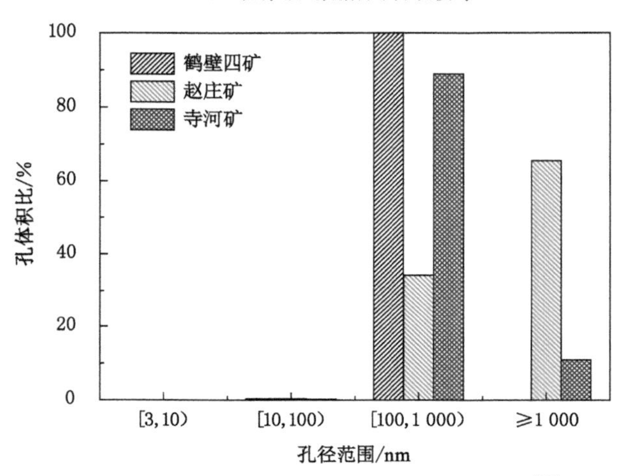

(b) 单一纳米CT扫描成像法(数据源于施兴华[248])

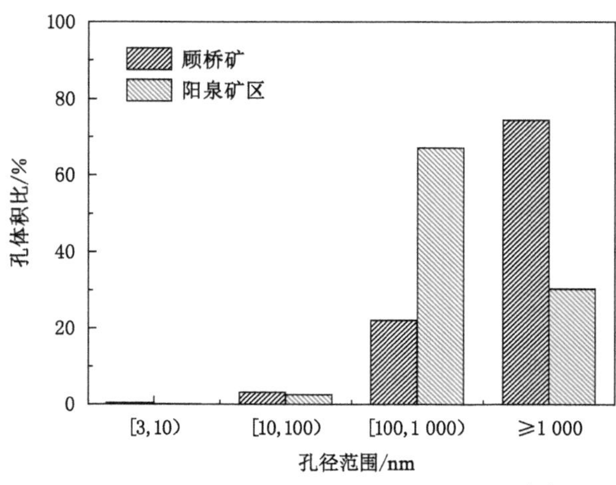

(c) FIB-SEM结合CT成像法(数据源于Li等[251])

图 2-4　不同孔隙测量方法所得的煤基质孔隙孔径分布直方图

$$r=\frac{2\sigma\cos\theta}{p} \tag{2-1}$$

式中 r——孔径，m；

σ——汞表面张力，N/m；

p——汞压力，Pa。

由式(2-1)可知，孔径与汞压力成反比；理想条件下，汞液若要流入孔径为 d 的孔内，则必须首先遍历流经所有孔径大于 d 的孔。但实际中，煤中孔隙形态千差万别，常有入口窄、内部大的孔隙(瓶颈孔，如图 2-5 所示)。对于这类孔，其流入压力为入口孔径所对应的突破压力，因此测得的孔径 d_m 比实际孔径 d_f 偏小。

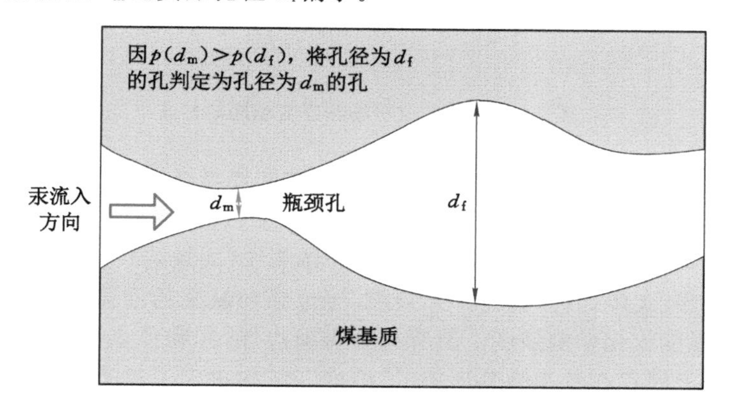

图 2-5 压汞法测瓶颈孔孔径示意图

不同测量孔径分布的方法所得结果有相对参考意义，不完全等价于实际孔径分布。

压裂工程中，煤基质破坏和宏观裂纹形成可能是天然孔隙成核、扩展、连通的过程。此外，煤是多孔材料，且孔隙对应力敏感性较高，压裂作用将进一步影响煤孔隙率、煤强度的变化。不同尺度孔隙对此有着不同的控制作用。

2.2.2 裂隙分类及结构特征

相对孔隙，裂隙一般为宽度(张开度)远小于延伸度且无明显错动位移的一组不连续面。在数学意义上，不含充填物的裂隙结构在邻域内呈位移和应变间断现象，含充填物的裂隙呈位移间断而应变连续现象，如图 2-6 所示。按成因，煤中裂隙主要分为内生裂隙和外生裂隙[253-255]。对于内生裂隙的割理，Dron[256]将其分为面割理和端割理，两者正交，端割理终止于面割理而几乎不贯穿发育。根据裂隙形态及地质成因机理，苏现波等[257]将裂隙分为 7 大组 17 种类型，如阶梯状、桥构造、流劈理、褶劈理、X 形、孤立状、网状、羽状、锯齿状、叠瓦状、辫状等。

裂隙形态虽可通过二维(表面形态观察)和三维(三维 CT 扫描)观测，但评价其定量特征多依赖二维或一维参数，如长度、连通性以及宽度；这 3 个参数也是非常重要且实用的裂隙定量分类依据。Zhang 等[258]提出以 20 μm 裂隙宽度作为区分微裂隙和大裂隙的依据，而 Shepherd 等[259]将 1 μm 作为微裂隙宽度的上限。Gamson 等[260]将微米级且在手标本中不可肉眼观测的裂隙定性为微裂隙。Chen 等[261]根据裂隙长度、连通性和宽度将微裂隙分为 4 类。

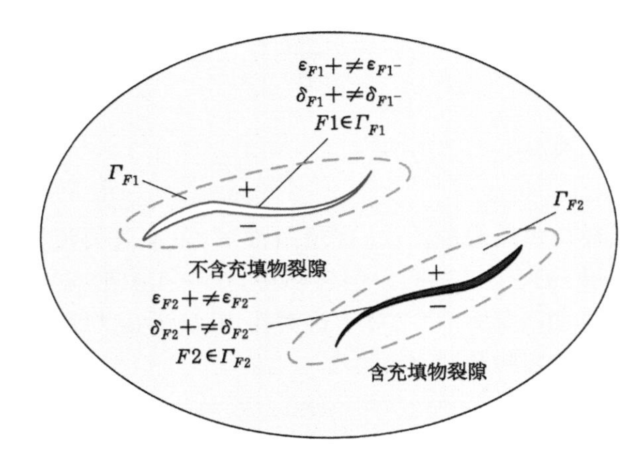

图 2-6　裂隙的位移场和应变场间断性质

类似于煤中宏观裂隙，微米级裂隙及纳米级裂隙同样具有显著的非连续、非均匀分布特征，如图 2-7 所示。借鉴凝聚态物理学关于缺陷的思想：几何特征上，材料缺陷可分为原子夹杂和缺失（点缺陷）、晶体位错（线缺陷）、界面和微裂纹（面缺陷）、空洞和夹杂（体缺陷）等；无表面（即长程有序、无限延伸）且内部无裂隙、无位错和缺失的固体材料，理论上其力学强度必为分子结合强度或化学键强度。但所有有明确边界（如物体表面、内部裂隙）的固体材料，在微观或宏观上因存在各类缺陷形成了“结构”，结构决定了这类材料的宏观力学性质。有了结构就有了材料的初始损伤（初始损伤是相对完全理想材料而言的），不存在固体物理范畴内的完全无损伤的材料。裂隙煤岩的宏观力学性质取决于其各尺度结构，因此每一级尺度结构对压裂过程的控制效应也不相同。

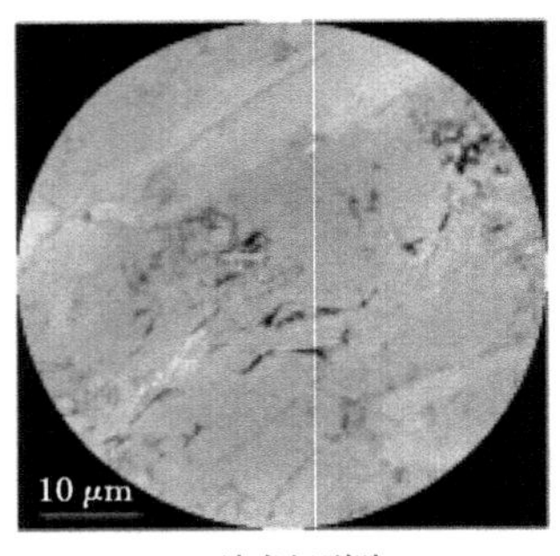

(a) 纳米级裂隙

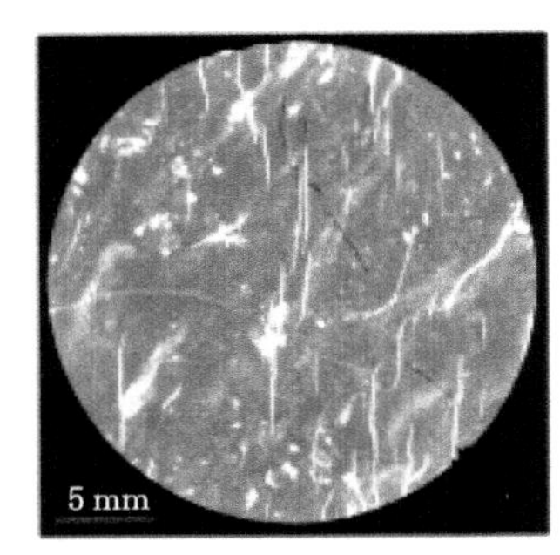

(b) 微米级裂隙

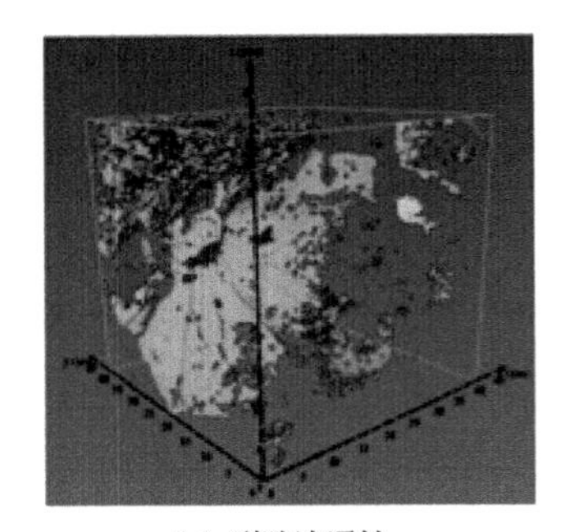

(c) 裂隙连通性
（相同颜色区域表示连通域，不同颜色区域间互相不连通）

图 2-7　煤中纳米级与微米级裂隙对比（引自施兴华[248]）

2.3　裂隙煤岩水化损伤试验

煤是由结构类的大量缩合芳香环通过桥键连接而成的复杂混合物，此外还含有多种矿物组分（表 2-4）。水力压裂过程中的水压力、压裂液滤失和渗流可对煤岩体造成水化腐蚀影响，导致煤体力学强度降低、变形特性改变，从而进一步影响储层应力分布以及水力裂缝扩展方向。

表 2-4 煤中矿物组分(引自王文[249])

矿物成分	成煤伴生		后生	
	水成和风成	新生	孔裂隙堆积	由成煤伴生演化
碳酸盐		菱铁矿、铁白云石结核、方解石等	白云岩、铁白云石、方解石	
硫化物		黄铁矿(结核)、硫化铁、硫化铜、硫化锌结核等	黄铁矿、锌的硫化物	由菱铁矿演化的黄铁矿
磷酸盐	磷灰石	钙磷矿		
氧化物	石英颗粒	石英、由长石和云母风化而来的玉髓、硅质结核	石英颗粒	
黏土矿	高岭石、绢云母、伊利石、水云母		高岭石	伊利石、绿泥石
重矿物	锆石、正长石、黑云母		硫酸盐、硝酸盐	

2.3.1 试样制备

煤样采自山西霍尔辛赫煤矿太原组 3 号煤层，3 号煤层为无烟煤，其工业分析结果如表 2-5 所示。煤样被加工成直径为 50 mm、高为 50 mm 的圆柱体，如图 2-8 所示。煤样被进一步处理为自然煤样(A 组)、自然吸水煤样(B 组)、带压强制吸水煤样(C 组)。

表 2-5 霍尔辛赫煤矿 3 号煤工业分析结果

参　数	值
水分 M_{ad}/%	0.87
灰分 A_d/%	9.42
挥发分 V_{daf}/%	6.38
固定碳 FC_{ad}/%	84.80
残炭 CRC	2
硫分 $S_{t,d}$/%	0.32
发热量 $Q_{gr,d}$/(MJ/kg)	31.63
氢含量 H_{daf}/%	2.47

自然煤样不做进一步处理，仅被保存于 20～24 ℃、相对湿度为 40%的环境中。自然吸水煤样的制备过程如下：① 将煤样放置于塑料容器中后，每隔 2 h 向盆中缓慢加注 2 cm 深的蒸馏水，共计加水 4 次，直至水面淹没煤样 3 cm；② 采用保鲜膜密封塑料容器，每隔 24 h 对煤样进行称重，直至相邻两次测量差不超过 0.01 g。

采用如图 2-9 所示的试验装置制备带压强制吸水煤样。装置采用高压气作为源动力，推动液压泵向煤样密闭加压舱内注入带压水。具体制备步骤如下：

(a) 煤块

(b) 煤样

图 2-8　煤块和煤样照片

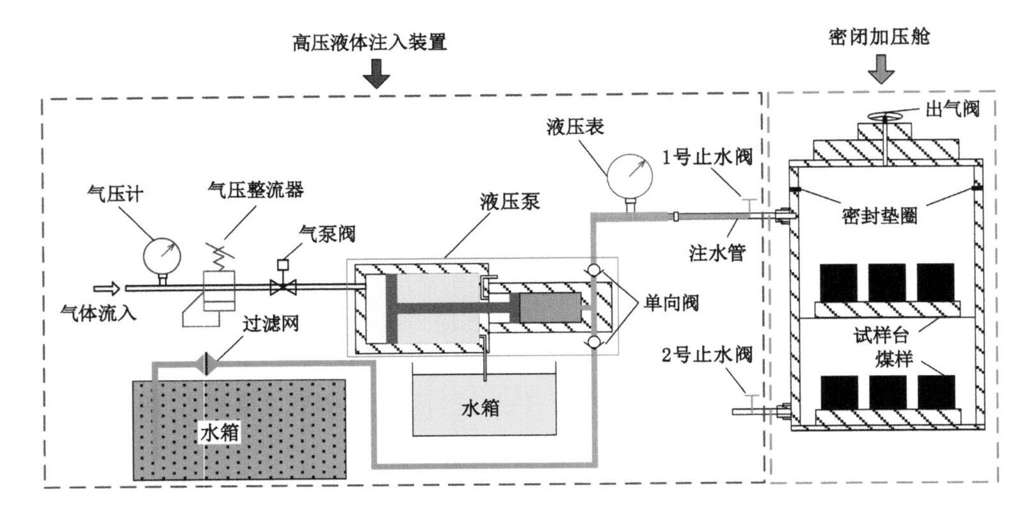

图 2-9　带压强制吸水煤样制备装置

① 打开样品密闭加压舱，放入自然煤样，采用密封垫圈对密闭加压舱进行密封；

② 打开密闭加压舱出气阀，关闭 2 号止水阀；

③ 打开 1 号止水阀，然后打开气泵阀，利用高压气推动液压泵，使管道中蒸馏水在 1 和 2 号止水阀控制下缓慢流入密闭加压舱内；

④ 当水从密闭加压舱顶部的出气阀溢出时，说明密闭加压舱已在常压下充满水，此时关闭密闭加压舱出气阀，然后继续注水加压；

⑤ 当液压表读数达到 5 MPa 时，关闭气泵阀以维持密闭加压舱内水压，若水压降低则立即打开气泵阀，以低压缓气流维持压力；

⑥ 煤样在密闭加压舱中保留 5 h 后取出。

制备完成的 3 组煤样如图 2-10 所示。

2.3.2　试验装置和参数测量方法

(1) P 波波速和含水率

采用 UTA-2001A 型非金属超声波无损检测仪测量煤样吸水前后的 P 波波速。测量方法为穿透法，P 波波速计算式如式(2-2)所示：

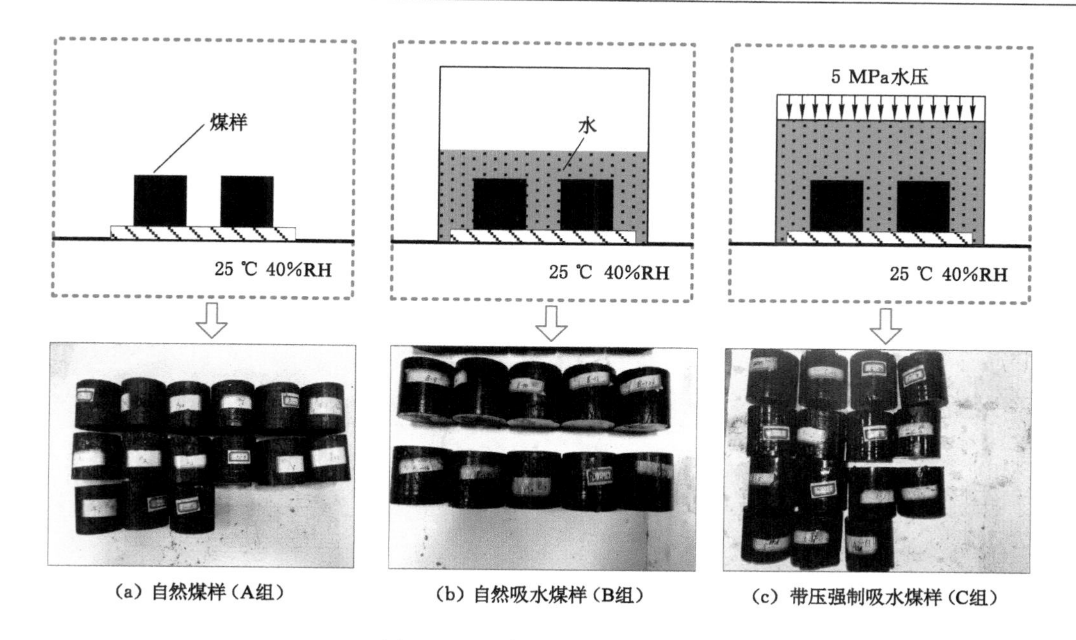

(a) 自然煤样(A组)　(b) 自然吸水煤样(B组)　(c) 带压强制吸水煤样(C组)

图 2-10　制备完成的 3 组煤样

$$v = \frac{L}{t_g - t_r} \tag{2-2}$$

式中　v——被测煤样 P 波波速,m/s;

L——试样长度,m;

t_r——声信号发射时刻,s;

t_g——声信号接收时刻,s。

3 组煤样制备完成后,首先测得其湿重 m_w,然后每组挑选 5 个试样放入 105 ℃干燥箱保存 4 h 后取出称得其干重 m_d。用于计算含水率的试样不用于后期单轴和三轴试验。含水率 W 计算公式为:

$$W = \frac{m_w - m_d}{m_w} \times 100\% \tag{2-3}$$

(2) 单轴、常规三轴加载及声发射信号测量

采用 RMT-150C 型岩石力学伺服试验机和 AE-win B 1.86 型声发射监测系统测量不同煤样的应力-应变曲线及声发射特征,如图 2-11 所示。试验机加载速率为 0.002 mm/s;声发射探头的自然频率为 40 kHz、响应频率为 12.5～400 kHz,声信号阈值为 45 dB,采集率为 1 Ms/s。

单轴试验采用平均弹性模量 E_a,即应力-应变曲线中应力值为应力峰值 30%的点 M 与应力峰值 70%的点 N 的连线斜率;三轴试验采用 E_{50} 模量,即应力为峰值一半的点的应力($\sigma_{50\%}$)与应变(ε_{cor})比值,分别如下:

$$E_a = \frac{\sigma_M - \sigma_N}{\varepsilon_M - \varepsilon_N} \tag{2-4}$$

$$E_{50} = \frac{\sigma_{50\%}}{\varepsilon_{cor}} \tag{2-5}$$

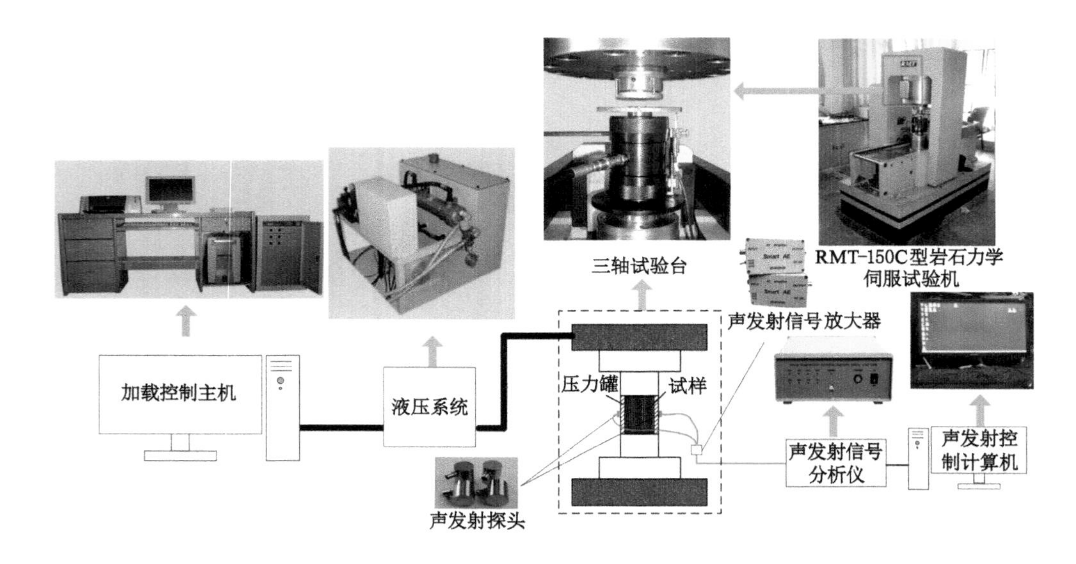

图 2-11　三轴试验及声发射采集装置

2.3.3　试验结果分析

(1) 含水率

表 2-6 列出了经过自然吸水和带压强制吸水煤样的含水率。自然煤样含水率为1.48%～1.54%，平均值 1.51%；自然吸水煤样含水率为 1.94%～2.14%，平均值 2.06%；带压强制吸水煤样含水率为 4.05%～4.30%，平均值 4.17%。结果表明，带压强制吸水作用使得煤样中含水率大大提高，预示着带压强制吸水作用可使水分更加充分地进入煤的微孔裂隙中，进而有改变煤体微观结构的作用。煤层压裂过程中，压裂液滤失、渗入煤体，可引起煤结构和微观孔隙水分布的改变。

表 2-6　三组煤样含水率

煤样类型	煤样编号	含水率/%	平均含水率/%	标准差/%
自然煤样(A 组)	A1	1.52	1.51	0.020
	A2	1.51		
	A3	1.54		
	A4	1.48		
	A5	1.50		
自然吸水煤样(B 组)	B1	2.12	2.06	0.090
	B2	2.14		
	B3	1.95		
	B4	1.94		
	B5	2.13		

表 2-6(续)

煤样类型	煤样编号	含水率/%	平均含水率/%	标准差/%
带压强制吸水煤样(C组)	C1	4.30	4.17	0.092
	C2	4.24		
	C3	4.09		
	C4	4.05		
	C5	4.17		

(2) P波波速

P波波速测试结果列于表2-7。由表2-7可知,吸水前,自然煤样组(A组)、自然吸水煤样组(B组)、带压强制吸水煤样组(C组)的平均波速分别为1 449 m/s、1 499 m/s、1 434 m/s。吸水后,B组和C组平均波速分别为1 623 m/s和2 117 m/s。自然吸水使波速增高5.1%~12.5%,带压强制吸水使波速增高42.1%~55.6%;试验结果表明,带压强制吸水可极大提高波速。

表 2-7 煤样吸水前后P波波速变化

煤样类型	煤样编号	v_o/(m/s)	v_s/(m/s)	r/%	v_{oa}/(m/s)	v_{sa}/(m/s)	v_{od}/(m/s)	v_{sd}/(m/s)
自然煤样(A组)	A1	1 416	N/A	N/A	1 449	N/A	87.55	N/A
	A2	1 538	N/A	N/A				
	A3	1 374	N/A	N/A				
	A4	1 349	N/A	N/A				
	A5	1 566	N/A	N/A				
自然吸水煤样(B组)	B1	1 416	1 507	6.4	1 499	1 623	88.00	123.13
	B2	1 538	1 731	12.5				
	B3	1 374	1 444	5.1				
	B4	1 566	1 690	7.9				
	B5	1 600	1 742	8.9				
带压强制吸水煤样(C组)	C1	1 515	2 153	42.1	1 434	2 117	56.19	21.04
	C2	1 470	2 110	43.5				
	C3	1 353	2 105	55.6				
	C4	1 434	2 127	48.3				
	C5	1 397	2 092	49.7				

注:v_o为吸水前的P波波速;v_s为吸水后P波波速;r为波速增加率;v_{oa}为吸水前平均波速;v_{sa}为吸水后平均波速;v_{od}为吸水前波速标准差;v_{sd}为吸水后波速标准差。

由表2-6与表2-7可知,带压强制吸水煤样的含水率和波速比自然煤样、自然吸水煤样的都高。因包含煤固体结构骨架、气和水分,煤样可被视为固-气-液的三相复合材料,理论上,其P波波速可大致估计为:

$$v = \frac{1}{\sqrt{\beta\rho}} \tag{2-6}$$

式中　ρ——煤样视密度，kg/m^3；

　　β——压缩因子（体积模量倒数），Pa^{-1}。

β 和 ρ 可采用式(2-7)计算：

$$\begin{cases}\beta = n_c\beta_c + n_a\beta_a + n_w\beta_w \\ \rho = n_c\rho_c + n_a\rho_a + n_w\rho_w \\ n_c + n_a + n_w = 1\end{cases} \tag{2-7}$$

式中，下标为 c、a、w 的参数分别表示煤、气体、水分的参数；n 为体积分数。

显然，n_a 和 n_w 显著小于 n_c。此外，β_c 和 β_w 远小于 β_a（$\beta_a \approx 1.5\times10^4\beta_w$），$\rho_c$ 和 ρ_w 远大于 ρ_a：$\rho_c \approx 1\ 400\ kg/m^3$，$\rho_w \approx 1\ 000\ kg/m^3$，$\rho_a \approx 1.25\ kg/m^3$。因此，当 $n_a > 0.1\%$ 时，β 和 ρ 可按式(2-8)估计：

$$\begin{cases}\beta \approx n_a\beta_a \\ \rho \approx n_c\rho_c + n_w\rho_w \approx 1\ 000(1-n_a)\rho_a\end{cases} \tag{2-8}$$

将式(2-8)代入式(2-6)，可得 P 波波速：

$$v \approx \frac{1}{\sqrt{1\ 000\beta_a\rho_a}} \cdot \frac{1}{\sqrt{n_a(1-n_a)}} \tag{2-9}$$

从式(2-9)可知，当 n_a 小于 5% 时，波速 v 与煤样中空气体积分数 n_a 成反比。因 $n_w = 1-n_c-n_a$，当 n_a 小于 5% 时，v 和 n_w 正相关。上述分析解释了水分和气体占比对煤样宏观 P 波波速的影响。自然煤样和自然吸水煤样相对较低的波速是由其中的气体所致。同时也反映出，带压水的强制渗入占据了原有气体的位置。

由图 2-12 可知，带压强制吸水煤样 P 波波速的离散度小于自然吸水煤样的。自然吸水条件下煤样中水、气分布不均匀，而带压强制吸水处理后的煤样内水分可进入微孔，从而水分分布较前者均匀，宏观上表现为波速离散性较小。

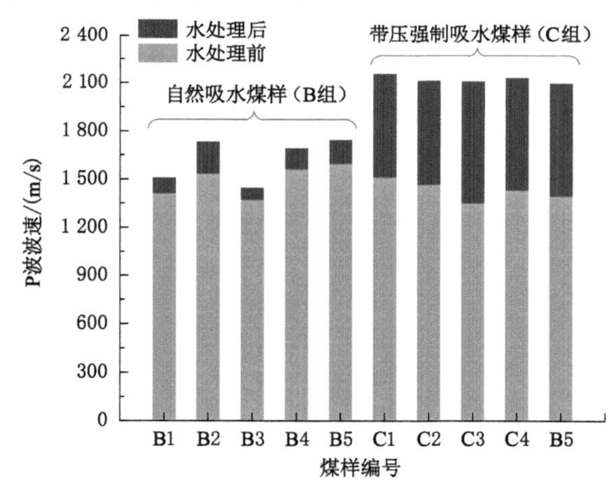

图 2-12　自然吸水处理与带压强制吸水处理的煤样波速离散性对比

(3) 单轴压缩试验结果

单轴压缩试验结果见表 2-8 与图 2-13。自然煤样组单轴抗压强度为 13.80～16.29 MPa，平均值 14.67 MPa；自然吸水煤样（B 组）的为 8.03～10.19 MPa，平均值 8.88 MPa；带压强制吸水煤样（C 组）的为 1.54～3.36 MPa，平均值 2.44 MPa。相对自然煤样，B 组和 C 组煤样平均单轴抗压强度分别降低了 39.47%、83.37%，平均弹性模量分别降低了 36.80%、89.22%。试验结果表明，带压强制水处理煤样后，煤样力学性能显著降低。相对自然煤样，C 组煤样的峰值应变平均值与峰后残余应变平均值分别提高了 16.39%、41.72%，但是 B 组煤样的分别降低了 25.61%、22.34%：带压强制水处理提高了煤的塑性变形能力。结合 2.2.2 小节关于煤结构与宏观力学性能的分析以及波速分析可得，带压强制水处理破坏了自然煤样的物理结构。

表 2-8　三组煤样的单轴压缩试验结果

煤样类型	煤样编号	σ_c		ε_p		ε_{max}		E_a	
		E	A	E	A	E	A	E	A
自然煤样	A6	13.80	14.67	9.87	10.19	13.12	13.52	3.15	2.69
	A7	16.29		10.90		15.75		2.47	
	A8	13.91		9.80		11.68		2.45	
自然吸水煤样	B6	8.42	8.88	7.42	7.58	9.69	10.50	1.44	1.70
	B7	10.19		8.68		11.84		1.90	
	B8	8.03		6.63		9.98		1.77	
带压强制吸水煤样	C6	1.54	2.44	13.72	11.86	19.96	19.16	0.13	0.29
	C7	2.42		11.52		21.49		0.33	
	C8	3.36		10.34		16.02		0.42	

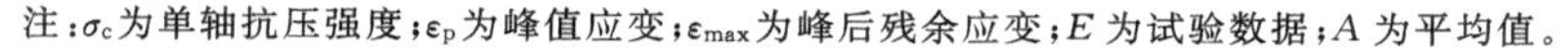

注：σ_c 为单轴抗压强度；ε_p 为峰值应变；ε_{max} 为峰后残余应变；E 为试验数据；A 为平均值。

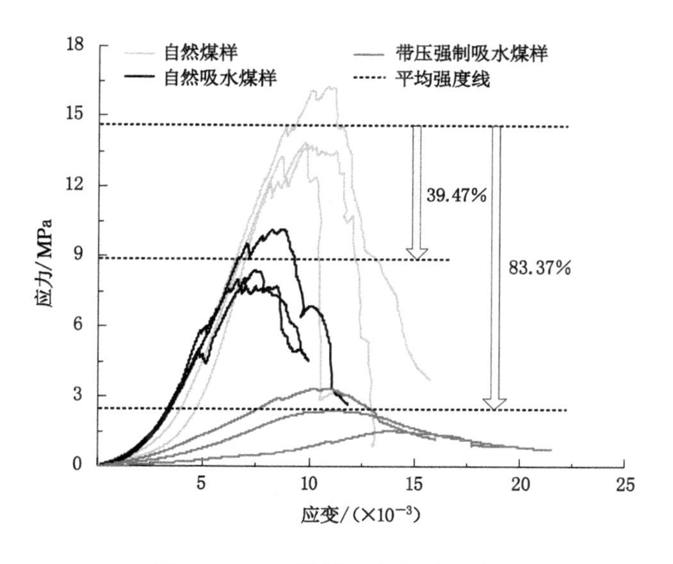

图 2-13　三组煤样的应力-应变曲线

表 2-9 为单轴压缩试验过程中的声发射事件计数值，声发射计数与声发射能量变化特征如图 2-14 与图 2-15 所示。自然煤样、自然吸水煤样、带压强制吸水煤样的声发射计数峰值平均值分别为 67 708 次、3 330 次、951 次，累计计数平均值分别为 943 094 次、454 688 次、

118 507 次:计数峰值与累计计数值都依次递减。根据图 2-15,带压强制吸水煤样单轴压缩期间的声发射峰值能量及累计能量远低于其他两组煤样。通常认为,声发射事件伴随煤岩脆性破裂产生,事件计数可间接反映破裂状况,低声发射事件计数和能量说明产生的脆性裂缝较少。因此,经带压强制水处理后,煤样的压缩破坏类型由脆性向塑性屈服转变,产生脆性裂缝的能力降低。

表 2-9 声发射测试结果

煤样类型	煤样编号	峰值计数/次		累计计数/次	
		实验结果	平均值	试验结果	平均值
自然煤样	A6	81 008	67 708	985 765	943 094
	A7	55 816		1 094 713	
	A8	66 300		748 806	
自然吸水煤样	B6	4 771	3 330	380 109	454 688
	B7	2 264		509 222	
	B8	2 956		474 733	
带压强制吸水煤样	C6	1 150	951	71 887	118 507
	C7	829		117 894	
	C8	875		165 740	

(4) 三轴压缩试验结果

三轴压缩试验结果如表 2-10 及图 2-16 所示。相同围压下,带压强制吸水煤样组的平均峰值强度和 E_{50} 显著低于其他两组。此外,自然煤样与自然吸水煤样在峰后有一个明显的软化过程;但带压强制吸水煤样峰后未出现明显软化过程,其应力-应变曲线类似于理想弹塑性模型。值得注意的是,5 MPa 围压条件下,三种煤样峰后残余强度相差不大:低围压下带压强制水处理作用可有效降低峰值强度,但对峰后强度影响较小。

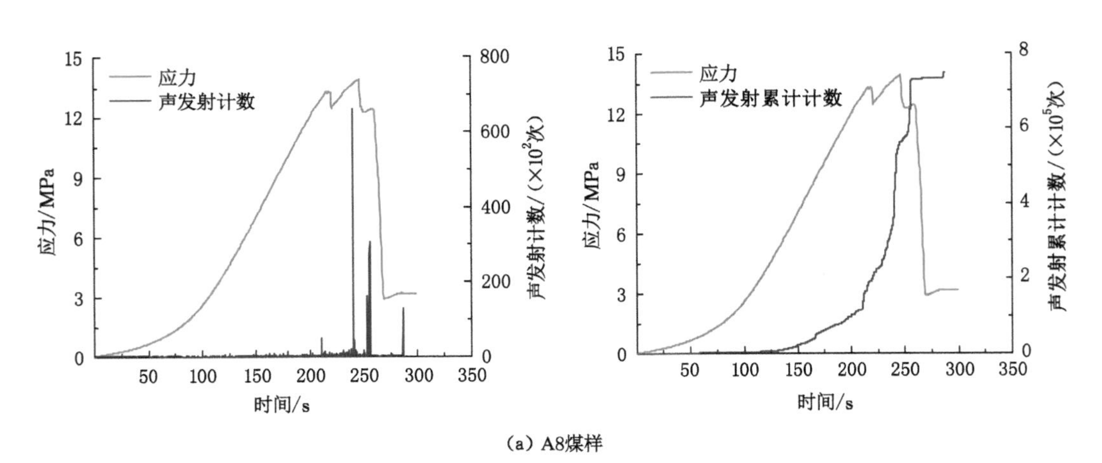

图 2-14 三种煤样单轴压缩期间的声发射计数特征

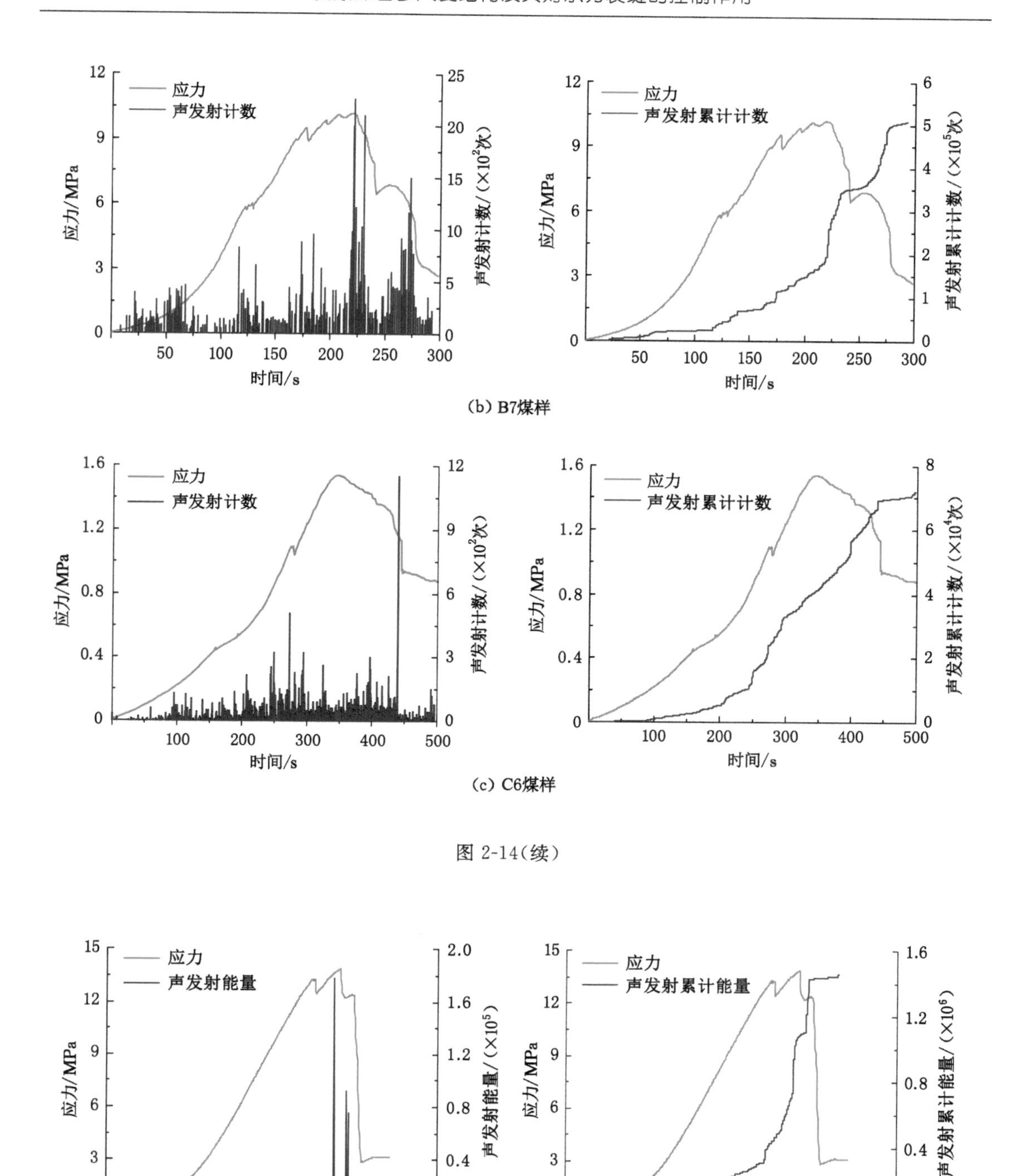

(b) B7煤样

(c) C6煤样

图 2-14(续)

(a) A8煤样

图 2-15　三种煤样单轴压缩期间的声发射能量特征

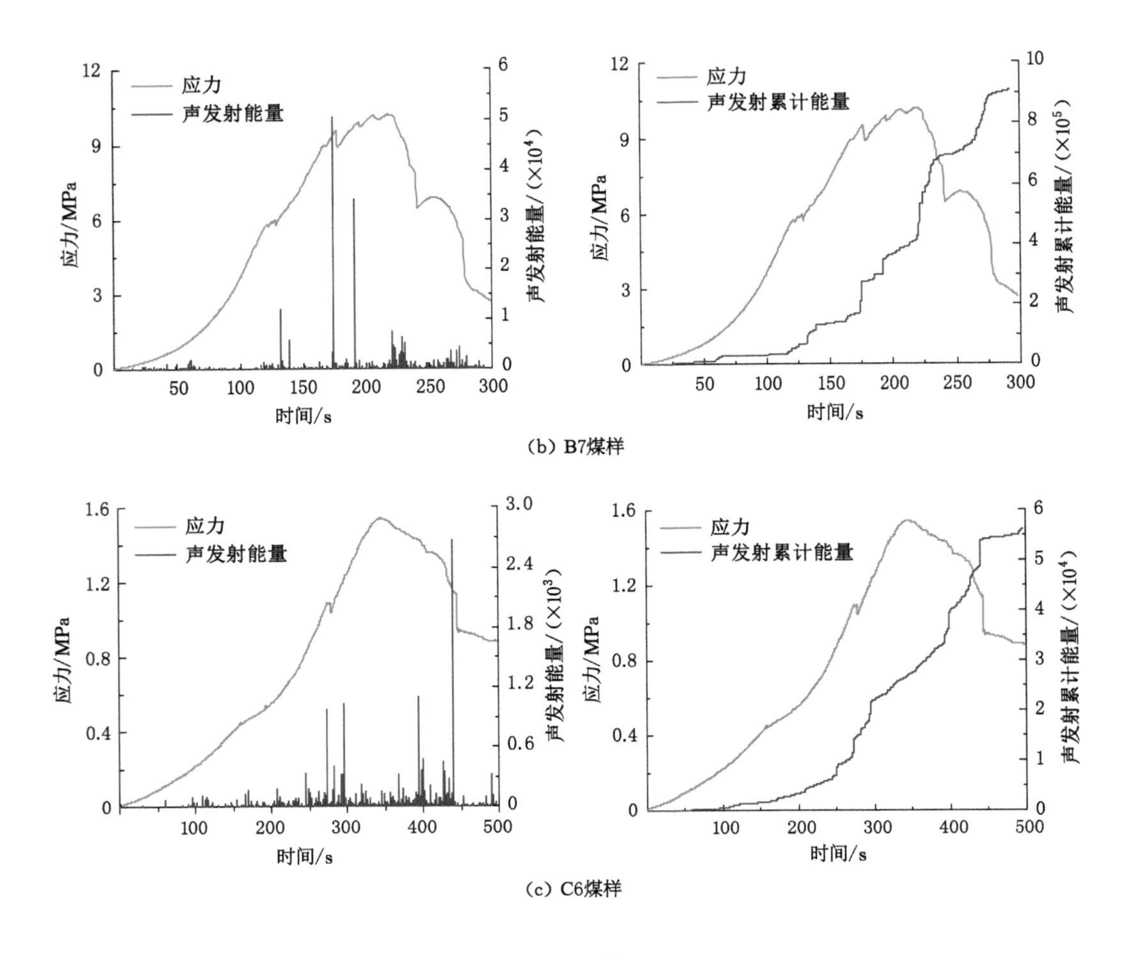

(b) B7煤样

(c) C6煤样

图 2-15(续)

表 2-10　三组煤样的三轴压缩试验结果

组号	煤样编号	σ_3/MPa	σ_1/MPa	$\bar{\sigma}_1$/MPa	$\Delta\bar{\sigma}_1$/MPa	R-$\bar{\sigma}_1$/%	ε_p/($\times10^{-3}$)	E_{50}/GPa
A	A5-1	5	52.78	48.14	N/A	N/A	18.18	3.03
	A5-2	5	47.07				18.40	2.94
	A5-3	5	44.58				20.82	2.98
	A10-1	10	70.16	72.33	N/A	N/A	18.40	4.20
	A10-2	10	72.72				18.97	4.12
	A10-3	10	74.11				18.80	4.05
	A15-1	15	83.14	80.50	N/A	N/A	19.03	4.35
	A15-2	15	75.66				17.10	4.31
	A15-3	15	82.71				20.30	4.34

表 2-10(续)

组号	煤样编号	σ_3/MPa	σ_1/MPa	$\bar{\sigma}_1$/MPa	$\Delta\bar{\sigma}_1$/MPa	R-$\bar{\sigma}_1$/%	ε_p/(×10⁻³)	E_{50}/GPa
B	B5-1	5	47.85	47.03	1.11	2.31	17.47	2.89
	B5-2	5	47.80				15.26	3.79
	B5-3	5	45.43				14.08	3.46
	B10-1	10	67.32	63.20	9.13	12.62	16.38	4.15
	B10-2	10	67.21				18.89	3.90
	B10-3	10	55.08				21.45	3.32
	B15-1	15	77.75	77.49	3.01	3.74	19.70	4.00
	B15-2	15	79.04				20.08	4.10
	B15-3	15	75.69				21.32	4.06
C	C5-1	5	31.15	31.53	16.61	34.50	26.87	1.95
	C5-2	5	30.35				24.05	1.80
	C5-3	5	33.10				25.86	1.63
	C10-1	10	41.48	45.51	26.82	37.08	40.06	2.23
	C10-2	10	47.67				40.90	2.69
	C10-3	10	47.38				42.64	2.46
	C15-1	15	54.69	52.27	28.23	35.07	40.60	3.33
	C15-2	15	53.10				45.20	3.14
	C15-3	15	49.02				42.60	3.10

注：σ_3 为围压；σ_1 为峰值强度；$\bar{\sigma}_1$ 为平均峰值强度；$\Delta\bar{\sigma}_1$ 为 $\bar{\sigma}_1$ 相对自然煤样的降低量；R-$\bar{\sigma}_1$ 为相对自然煤样的强度降低率；ε_p为峰值应变。

图 2-17 为三种煤样的摩擦角、内聚力与含水率的关系。由图 2-17 可知，带压强制水处理后煤样摩擦角和内聚力较自然煤样分别降低 35.90%、19.25%。此外，摩擦角和内聚力与含水率呈强负相关线性关系。

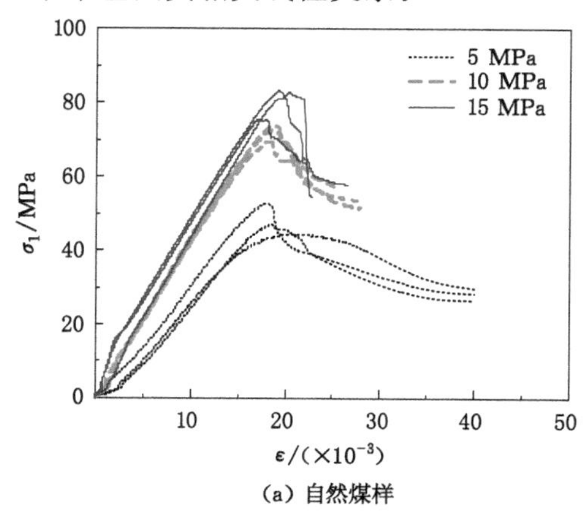

(a) 自然煤样

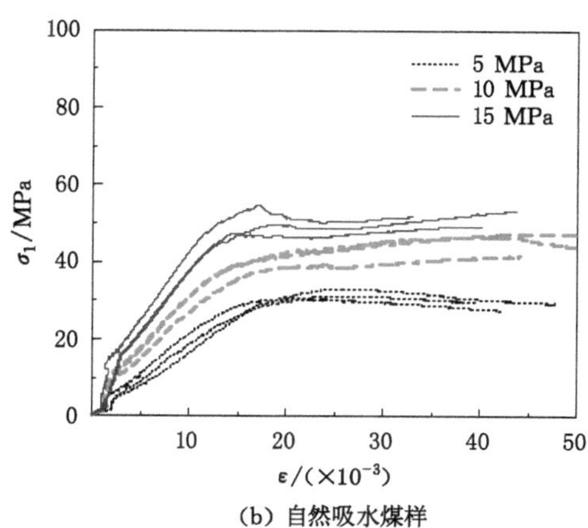

(b) 自然吸水煤样

图 2-16 三种煤样的三轴压缩应力-应变曲线

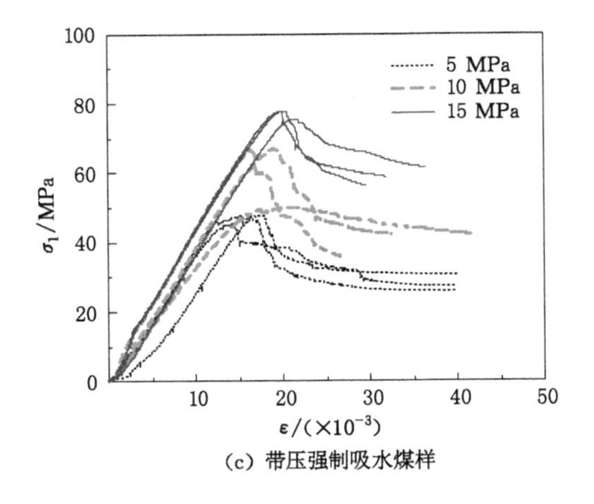

(c) 带压强制吸水煤样

图 2-16(续)

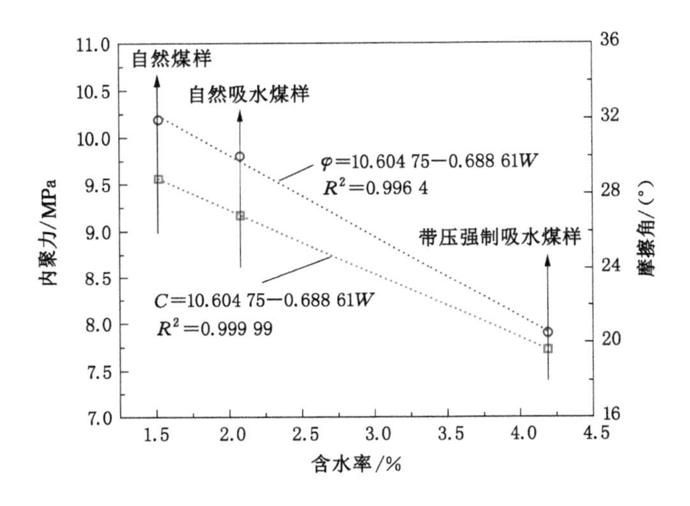

图 2-17　三种煤样的摩擦角和内聚力对比

三轴压缩试验的声发射计数及能量特征如图 2-18 和图 2-19 所示。当围压由 5 MPa 增至 15 MPa 时，自然煤样的声发射峰值计数从 165 658 次降至 42 770 次，自然吸水煤样的从 35 752 次降至 19 371 次，带压强制吸水煤样的从 9 437 次降至 1 368 次。与单轴压缩条件下的声发射特征类似，带压强制水处理后的煤样的声发射峰值计数大大降低；但不同的是，三轴压缩下三种煤样的声发射累计计数处于 2 320 716～3 386 391 次之间，无明显差异性。

2.3.4　煤遇水软化损伤对压裂的影响分析

水对煤的软化损伤主要有化学作用(溶解、水解、水化、氧化等)与物理作用(改变孔隙压力、毛细渗入)过程，两者相互耦合共同改变煤结构及力学性质。

根据式(2-1)，压力越大，水可进入的孔隙尺度越小。水对煤的接触角处在 40°～65°之间，表明水对煤的润湿性较好，可发生毛细现象。图 2-20 为水表面张力为 0.073 N/m 条件下水分子进入煤的临界孔裂隙尺度随压力及接触角的变化规律。由图 2-20 可知，随水压力

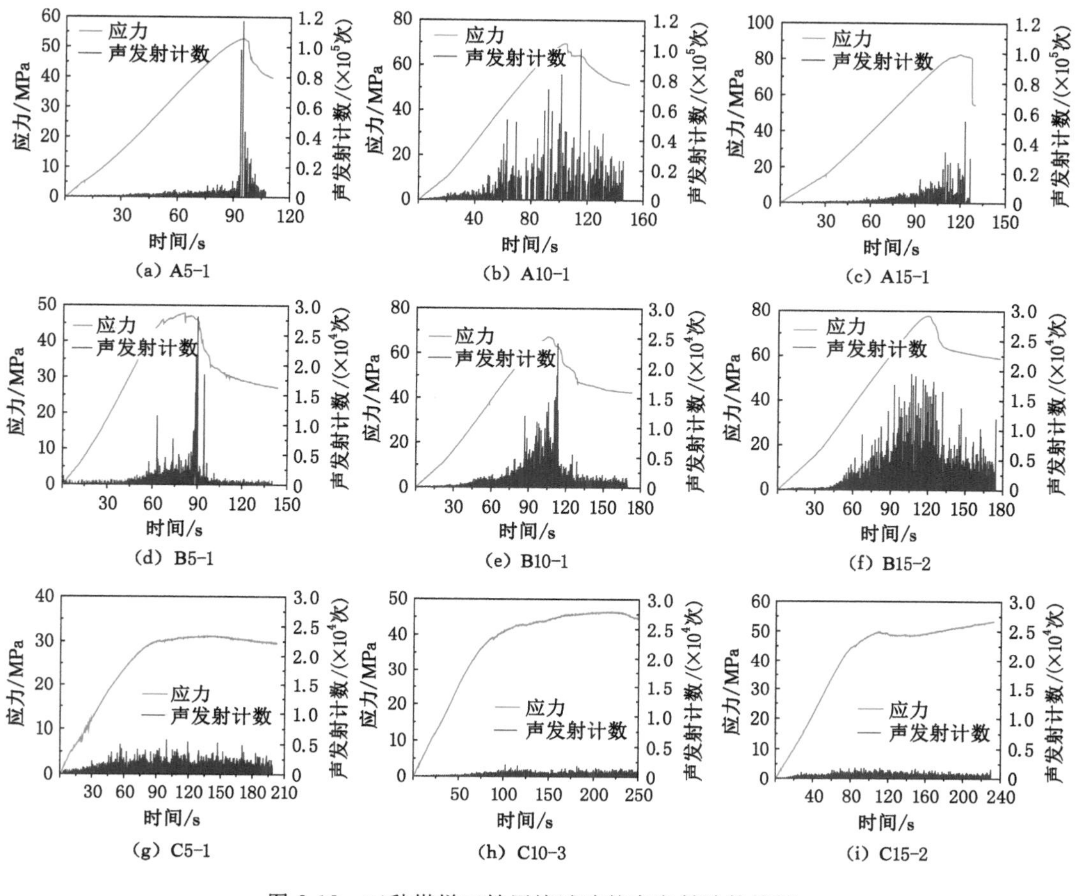

(a) A5-1　(b) A10-1　(c) A15-1

(d) B5-1　(e) B10-1　(f) B15-2

(g) C5-1　(h) C10-3　(i) C15-2

图 2-18　三种煤样三轴压缩试验的声发射计数特征

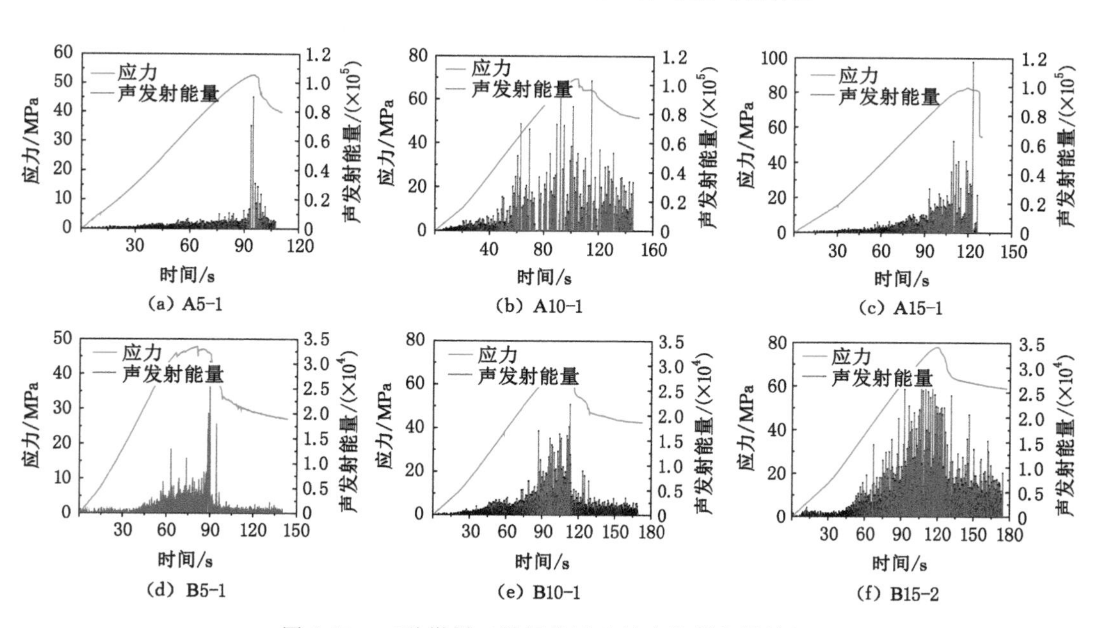

(a) A5-1　(b) A10-1　(c) A15-1

(d) B5-1　(e) B10-1　(f) B15-2

图 2-19　三种煤样三轴压缩试验的声发射能量特征

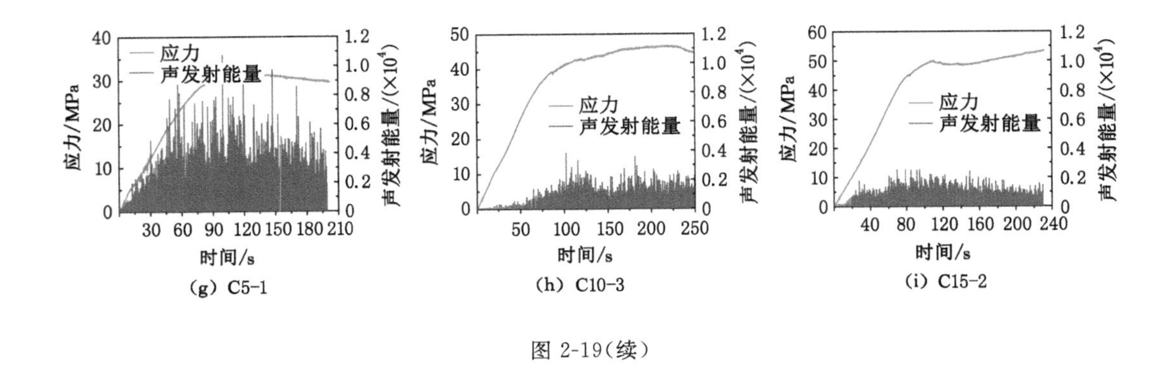

图 2-19(续)

增高,水可进入更加微小的孔隙;当水压超过 5 MPa 后,临界孔裂隙尺度变化变缓,这也说明本试验中所设计的 5 MPa 水压是合理的;45°～65°接触角的临界孔裂隙尺度-压力变化趋势类似,此范围内接触角变化对临界孔裂隙尺度的敏感性不及压力敏感性强;在 65°接触角条件下,当水压超过 6 MPa 后,水分子可进入纳米尺度孔裂隙内。

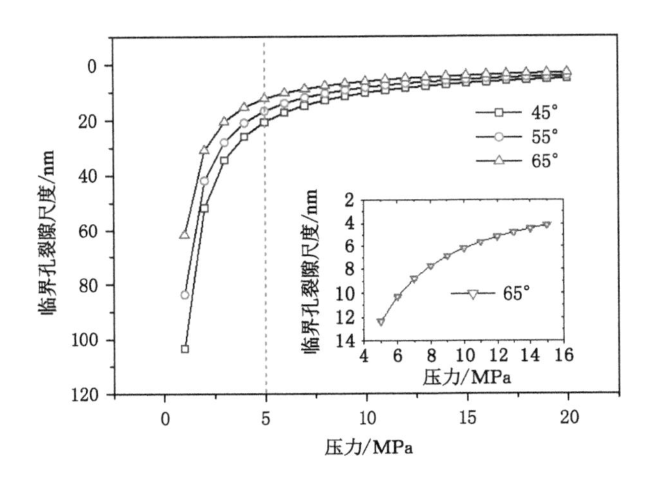

图 2-20　水分子进入煤的临界孔裂隙尺度随压力及接触角的变化规律

煤中裂隙充填物多见方解石、高岭石、黄铁矿等,当裂隙充填物与水接触后,可出现矿物溶解与水解现象,从而使得孔隙溶蚀增大、宏观结构松散化及强度降低。部分矿物如石膏类经水化作用后可形成结晶水合物,体积膨胀、裂隙增加,从而破坏煤结构。此外,煤中所含的低价氧化物、硫化物可被压裂液成分氧化(例如,黄铁矿中的 Fe^{2+} 被氧化为褐铁矿中的 Fe^{3+}、S^{2-} 被氧化为 SO_4^{2-}),产生的硫酸可进一步酸化腐蚀煤体。上述所涉及的化学过程见表 2-11。

当裂隙水压力降低乃至卸压后,因毛细作用,水分子并不能从孔裂隙中完全排出;因溶解、水解、水化等作用,可进一步形成悬浊液胶体堵塞孔裂隙。当进行重复压裂时,可引起孔隙压力增高、有效应力降低,裂缝面附近煤体的力学性能显著降低、损伤范围扩大。但是这种压裂液水锁效应导致孔隙堵塞,不利于后期煤层气产出。

表 2-11 水对煤中矿物化学作用方程式

作用类型	化学方程式
溶解作用	石英：$SiO_2+2H_2O=H_4SiO_4$ 方解石：$CaCO_3=Ca^{2+}+CO_3^{2-}$ 长石：$KAlSi_3O_8+4H^++4H_2O=K^++Al^{3+}+3H_4SiO_4$
水解作用	长石：$4KAlSi_3O_8+6H_2O\longrightarrow Al_4(Si_4O_{10})(OH)_8$（高岭石）+[$8SiO_2+4KOH$]（胶体）
水化作用	石膏：$CaSO_4+2H_2O\longrightarrow CaSO_4\cdot 2H_2O$
氧化作用	$2FeS_2+7O_2+2H_2O\longrightarrow 2FeSO_4+2H_2SO_4$ $12FeSO_4+3O_2+6H_2O\longrightarrow 4Fe_2(SO_4)_3+4Fe(OH)_3$ $Fe_2(SO_4)_3+6H_2O\longrightarrow 2Fe(OH)_3+3H_2SO_4$

由此可见，水对煤的软化损伤存在多尺度特征：在宏观尺度上改变了煤的力学性质及结构面力学性质，进而影响压裂工程中储层应力分布及天然剪切裂缝的形成过程；在细观、微观尺度上改变了煤体结构，引起煤中孔隙率、孔裂隙结构乃至渗透性变化，进一步影响压裂液的滤失渗流规律。

2.4 不同尺度裂隙结构对水力裂缝形成的控制作用

水力压裂对煤储层进行体积改造中，不仅有压裂新生的张拉型裂缝，还包括水力作用下天然裂缝破坏转化而形成的水力剪切裂缝，同时还伴随压裂液滤失、渗流、煤基质软化等过程，本节在 2.1—2.3 节基础上进一步分析不同尺度裂隙结构对水力缝网的影响和控制作用。

2.4.1 宏观裂隙结构的控制作用

（1）松软破碎分层煤对压裂规模的限制

根据图 2-2(a)和图 2-2(c)，不同分层煤的结构差异较大。如图 2-21 所示，若压裂裂缝初始在完整性良好的碎裂煤或原生构造煤中扩展，当裂缝遇到上（下）邻近分层的碎粒煤或糜棱煤时，压裂液滤失量增大，难以继续形成明显的脆性裂缝——松软破碎分层煤（碎软煤）可限制有效的压裂规模。碎软煤被压裂液浸湿后力学性能进一步下降，后期支撑剂进入此类煤体难以形成有效的缝网支撑作用。

（2）夹矸层对水力缝网的干扰

夹矸层一般比煤的力学强度稍高[图 2-2(b)]，且其水平主应力比邻近分层煤偏大，夹矸层及层理性质对水力裂缝扩展的方向和范围有一定干扰作用。如图 2-22 所示，当水力裂缝遇到夹矸层时，可出现以下 6 种情况。

① 水力裂缝终止于夹矸层理。当水力裂缝有效应力不足以克服层理有效压应力以及夹矸层中有效水平应力时，裂缝便终止于夹矸层理。

假设水力裂缝与近水平层理交角为 θ，当水力裂缝逼近层理时，受裂缝内水压影响，在图 2-22(a)中水力裂缝右侧的层理为降压段，设原始层理压应力为 σ_h，则邻近水力裂缝降压段的压力降低至：

$$\sigma_d=\sigma_h-p_h\cos\theta \tag{2-10}$$

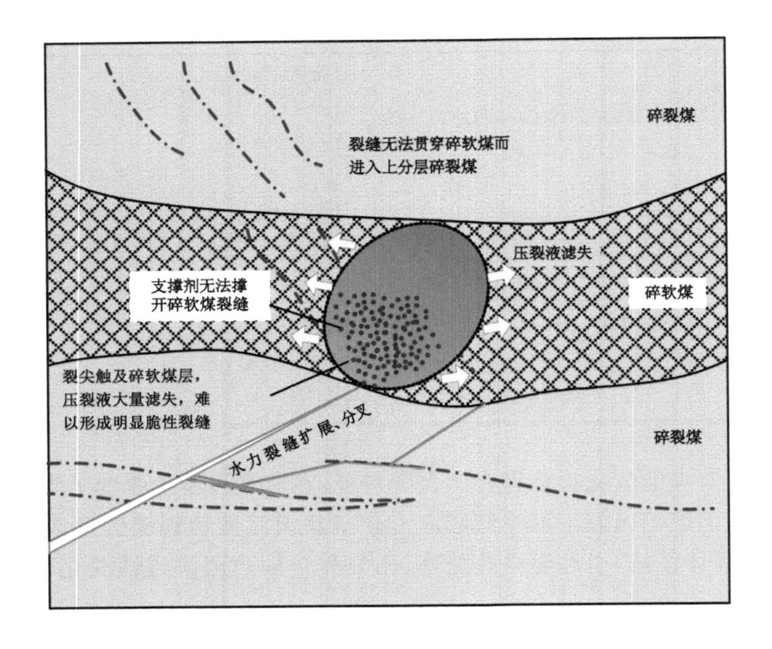

图 2-21　碎软煤层对压裂规模的限制作用

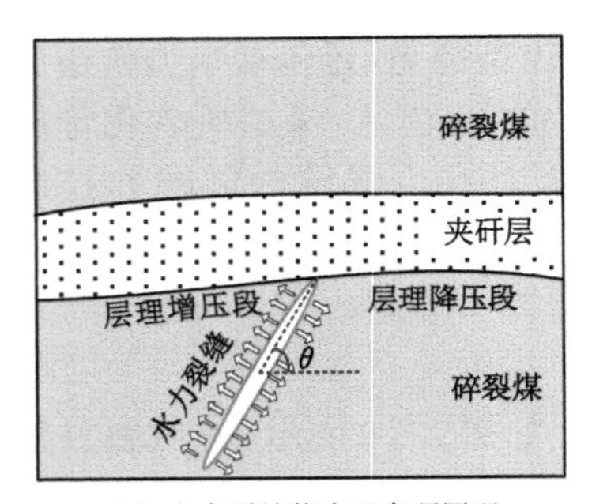

(a) 水力裂缝终止于夹矸层理

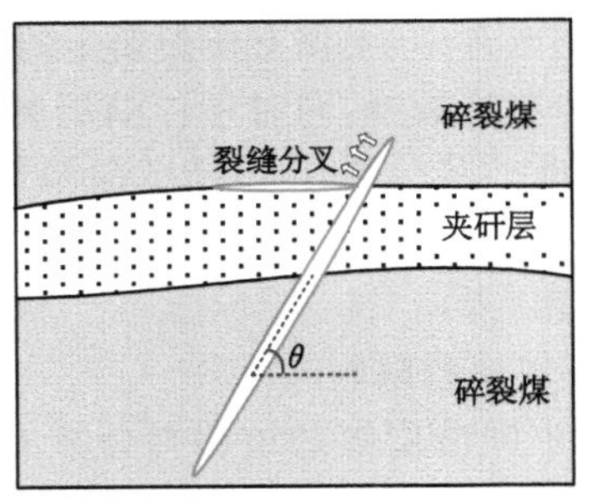

(b) 水力裂缝穿透夹矸层并扩展至上层煤

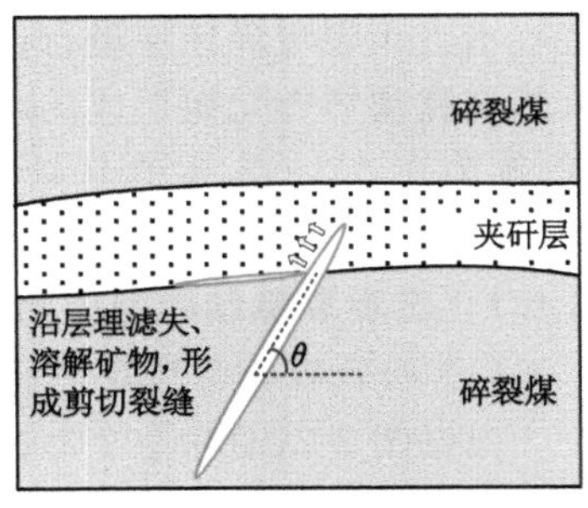

(c) 水力裂缝穿入夹矸层后因压裂液滤失、溶解矿物，形成剪切裂缝

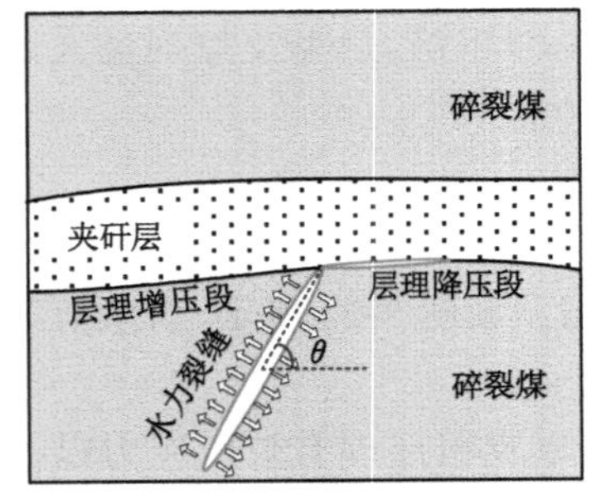

(d) 水力裂缝沿层理扩展

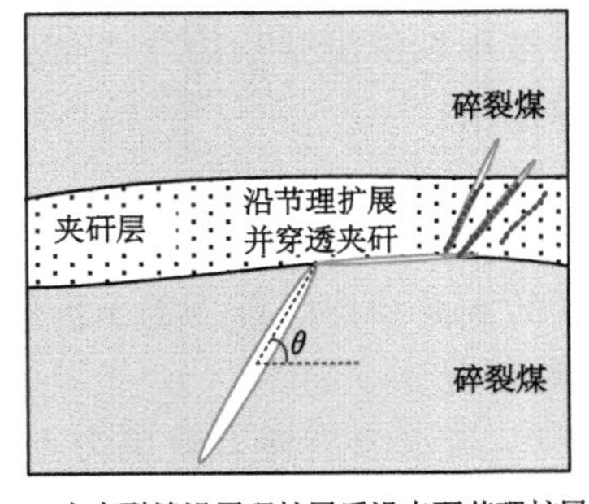

(e) 水力裂缝沿层理扩展后沿夹矸节理扩展，并穿透夹矸进入上层煤

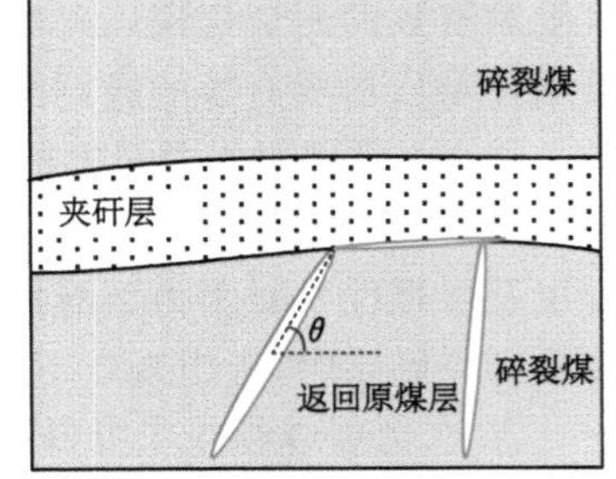

(f) 水力裂缝沿层理扩展后转向原煤层

图 2-22　夹矸层引起的不同水力裂缝扩展模式

式中 σ_d——邻近水力裂缝降压段的压力，Pa；

p_h——水力裂缝内水压，Pa。

θ 越大，降压作用越弱；θ 越小，降压作用越强，进而沿层理扩展的可能性越大；裂缝是否终止于夹矸层理与 θ 有关。

② 水力裂缝穿透夹矸层并扩展至上层煤。当夹矸层强度、结构与煤层接近且层理不含软弱矿物时，水力裂缝可穿透夹矸层继续扩展。当扩展至上层煤中后，虽然裂缝内水压一致，但因上层煤与夹矸变形不协调，图 2-22(b)中邻近裂缝左侧的煤体被抬升，夹矸和上层煤间的层理面可形成分叉水力裂缝。

③ 水力裂缝穿入夹矸层后因压裂液滤失、溶解矿物，形成剪切裂缝。若层理存在大量软弱矿物，水力裂缝穿入夹矸层后，压裂液会沿着层理滤失，并对层理造成溶蚀，导致层理抗剪强度降低，形成水力剪切裂缝。

④ 水力裂缝沿层理扩展。当夹矸层坚硬、抗拉强度高时，若水力裂缝有效应力足以克服层理有效压应力但不足以穿入夹矸层，则水力裂缝沿着层理扩展。

⑤ 水力裂缝沿层理扩展后沿夹矸节理扩展，并穿透夹矸进入上层煤。

⑥ 水力裂缝沿层理扩展后转向原煤层。当层理内含大量蒙脱石、伊利石等吸水膨胀矿物时，水力裂缝沿层理扩展后，裂缝内矿物吸水膨胀，阻碍水力裂缝继续沿层理扩展，甚至部分水力裂缝体积被膨胀矿物充填；若排液流量增大或不变，则会导致层理内产生高压水，诱导裂缝重新进入原煤层扩展；当水压足够高时，也可能转入夹矸层扩展。

(3) 大型节理、断层对水力裂缝的诱导作用及压裂液滤失

根据图 2-2 可知，煤储层在宏观上普遍为多裂隙地层，煤层中大型宏观裂隙有着主导(诱导)水力裂缝方向、破坏类型的能力。对于有微小机械张开度的裂隙，其抗拉强度接近零，形成剪切裂缝需要满足如下条件[262]：

$$\tau = p'_n \tan(\varphi_b + \beta) \tag{2-11}$$

式中 τ——裂隙面上的剪应力，Pa；

φ_b——煤岩基本摩擦角，(°)；

β——裂隙面剪胀角，与裂隙面的粗糙度 JRC、法向有效正压力 p'_n 以及裂隙面抗压强度 σ_{cs} 有关，(°)。

根据巴顿模型，式(2-11)可表示为[206]：

$$\tau = p'_n \tan[\varphi_b + \mathrm{JRC}\lg(\sigma_{cs}/p'_n)] \tag{2-12}$$

由于存在微小机械张开度，压裂液可流入天然裂缝内，在溶蚀、软化作用下，可引起煤岩基本摩擦角 φ_b、粗糙度 JRC、裂隙面抗压强度 σ_{cs} 降低，从而导致剪切强度降低、形成水力剪切裂缝。

当裂隙面有效正压力较低时，裂隙可沿爬坡角剪切滑移，形成剪胀，即凸点存在不被剪断的可能性；压裂附加应力场可引起有效正压力降低。当压裂主裂缝裂尖接近天然裂缝时，裂隙面一侧正压力降低、另一侧正压力升高[图 2-22(a)]。

增压段的正压力为：

$$p'_o = p'_n + p_h \cos\theta \tag{2-13}$$

增压段裂隙面凸点可被剪断，剪断后，此裂隙面剪切强度演变为残余剪切强度。

当水力裂缝遇机械张开度大的节理、导水断层破碎带或空洞时，可引起压裂液大量滤

失，注液压力降低，从而造成压裂规模不理想。

总之，大型宏观裂隙是煤体强度和变形非均质性的体现，对水力裂缝的扩展方向、类型（水力剪切裂缝的形成）、规模产生重要影响，在分析地层压裂时，应充分考虑此类裂隙几何分布特征及力学特性。

2.4.2 手标本尺度裂隙结构的控制作用

手标本尺度裂隙结构决定实验室尺度下煤样宏观力学性质，包括脆性、抗拉抗剪能力、断裂特性等，对地层可压性、压裂液滤失、水力裂缝的起裂和扩展规律产生重要影响。如割理系统是典型的手标本尺度裂隙结构，是形成缝网的重要基础。

脆性指数是衡量地层可压性的重要参数，它的一种经验计算方法如式(2-14)所示[14]：

$$\mathrm{Brit}=\frac{(0.6895E_c-28\mu-1)}{14}\times100+80 \tag{2-14}$$

式中 Brit——脆性指数；

E_c——弹性模量，Pa；

m——泊松比。

根据式(2-14)可知，脆性指数与弹性模量、泊松比有关，而手标本尺度的裂隙发育状况将显著影响煤样峰前非线性弹性变形的力学行为，进而影响其宏观脆性。

压裂加载过程中，宏观水力裂缝裂尖前端区域会萌生微裂纹并发育一定范围的塑性变形区域，此区域称为断裂过程区(fracture process zone，FPZ)[263-264]。裂缝扩展以裂尖前方微裂纹萌生为先导，断裂过程区内煤岩产生损伤但煤岩颗粒间仍具有桥联作用。断裂过程区随宏观裂纹扩展始终处于裂尖前方，其形成过程与材料受载方式、材料内部矿物颗粒分布、裂隙分布有关。断裂过程区的存在使得线弹性断裂力学不能完全适用于描述准脆性材料的开裂行为。相关研究表明，完好砂岩岩样在三点弯曲梁试验中的断裂过程区临界长度为 11～13 mm，临界宽度为 1.58～2.36 mm[265]。砂岩断裂过程区的长度已与煤岩手标本尺度下的裂隙长度相当，煤岩中断裂过程区特征势必会受到此尺度下裂隙分布的影响(即手标本尺度裂隙分布将影响煤岩断裂过程区的范围)，进而影响水力裂缝起裂和扩展规律。

2.4.3 微观孔裂隙结构的控制作用

压裂过程中“压裂液滤失和渗流-煤岩软化及渗透性改变”是一个连续耦合过程，煤岩微观结构对渗流、渗透性变化起主要影响作用。作为多孔介质材料，煤基质的渗透特性由微观孔隙结构控制。一方面，压力作用下水可进入纳米级别的孔隙结构，并与其中矿物发生化学反应，从而导致煤岩体积膨胀，微裂隙增加，强度降低；另一方面，微观孔裂隙结构往往具有应力敏感性，即在压裂作用下孔隙率、渗透性发生变化，从而影响压裂液的滤失和渗流行为。在分析水力裂缝形成过程时，要充分考虑煤基质渗透特性变化这一重要因素。

3 模拟煤岩缝网压裂的改进内聚力单元法

目前实验室内三轴水力压裂的煤岩样尺寸普遍难以超过 500 mm，无论实施相似模拟试验还是实际物理尺度试验，都不易较好反映体积缝网压裂现象。因此实验室试验在研究大规模体积裂缝形态时较为有限。随着裂缝长度不断增加，水力裂缝在岩体中的扰动影响区域不断增大，实验室真三轴加载目前还难以解决应力和位移边界条件的双满足问题。在现场压裂试验中，可通过微震监测、注入压力和排量监测等方式间接反映压裂规模，但亦不易准确捕捉裂缝扩展的精确过程以及缝网最终形态。因此，数值模拟仍是目前行之有效的水力压裂研究手段，有助于揭示各种压裂工艺、各类地层条件下的裂缝扩展机理。为分析裂隙煤岩内多级水力裂缝的形成规律及机理，本章系统且详细提出基于内聚力单元法(cohesive element method)的用于模拟煤岩缝网压裂的数值建模方法、控制方程、张拉和剪切水力裂缝的扩展模型及用户子程序、参数确定方法，对内聚力单元刚度和尺寸、数值计算控制参数的敏感性以及输出参数的含义进行深入分析，并对本章提出的压裂模型进行对比验证，可为进一步拓展内聚力单元法模拟水力压裂提供重要理论参考价值。

3.1 内聚力单元法

如 2.4.2 小节所述，准脆性材料裂尖前方往往存在断裂过程区，断裂过程区可视为牵引作用下裂缝前方的损伤区域。因此，需要描述单元的损伤演化过程，内聚力单元法恰恰考虑了这一断裂特性。图 3-1(a)所示的二维(2D)内聚力单元，分为长度方向(1 方向)与厚度方向(2 方向)；其几何厚度为零，但其本构厚度(用于计算单元变形刚度的厚度，因数值求解需要，必须引用此量)不为零。普通 2D 内聚力单元含有 4 个节点，按逆时针排列依次为 1、2、3、4。长度方向上的两节点相连分别构成了内聚力单元的顶面和底面。单元的方向性依靠节点编号的顺序得以体现。作用在顶底面上的牵引力(traction force，可为拉应力、剪应力，或拉剪混合状态)诱导出两面间的相对分离位移(separation displacement)，在此单元的局部坐标系下的 1 方向和 2 方向上的分离位移分量分别表示裂缝的滑移量和张开量。通过构建内聚力单元的牵引-分离准则(traction-separation law)，可模拟裂缝萌生和扩展的响应。

3.1.1 内聚力孔隙压力单元

普通的三维(3D)内聚力单元与 2D 内聚力单元类似，含有 8 个节点，其顶底面分别由 4 个节点构成；这类普通内聚力单元可模拟混凝土开裂、复合材料层裂、顶煤破碎过程等不考虑裂隙流或裂隙内牵引力影响的开裂行为。若要模拟水力裂缝扩展，对于 2D 内聚力单元，需引入 2 个孔隙压力节点以传递缝内流体压力和描述压裂液滤失行为，这类内聚力单元称为内聚力孔隙压力单元(cohesive pore pressure element，CPPE)。如图 3-2 所示，这两个孔隙压力节点的编号为 5 和 6，分别位于节点 1、4 和节点 2、3 之间。总之，2D 内聚力孔隙压力

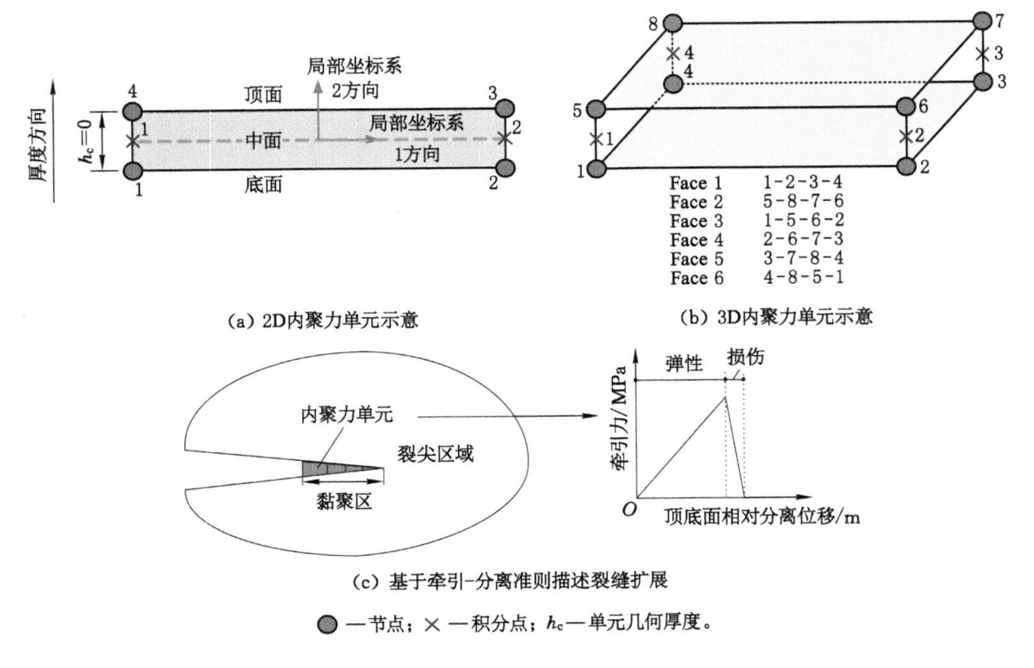

(a) 2D内聚力单元示意

(b) 3D内聚力单元示意

(c) 基于牵引-分离准则描述裂缝扩展

● —节点；× —积分点；h_c—单元几何厚度。

图 3-1　零厚度内聚力单元

单元含有 6 个节点和 2 个积分点。

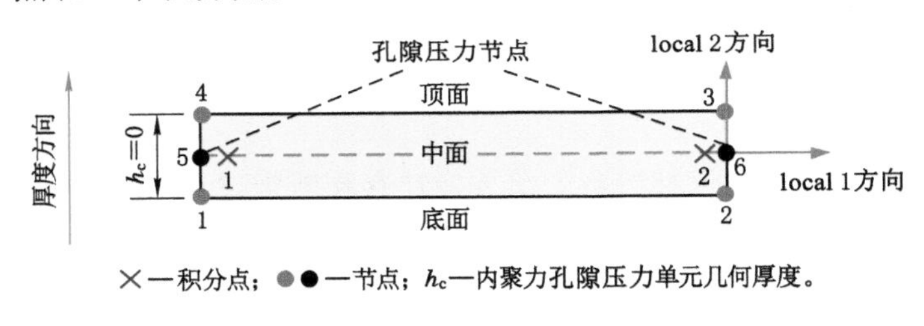

×—积分点；●●—节点；h_c—内聚力孔隙压力单元几何厚度。

图 3-2　内聚力孔隙压力单元

3.1.2　内聚力单元全局和局部嵌入算法

(1) 数值模型单元和节点组装基础理论

为更清晰展示内聚力单元全局和局部嵌入建模的思路和过程，这里首先介绍数值模型单元和节点的组装基础理论。数值模型建模的实际过程为实体模型离散化(剖分网格)和各离散体(单元)有序排列的过程。图 3-3(a)为已离散化的、含有 9 个四边形单元的网格模型，其中每个四边形单元含有 4 个节点。由图易知，共边相邻的单元共用两个节点，共点相邻的单元共用 1 个节点。实际上，除上述两种常见的情形，还存在一种特殊的共两边相邻情况[共用 3 个节点，图 3-3(b)]。这种情况下，共边的一侧为凸多边形，另一侧为凹多边形(至少有 1 个内角大于 180°)。但这种共 3 个节点往往不利于数值计算，可导致计算精度极大降低和数值收敛困难，因而实际建模时应避免，此处不再就其对计算精度的影响展开讨论。

由此可见，网格化的数值模型的整体性本质上是通过共用节点而得以体现的。以 ABAQUS 生成的 inp. 格式文本模型为例，图 3-3(a)的数值模型所对应的文本(双星号表示

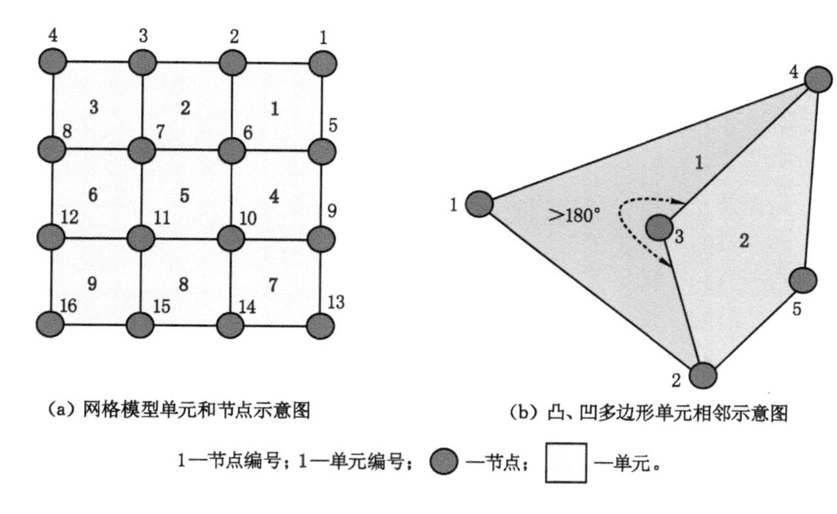

图 3-3 网格模型中单元共用节点示意图

注释行，单星号表示关键字）如下：

```
*Heading
** Job name: Job-1 Model name: Model-1
** Generated by: Abaqus/CAE 2018
*Preprint,echo=NO,model=NO,history=NO,contact=NO
** PARTS
**
*Part,name=Part-1
*Node
      1,           0.,          0.
      2,           5.,          0.
      3,          10.,          0.
      4,          15.,          0.
      5,           0.,          5.
      6,           5.,          5.
      7,          10.,          5.
      8,          15.,          5.
      9,           0.,         10.
     10,           5.,         10.
     11,          10.,         10.
     12,          15.,         10.
     13,           0.,         15.
     14,           5.,         15.
     15,          10.,         15.
     16,          15.,         15.
```

```
** CPE4 表示完全的平面应变单元
* Element,type=CPE4
1,  1,   2,   6,   5
2,  2,   3,   7,   6
3,  3,   4,   8,   7
4,  5,   6,   10,  9
5,  6,   7,   11,  10
6,  7,   8,   12,  11
7,  9,   10,  14,  13
8,  10,  11,  15,  14
9,  11,  12,  16,  15
* End Part
**
**
**  ASSEMBLY
**
* Assembly,name=Assembly
**
* Instance,name=Part-1-1,part=Part-1
* End Instance
**
* End Assembly
```

上述模型文本中，关键字“Node”后所跟的数据表(Table)为节点编号和节点坐标，其中第1列为节点编号，第2列为节点 x 方向坐标，第3列为 y 方向坐标；关键字“Element”后所跟的数据表表示单元编号和组成此单元的节点编号，其中第1列表示单元编号，第2至第5列表示此单元所包含的节点编号。例如，图3-3(a)中编号为4的单元所含的节点编号为5，6,9,10。通过先定义节点坐标、再定义单元和节点的对应关系，实体模型可被离散化、数值化。通过共享节点的方式，单元间保持连续性。

若要在实体单元(如上面inp.文本中的CPE4单元就是实体单元，实体单元指通过其实际尺寸来表示材料实际空间占有位置的单元，薄膜类单元等包含虚拟厚度的单元则不属于实体单元)间嵌入零厚度内聚力单元，则需要修改节点的共用方式、实体单元的节点对应关系以及增加内聚力单元即可。

图3-1所示的内聚力单元有厚度方向和长度方向之分，区分这两个方向依靠节点编号顺序。例如，单元编号为100的内聚力单元在inp.文本中的格式为：

```
……
100,1745,1687,4876,4849,546,12
……
```

其表示节点1745和1687组成顶面，节点4876和4849组成底面，节点546和12为孔隙压力节点。因此，长度方向为1745和1687连线方向，厚度方向为顶底面的法线方向。内聚力单元的方向性非常重要，在嵌入内聚力单元时应格外注意；若方向错误，则会出现无法开裂或其他意外的数值计算错误。图 3-4 展示了两种常见的内聚力孔隙压力单元组装错误的情况，(a)为编号顺序错误导致顶底面定义错误，出现顶底面扭拧交错；(b)为单元方向错误，误将长度方向识别为厚度方向，导致孔隙压力节点出现在实体单元边上，从而无法传递裂隙流体压力，引起数值计算错误。

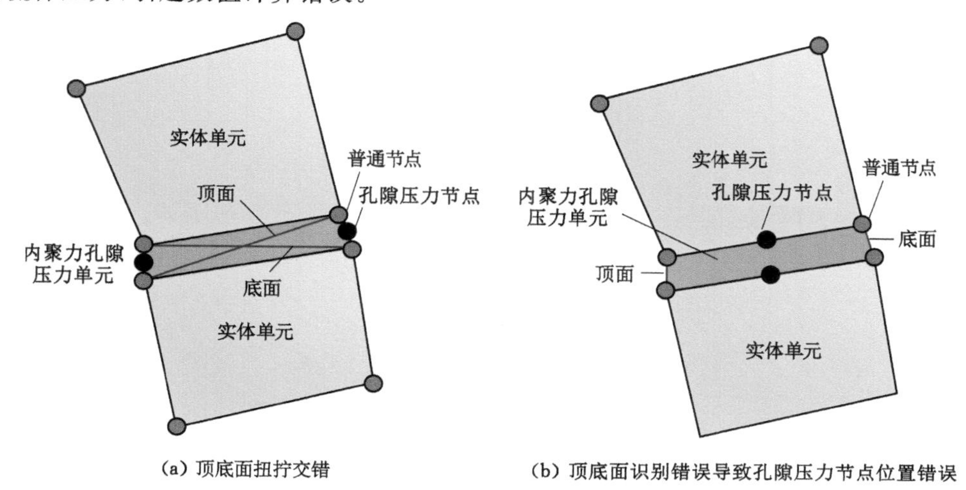

图 3-4　节点顺序错误引起的内聚力孔隙压力单元建模失败示例

(2) 沿已知开裂路径单层嵌入

若模拟单条沿已知路径开裂的裂缝(如模拟层合板沿胶层的开裂行为)，则仅需要在此路径嵌入内聚力单元。显然，此嵌入方法仅适用于模拟沿单条已知路径的开裂行为，如多层复合材料开裂或单条垂直于最小主应力方向扩展的水力裂缝。

单层内聚力单元与其相邻的实体单元有两种连接方式：一是共享节点方式；二是绑定(Tie)方式。采用共享节点方式时，内聚力单元与相邻的实体单元共用 2 个节点，并且两两相邻的内聚力单元也共享 2 个节点，以传递开裂应力和位移[图 3-5(a)]。如图 3-5(b)所示，采用绑定方式时，实体单元组成的几何边与内聚力单元组成的几何边被绑定；对于二维问题，两边的 3 个相对自由度(x 方向自由度，y 方向自由度，xy 旋转自由度)完全约束，即变形完全协调。

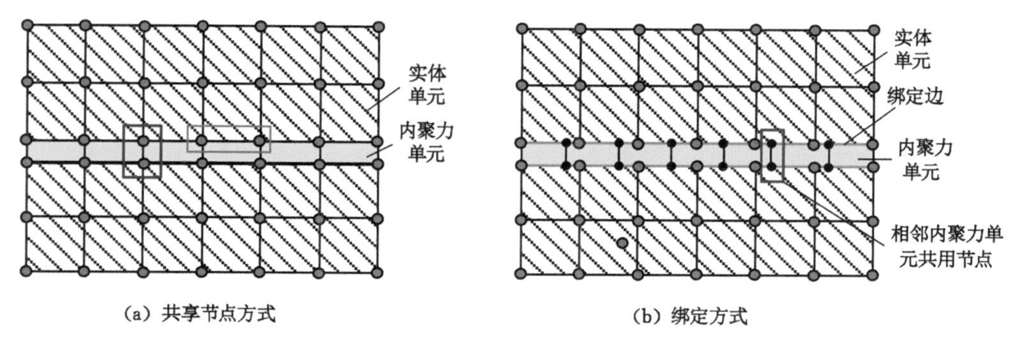

图 3-5　单层内聚力单元嵌入方式

(3) 全局嵌入

若要模拟裂缝随机开裂及大规模体积压裂,则需要在实体网格全局内嵌入内聚力单元,即每个相邻的实体单元间都嵌入 1 个内聚力单元。如图 3-6 所示,全局嵌入的步骤为:复制节点并重新编号、重组实体单元、组装内聚力单元。其难点在于控制内聚力单元的方向,具体如下。

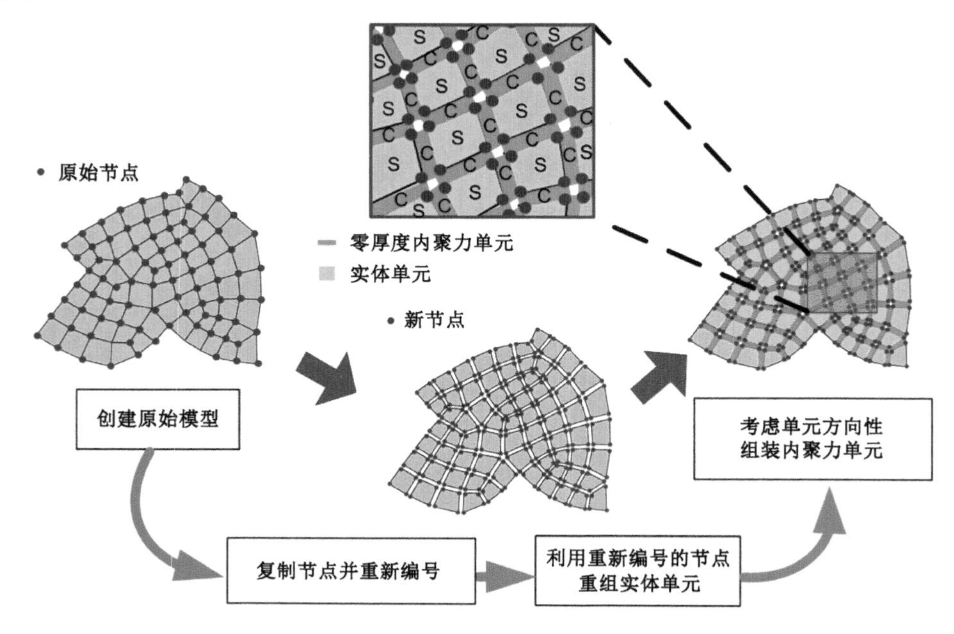

图 3-6　全局嵌入内聚力单元步骤示意

① 复制节点并重新编号

假设初始模型(即未嵌入内聚力单元、完全由实体单元构成的模型)中节点号最大为 g_m,单元编号最大为 e_m。若编号为 g_n 的节点被 n 个单元共用,则将此节点由 1 个复制为 n 个。复制后的 n 个节点坐标相同,从小到大排序中第 1 个节点编号与初始模型中的相同,第 k 个节点 $g_{n\text{-}k}$ 编号规则为:

$$g_{n\text{-}k} = k \times 10^{s(g_m)} + g_n \tag{3-1}$$

式中　$s(g_m)$——g_m 的十进制位数,例如,156 的十进制位数为 3,10 000 的十进制位数为 5。

因此,$10^{s(g_m)}$ 一定比 $s(g_m)$ 大且能被 10 整除,加上 g_n 后,则确保了 $g_{n\text{-}k}$ 的唯一性。

根据式(3-1),如图 3-7 所示,若初始模型中一共有 16 个节点,则 $s(g_m)=2$;节点 6 被 4 个单元共用,则节点 6 复制后分裂为 4 个节点,编号依次为 6,206,306,406。节点 2 被 2 个单元共用,则被复制为 2 个节点,编号为 2,202;节点 1 未被共用,则无须复制。

② 重组实体单元

对于二维实体单元,其节点编号按逆时针排列,而不可交错排列。例如,对于图 3-7 中的中心单元,其在 inp. 文本中的节点组装顺序可为"6,7,11,10",而不能是"6,11,7,10"。节点复制后需要重组实体单元。因实体单元的个数保持不变,故只需要用复制后的节点编号替换原节点编号即可。

在原始模型中,任意一个单元可表示为"n_i,p_1,p_2,p_3,p_4"(4 个节点顺时针或逆时针顺

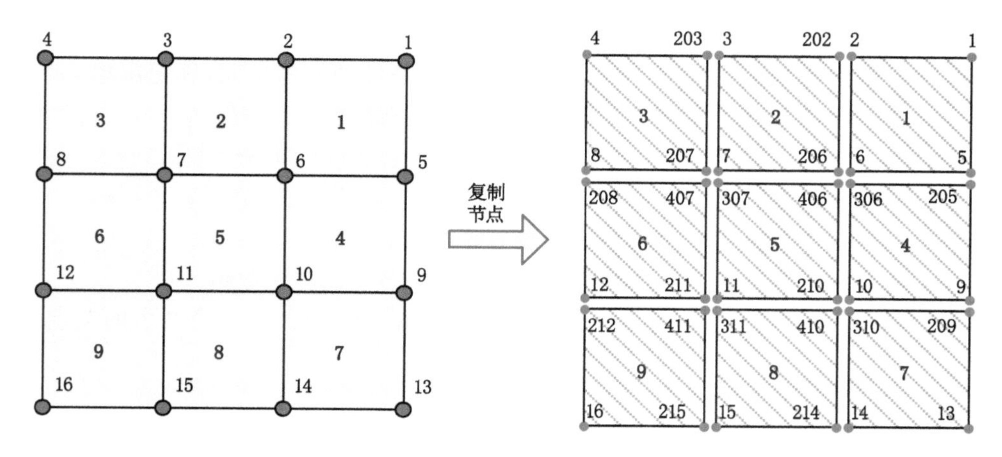

图 3-7 节点复制及编号方法示意

序排列)。假设第 k 个($1 \leqslant k \leqslant 4$)节点被复制为 t 个,编号递增排列为 $n_1, n_2, \cdots, n_t$;在原始模型中,第 k 个节点恰好也被 t 个单元共用,这 t 个单元编号递增排列为 $e_1, e_2, \cdots, e_t$。有序数组 $\boldsymbol{N}_{\text{node}} = (n_1, n_2, \cdots, n_t)$ 与有序数组 $\boldsymbol{E}_{\text{node}} = (e_1, e_2, \cdots, e_t)$ 恰好可形成一一对应关系,依照数组序号的对应关系:

$$n_p \rightarrow e_p, n_p \in \boldsymbol{N}_{\text{node}}, e_p \in \boldsymbol{E}_{\text{node}}, p \in [1, t] \tag{3-2}$$

在重组第 n_i 号单元时,其 4 个节点可按照式(3-2)所建立的一一对应关系分别替换节点编号,即

$$p_k \rightarrow p_{k\text{-}f} \tag{3-3}$$

式中,$p_{k\text{-}f}$ 表示第 n_i 号单元在所有共用 p_k 节点的单元中的序号 f 按照式(3-2)所对应的节点编号。

下面举例说明上述组装过程。图 3-7 中的 2 号单元在原始模型中的节点组装顺序为 2,3,7,6;4 个节点依次被复制了 2、2、4、4 次,同样地,在原始模型中依次也被 2、2、4、4 个单元共用。原始模型中节点 2 被 1 和 2 号单元共用,单元排序为 1,2;复制后节点编号为 2,202。根据式(3-2)的一一对应原则,将节点 2 分配给 1 号单元,节点 202 分配给 2 号单元。原始模型中节点 3 被 2 和 3 号单元共用,单元排序为 2,3;复制后节点编号为 3,203。根据式(3-2)的一一对应原则,将节点 3 分配给 2 号单元,节点 203 分配给 3 号单元。同理,原始模型中节点 7 被 2、3、5、6 号单元共用,单元排序为 2,3,5,6;复制后节点编号为 7,207,307,407。根据式(3-2)的一一对应原则,将节点 7 分配给 2 号单元,节点 207 分配给 3 号单元,节点 307 分配给 5 号单元,节点 407 分配给 6 号单元。按照此方法同样可分配节点 6 的复制节点。2 号单元的节点替换为:

$$\begin{array}{ccccc} 2, & 2, & 3, & 7, & 6 \\ \downarrow & \downarrow & \downarrow & \downarrow & \downarrow \\ 2, & 202, & 3, & 7, & 206 \end{array} \tag{3-4}$$

重复此过程,即可实现所有实体单元的重组。

③ 组装内聚力单元

如果两实体单元在原始模型中共边相邻,那么它们所对应的重组实体单元间将被嵌入

内聚力单元。“实体单元共边相邻”等价于“共享 2 个节点”。因此首先应遍历原始模型的 inp. 文本中单元-节点组装表，查找满足共享 2 个节点条件的实体单元，标记出单元号、原始模型中的共享节点号、重组实体单元的节点序列，并组成新的数组 $\boldsymbol{G}(g_1,g_2)$：

$$\boldsymbol{G}(g_1,g_2)=(g_1,g_2,p_{0\text{-}1},p_{0\text{-}2},\boldsymbol{p}_{g1},\boldsymbol{p}_{g2}) \tag{3-5}$$

式中 g_1,g_2——单元号；

$p_{0\text{-}1},p_{0\text{-}2}$——原始模型中的共享节点号；

$\boldsymbol{p}_{g1},\boldsymbol{p}_{g2}$——重组实体单元的节点序列，分别为节点的有序数组。

例如，根据图 3-7，很显然 2 号和 5 号单元共边相邻。它们在原始模型中的节点组装情况为：

2,2,3,7, 6

5,6,7,11,10

显然，根据 inp. 文本可知，节点 6 和 7 是其共享节点。判断过共边相邻后，组装出单元号、原始模型共享节点号、重组实体单元的节点号数组，为：

$$\boldsymbol{G}(2,5)=(2,5,6,7,202,3,7,206,406,307,11,210) \tag{3-6}$$

内聚力单元的节点编号同样为逆时针顺序排列(见图 3-1)。将 $\boldsymbol{p}_{g1}$、$\boldsymbol{p}_{g2}$ 中由 $p_{0\text{-}1}$、$p_{0\text{-}2}$ 复制而来的节点保留顺序剪切出来并逆序排列重组，则恰好可得到一个逆时针排列的数组，并保证了内聚力单元顶底面与实体单元共享。例如，对式(3-6)，经数组剪切后，生成的新数组为(307,406,206,7)，满足内聚力单元方向性要求。

然后给内聚力单元命名编号即可。内聚力单元的最小编号应大于实体单元的最大编号。内聚力单元嵌入完毕后，写入 inp. 文件，在内聚力单元-节点组装表前添加关键字“ * Element,type=COH2D4”(COH2D4 为 ABAQUS 中内聚力单元的名称)。

最后，采用 ABAQUS/CAE 打开 inp. 文本，进入 Mesh 模块，将所生成的内聚力单元的单元类型(Element type)由 COH2D4 修改为 COH2D4P。COH2D4P 为带孔隙压力节点的内聚力单元，这样 ABAQUS/CAE 则自动生成了内聚力孔隙压力单元。

特别需要注意的是，内聚力孔隙压力单元与一般内聚力单元对节点顺序的要求有差异。对于内聚力孔隙压力单元，前 4 个节点在拓扑结构上必须严格按逆时针排序，而不能为顺时针，否则会导致计算时判断法向力方向发生错误，这是由于顺时针条件下孔隙压力节点拓扑结构影响所致。

(4) 内聚力单元数量估计

假设一模型被划分为 n 个四边形实体单元，模型最外圈共有 m 个四边形单元，其中单边暴露在外的有 a 个，双边暴露在外的有 $m-a$ 个；当全局嵌入内聚力单元后，内聚力单元的数量 n_c 等于所有四边形单元的边数之和减去模型最外圈单元个数再减去双边暴露在外的单元个数所得结果的一半，即

$$n_c=\frac{4n-m-(m-a)}{2} \tag{3-7}$$

对于图 3-7 所示模型，$n=9$，$m=8$，$a=4$，根据式(3-7)得 $n_c=12$，验证式(3-7)计算正确。对于两个方向各 200 个单元的模型来说，$n=40\ 000$，$m=796$，$a=4$，则 $n_c=79\ 206$。由此可见，当模型中实体单元数量过多时，内聚力单元数量大约为实体单元数量的 2 倍。显然，全局嵌入方式将造成计算代价急剧增大。对地质模型来说，受模型加载边界条件限制，通常人

们所关心的开裂区域只是整个模型的一部分。因此，在所关心区域局部嵌入内聚力单元是必要的，也是数值模拟的优化方案。

(5) 局部嵌入

在原始模型中局部嵌入的整体思想与全局嵌入类似，但独特之处在于嵌入区域与非嵌入区域交界处的处理方法。图 3-8 为交界处的内聚力单元与实体单元的连接方式，可知内聚力单元连接非嵌入区一侧的节点将至少被 4 个单元(2 个相邻的实体单元和 2 个相邻的内聚力单元)共用，而在连接嵌入区一侧的节点被 2 个单元共用(1 个实体单元和 1 个内聚力单元)或被 3 个节点共用(1 个实体单元和 2 个内聚力单元)。根据这种特征可知，在交界面上，非嵌入区一侧的节点不被复制而仅被组装利用，靠嵌入区一侧的节点需要被复制和重新组装。

3.1.3 用于模拟缝网压裂的孔隙压力节点合并法

利用 3.1.2 小节嵌入方法生成内聚力孔隙压力单元(COH2D4P，包含 4 个普通节点和 2 个孔隙压力节点，见图 3-2)后，相邻的内聚力孔隙压力单元仅共用了普通节点，而孔隙压力节点尚未共用。如图 3-9(a)所示，由于内聚力单元的几何厚度为零，因此孔隙压力节点 p_1、p_2、p_3、p_4 以及圈内的普通节点有用相同的坐标。压裂液流动和压力传递需要依靠孔隙压力节点传递，所有相邻的内聚力孔隙压力单元都应该共用 1 个孔隙压力节点，以模拟水力裂缝的任意扩展。因此，在嵌入并生成内聚力孔隙压力单元后，需要将坐标一致的孔隙压力节点进行合并(Merge)。通过 ABAQUS/CAE 可实现这一操作，具体步骤如下：

① 在嵌入并生成离散的(孔隙压力节点未合并的)内聚力孔隙压力单元后，用文本编辑工具(如 Notepad＋＋等)打开 inp. 文件，查找到“＊Element，type＝COH2D4P”字段，并在其下的数据表中查找并记录孔隙压力节点编号的最小值 pp_{min}。孔隙压力节点编号为数据表中最后两列的数值。

② 将此 inp. 文件用 ABAQUS/CAE 打开，在 Mesh 模块下，调用显示组(Display group)功能，选择节点(Nodes)选项，以节点编号(Node labels)方式输入 pp_{min}:10000000，单独显示选中的节点，这些节点就是全部的未合并的孔隙压力节点。

③ 在 Mesh 模块下，通过网格编辑工具中的节点合并功能(Mesh/Edit/Node/Merge)，设置合并容差为 1e－7，全选孔隙压力节点进行合并。合并后，相同坐标的孔隙压力节点仅保留 1 个，完成孔隙压力节点的合并。合并容差的含义为小于此距离或范围内的节点都将被合并；显然，相同坐标的孔隙压力节点距离为零，势必将被合并。合并后的内聚力孔隙压力单元如图 3-9(b)所示。

为了便于形象表述零厚度的内聚力单元，本书中所有的内聚力单元示意图将节点区分开仅为了描述内聚力单元的拓扑结构，与其实际几何结构无关。

3.1.4 内聚力单元尺寸确定依据

为了保证解的收敛性，以及正确捕捉裂纹尖端附近的变形场和黏聚区内的牵引-分离细节，内聚力单元长度必须小于黏聚区的长度。黏聚区长度是由材料特性决定的固有长度。对于平面应变条件下的 Ⅰ 型裂纹扩展，黏聚区长度 d_z 由式(3-8)确定[266]：

$$d_z = \frac{9\pi}{32}\frac{K_{\mathrm{IC}}^2}{T_{\max}^2} = \frac{9\pi}{32}\frac{E}{(1-\mu^2)}\frac{G_{\mathrm{IC}}}{T_{\max}^2} \tag{3-8}$$

式中 K_{IC}——Ⅰ 型断裂韧度，$\mathrm{MPa \cdot m^{1/2}}$；

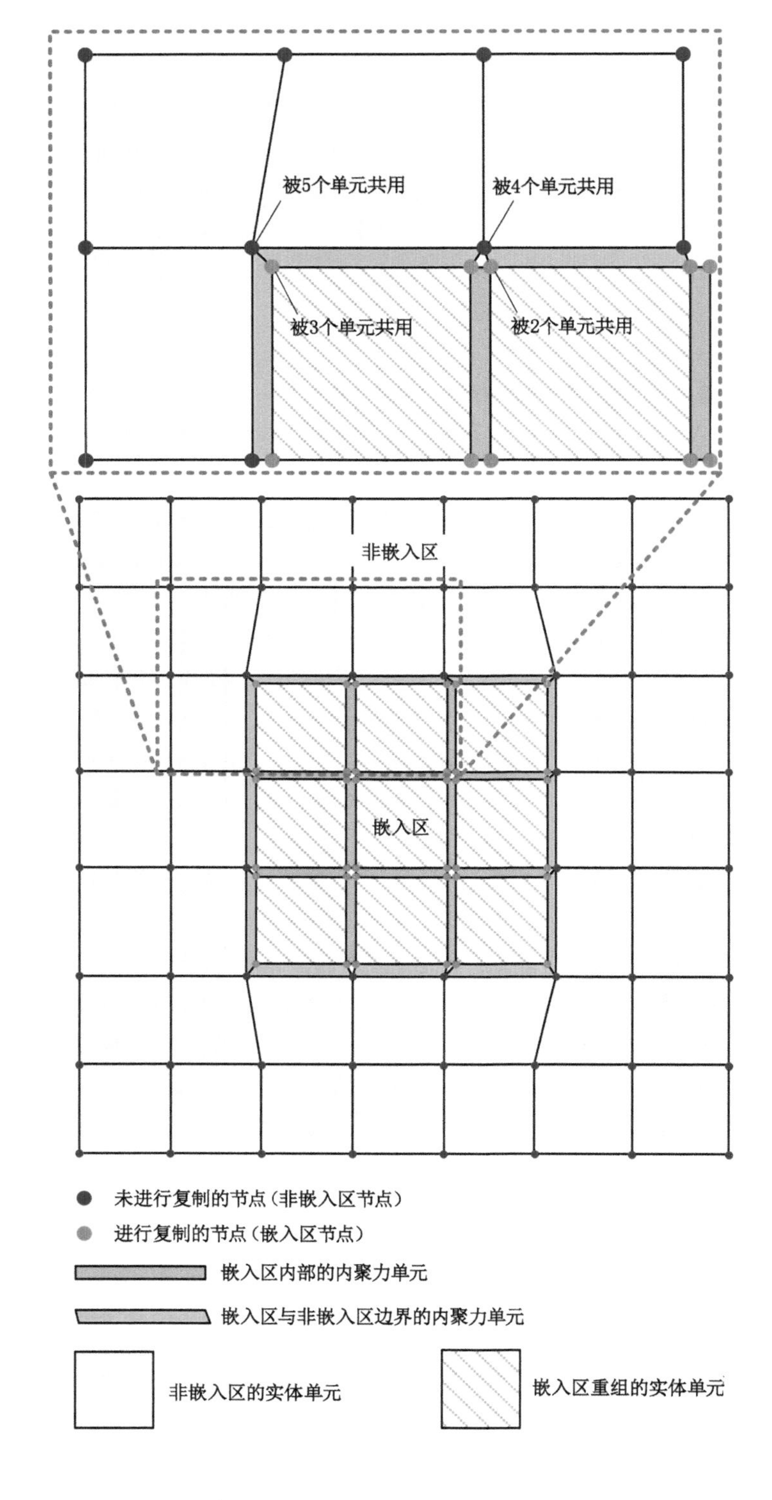

图 3-8　局部嵌入时内聚力单元和实体单元的连接方式

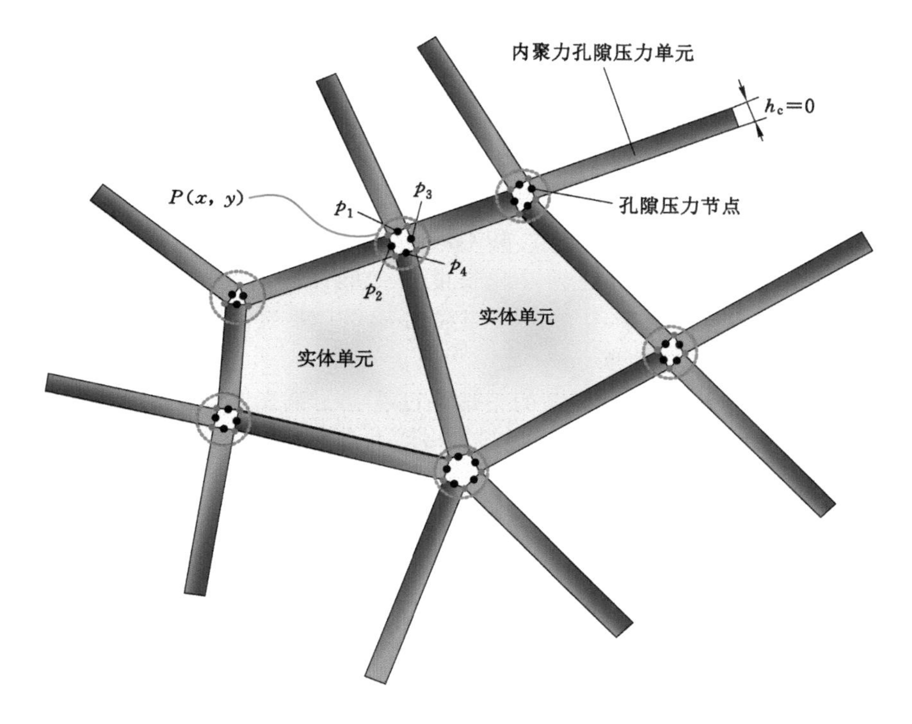

(a) 合并前

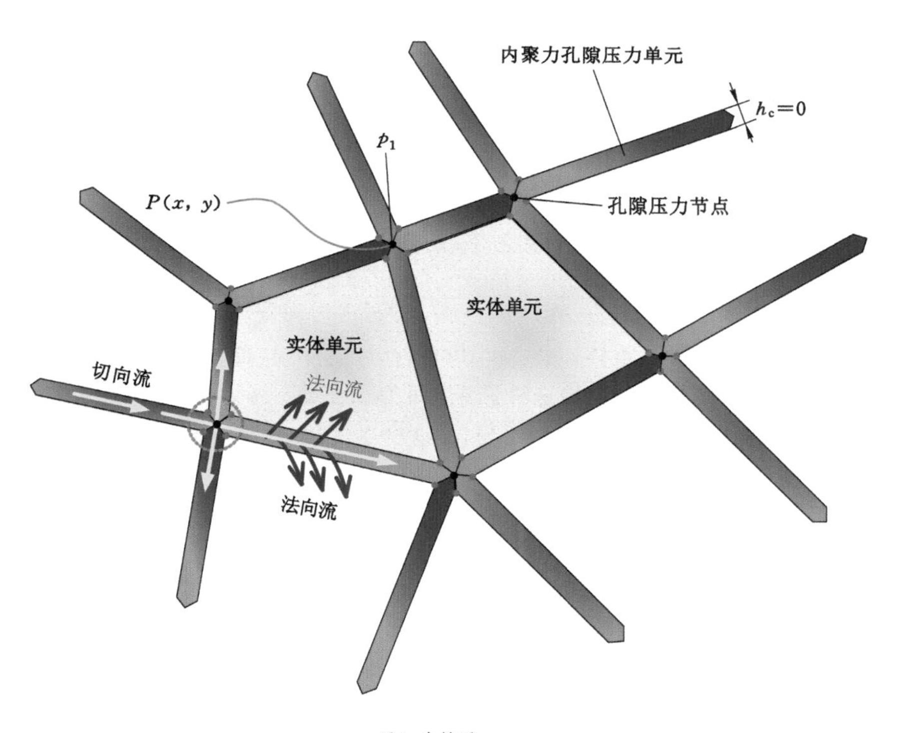

(b) 合并后

图 3-9　孔隙压力节点合并法示意图

T_{max}——材料Ⅰ型裂缝抗拉极限，MPa；

E——弹性模量，Pa；

μ——泊松比；

G_{IC}——Ⅰ型断裂能，Pa・m。

参考第2章试验结果及赵毅鑫等[266]关于断裂韧度的试验结果，若对煤岩材料取K_{IC}为0.2 MPa・$m^{1/2}$，T_{max}为1.5 MPa，E为2.69 GPa，μ为0.26，根据式(3-8)计算得其黏聚区长度大约为0.015 7 m。计算所得的黏聚区长度与张盛计算的完好砂岩断裂过程区长度(11～13 mm)处于同一尺寸水平，这表明采用式(3-8)估计黏聚区长度有一定的参考意义。

3.1.5 内聚力单元刚度确定依据

当模型中嵌入内聚力单元后，模型的整体刚度将会受到影响，图3-10基于单元串联概念解释了这种刚度影响效应。如图3-10所示，当两个刚度为K_s的实体单元串联时，整体刚度K_T可通过式(3-9)计算：

$$K_T = \frac{1}{(1/K_s) + (1/K_s)} = \frac{K_s}{2} \tag{3-9}$$

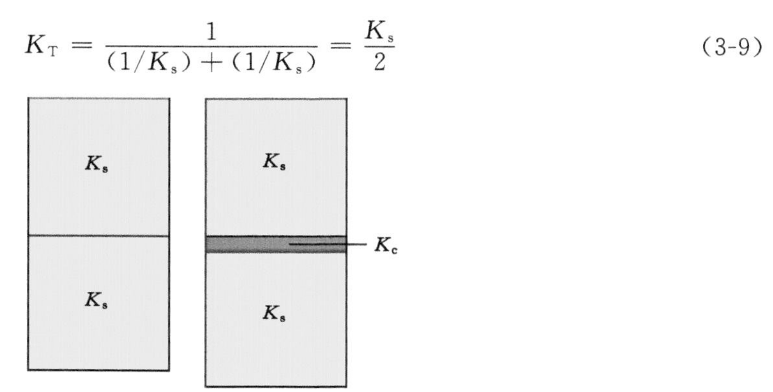

图3-10　内聚力单元的嵌入对整体刚度的影响示意

当在两实体单元之间嵌入1个刚度为K_c的内聚力单元后，整体刚度K'_T为：

$$K'_T = \frac{1}{(1/K_s) + (1/K_c) + (1/K_s)} = \frac{K_s}{2 + (K_s/K_c)} \tag{3-10}$$

根据式(3-9)和式(3-10)，整体刚度(artificial compliance，也可理解为模型的人工柔度)被内聚力单元影响了；为了尽量消除这种影响，即为了使$K'_T \approx K_T$，K_c必须远大于K_s。

单元刚度K和弹性模量E间的关系为：

$$K = \frac{E}{h} \tag{3-11}$$

式中　h——单元的本构厚度(constitutive thickness)，m。

对于实体单元，其本构厚度就是其几何厚度；对于几何厚度为零的内聚力单元，其本构厚度需要人为给定。显然，当内聚力单元与实体单元的弹性模量一致时，其本构厚度相对实体单元的越小，则刚度越大。因此，可通过将内聚力单元本构厚度取小值的方式来消除嵌入行为对模型整体刚度的影响。

Klein等[267]提出了嵌入行为对整体弹性模量影响的估计公式：

$$E_{eff} = E_s\left[1 - \frac{1}{1 + (K_c h_s / E_s)}\right] \tag{3-12}$$

式中　E_{eff}——嵌入后的整体弹性模量，Pa；

E_s——实体单元弹性模量，Pa；

h_s——实体单元长度，Pa。

同样地，式(3-12)反映出内聚力单元刚度越大，对模型整体弹性模量的影响越小。

Blal 等[268]采用微观力学模型和均化技术(homogenization technique)估算了内聚力单元刚度、实体单元特征尺寸和模型整体弹性模量及泊松比的关系：

$$\frac{E_{eff}}{E_s}=\frac{\xi}{1+\xi} \tag{3-13}$$

$$\frac{\mu_{eff}}{\mu}=\frac{15K_n\mu+(2K_n/K_s-1)E_sZ}{1\,515K_n\mu+(4K_n/K_s+3)E_sZ\mu} \tag{3-14}$$

$$\xi=\frac{5}{1+(4/3)(K_n/K_s)}\times\frac{K_n}{E_sZ}$$

式中　Z——网格划分方式系数；

K_n——内聚力单元初始法向刚度，Pa/m；

K_s——内聚力单元初始切向刚度，Pa/m；

对于结构化网格，Z 可取 6。此条件下，K_n/E_s 与 E_{eff}/E_s 的关系如图 3-11 所示。由图 3-11 可知，当嵌入后的整体弹性模量为初始弹性模量 97%时，$K_n/E_s=80$。

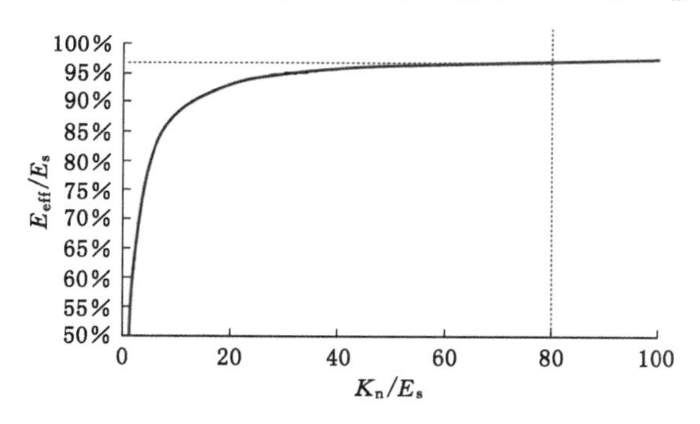

图 3-11　K_n/E_s 与 E_{eff}/E_s 的关系

根据上述分析，在内聚力单元弹性模量与实体单元弹性模量一致条件下，内聚力单元刚度应至少为实体单元弹性模量的 80 倍，即其本构厚度应小于实体单元特征尺寸的 1/80。

3.2　渗流-应力控制方程

3.2.1　煤基质多孔介质有效应力原理

煤基质是一种典型的多孔多相介质，包含固体煤骨架、含甲烷等气体的孔隙结构以及压裂期间滤失于其内的压裂液。煤基质在受载作用下其骨架发生形变，骨架的形变行为受外荷载和流体运动的双重影响，进而影响孔隙流体压力及流动状态，此过程为渗流-应力耦合过程。煤岩骨架的形变、受力、破坏准则受到有效应力的控制，有效应力原理如下[269]：

$$\bar{\boldsymbol{\sigma}}^{*}=\boldsymbol{\sigma}-\chi u_{w}\boldsymbol{I} \tag{3-15}$$

式中　$\bar{\boldsymbol{\sigma}}^{*}$——一点处的有效应力矩阵，Pa；

$\boldsymbol{\sigma}$ ——一点处的真应力矩阵，Pa；

χ ——与饱和度-渗流压力的耦合系统相关的表面张力系数，当煤岩饱和时取 1，煤岩不饱和时取值范围为 0～1；

u_{w} ——孔隙压力，Pa；

$\boldsymbol{I}$ ——矩阵[1，1，1，0，0，0]。

有效应力为描述材料变形破坏及本构关系的量，在有限元中的形式为：

$$\bar{\boldsymbol{\sigma}}^{*} = \boldsymbol{D}\bar{\boldsymbol{\varepsilon}} + \bar{\boldsymbol{\sigma}}^{0} = \boldsymbol{D}(\boldsymbol{\varepsilon} + \frac{u_{\mathrm{w}} - u_{\mathrm{w}}^{0}}{3K_{\mathrm{g}}}\boldsymbol{I}) + \bar{\boldsymbol{\sigma}}^{0} = \boldsymbol{D}\boldsymbol{\varepsilon} + \frac{\boldsymbol{DI}}{3K_{\mathrm{g}}}u_{\mathrm{w}} - \frac{\boldsymbol{DI}}{3K_{\mathrm{g}}}\boldsymbol{u}_{\mathrm{w}}^{0} + \bar{\boldsymbol{\sigma}}^{0} \tag{3-16}$$

式中 $\boldsymbol{D}$ ——煤基质本构关系矩阵，Pa；

$\bar{\boldsymbol{\varepsilon}}$ ——有效应变矩阵；

$\boldsymbol{\varepsilon}$ ——总应变矩阵；

K_{g} ——煤岩骨架体积模量，Pa；

u_{w}^{0} ——初始孔隙压力，Pa；

$\bar{\boldsymbol{\sigma}}^{0}$ ——初始有效应力矩阵，Pa。

将式(3-16)代入式(3-15)得：

$$\bar{\boldsymbol{\sigma}} * = \boldsymbol{D}\boldsymbol{\varepsilon} + (\frac{\boldsymbol{DI}}{3K_{\mathrm{g}}} - \boldsymbol{I})u_{\mathrm{w}} - \frac{\boldsymbol{DI}}{3K_{\mathrm{g}}}u_{\mathrm{w}}^{0} + \bar{\boldsymbol{\sigma}}^{0} = \boldsymbol{D}\boldsymbol{\varepsilon} + (\frac{\boldsymbol{DI}}{3K_{\mathrm{g}}} - \boldsymbol{I})u_{\mathrm{w}} + \boldsymbol{\sigma}^{0} \tag{3-17}$$

煤基质的孔隙率 φ_{n}定义为：

$$\varphi_{\mathrm{n}} = \frac{\mathrm{d}V_{\mathrm{v}}}{\mathrm{d}V} \tag{3-18}$$

式中 $\mathrm{d}V_{\mathrm{v}}$——孔隙体积，m^3；

$\mathrm{d}V$——当前几何构型下的体积，m^3。

孔隙比为：

$$e = \frac{\mathrm{d}V_{\mathrm{v}}}{\mathrm{d}V - \mathrm{d}V_{\mathrm{v}}} = \frac{\varphi_{\mathrm{n}}}{1 - \varphi_{\mathrm{n}}} \tag{3-19}$$

3.2.2 多孔介质离散化平衡方程

煤岩微元体 V 的受力平衡方程为：

$$\sigma_{ij,j} + f_i = 0 \tag{3-20}$$

力和位移的边界条件为：

$$\begin{cases} \sigma_{ij}n_j - t_i = 0 \\ u_i \mid = \bar{u}_i \end{cases} \tag{3-21}$$

式中 σ_{ij} ——应力分量，Pa；

$\sigma_{ij,j}$ —— σ_{ij} 对坐标 x_j的偏导，Pa/m；

f_i ——单位体积体力分量，Pa/m；

n_j ——力边界外法线分量；

t_i ——力边界荷载分量，Pa；

$u_i \mid$ ——位移分量，m；

$\bar{u}_i$ ——边界位移分量，m。

基于体积虚功原理，式(3-20)的权函数取速度变分 δv_i，式(3-21)的权函数取$-\delta v_i$，并在

V 内积分得：

$$\int_V (\sigma_{ij} + f_i)\delta v_i \mathrm{d}V = \int_S (\sigma_{ij} n_j - \mathrm{t}_i)\delta v_i \mathrm{d}S \tag{3-22}$$

在位移边界上 $\delta v_i = 0$，代入式(3-22)可得当前构型下平衡态的弱形式：

$$\int_V \sigma_{ij}\,\delta\varepsilon_{ij}\,\mathrm{d}V = \int_S t_i \delta v_i \mathrm{d}S + \int_V \sigma_{ij}\,\delta\varepsilon_{ij}\,\mathrm{d}V \tag{3-23}$$

其张量形式为：

$$\int_V \boldsymbol{\sigma} : \delta\boldsymbol{\varepsilon}\mathrm{d}V = \int_S \boldsymbol{t} \cdot \delta\boldsymbol{v}\mathrm{d}S + \int_V \hat{\boldsymbol{f}} \cdot \delta\boldsymbol{v}\mathrm{d}V \tag{3-24}$$

式中　$\delta\boldsymbol{v}$——虚速度场张量，m/s；

$\delta\boldsymbol{\varepsilon}$——虚应变率张量，$s^{-1}$；

$\boldsymbol{t}$——单位面积的表面牵引力张量，Pa；

$\hat{\boldsymbol{f}}$——单位体积的体力，N/m^3。

体力 $\hat{\boldsymbol{f}}$ 可分为两部分：液体体力和其他，故有：

$$\hat{\boldsymbol{f}} = \boldsymbol{f} + \boldsymbol{f}_{\mathrm{w}} = \boldsymbol{f} + s\varphi_{\mathrm{n}}\rho_{\mathrm{w}}\boldsymbol{g} \tag{3-25}$$

式中　$\boldsymbol{f}$——不包含流体的体力，N/m^3；

$\boldsymbol{f}_{\mathrm{w}}$——流体体力，$N/m^3$；

s——饱和度；

ρ_{w}——流体密度，kg/m^3；

$\boldsymbol{g}$——重力加速度矢量，m/s^2。

将式(3-25)代入式(3-24)可将虚功方程转化为：

$$\int_V \boldsymbol{\sigma} : \delta\boldsymbol{\varepsilon}\mathrm{d}V = \int_S \boldsymbol{t} \cdot \delta\boldsymbol{v}\mathrm{d}S + \int_V \boldsymbol{f} \cdot \delta\boldsymbol{v}\mathrm{d}V + \int_V s\varphi_{\mathrm{n}}\rho_{\mathrm{w}}\boldsymbol{g} \cdot \delta\boldsymbol{v}\mathrm{d}V \tag{3-26}$$

在有限元分析中，平衡方程被近似离散化为一组差值函数方程。本书中规定用来表示离散化的符号具有大写上标，它们代表节点变量，上标采用爱因斯坦求和约定。差值点基于材料骨架材料坐标而确定(拉格朗日方程)。

通过差值，虚速度场变为：

$$\delta\boldsymbol{v} = \boldsymbol{N}^N \delta\boldsymbol{v}^N \tag{3-27}$$

式中　$\boldsymbol{N}^N(x_i)$——关于材料坐标 x_i 的差值函数。

虚变形场被差值为：

$$\delta\boldsymbol{\varepsilon} = \mathrm{sym}\left(\frac{\partial\delta\boldsymbol{N}^N}{\partial\boldsymbol{x}}\right)\delta\boldsymbol{v}^N \tag{3-28}$$

式中　$\boldsymbol{x}$——单位坐标张量。

将式(3-27)和式(3-28)代入式(3-26)，虚功方程被离散化为：

$$\delta\boldsymbol{v}^N \int_V \boldsymbol{\beta}^N : \bar{\boldsymbol{\sigma}}\mathrm{d}V = \delta\boldsymbol{v}^N \int_S \boldsymbol{N}^N \cdot \boldsymbol{t}\mathrm{d}S + \int_V \boldsymbol{N}^N \cdot \boldsymbol{f}\mathrm{d}V + \int_V s\varphi_{\mathrm{n}}\rho_{\mathrm{w}}\,\boldsymbol{N}^N\boldsymbol{g}\,\mathrm{d}V \tag{3-29}$$

式中　$\int_V \boldsymbol{\beta}^N : \bar{\boldsymbol{\sigma}}\mathrm{d}V$——内力数组，简记为 $\boldsymbol{I}^N$；

$\int_S \boldsymbol{N}^N \cdot \boldsymbol{t}\mathrm{d}S + \int_V \boldsymbol{N}^N \cdot \boldsymbol{f}\mathrm{d}V + \int_V s\varphi_{\mathrm{n}}\rho_{\mathrm{w}}\boldsymbol{N}^N\boldsymbol{g}\,\mathrm{d}V$——外力数组，简记为 $\boldsymbol{P}^N$。

因此，平衡方程(3-29)可被简记为：

$$\boldsymbol{I}^N - \boldsymbol{P}^N = 0 \tag{3-30}$$

在采用隐式积分法求解时，上述平衡方程在每个时间增量步结束时被写入，采用牛顿法求解此方程。模型中某些小量扰动变化对求解可能有显著影响，在 Jacobian 矩阵中，需要定义平衡方程中每一项变量的变化，如节点坐标变化、节点处流体压力变化等。采用 $\mathrm{d}f_{\mathrm{v}}$ 表示变量的微小变化：

$$\mathrm{d}f_{\mathrm{v}} \stackrel{\mathrm{def}}{=} \frac{\partial f_{\mathrm{v}}}{\partial x^N}\mathrm{d}x^N + \frac{\partial f_{\mathrm{v}}}{\partial u_{\mathrm{w}}^P}\mathrm{d}u^P \tag{3-31}$$

式(3-24)的有限元离散化格式为：

$$\int_V \boldsymbol{B}^{\mathrm{T}}\boldsymbol{\sigma}\mathrm{d}V = \int_S \boldsymbol{N}^{\mathrm{T}}\boldsymbol{t}\mathrm{d}S + \int_V \boldsymbol{N}^{\mathrm{T}}\boldsymbol{f}\mathrm{d}V \tag{3-32}$$

式中 $\boldsymbol{B}$——单元的应变矩阵；

$\boldsymbol{N}$——形函数矩阵。

压裂为大变形问题，故引入大变形体积变化率 J，对式(3-32)求微分得：

$$\int_V \left[\frac{1}{J}\boldsymbol{B}^{\mathrm{T}}\mathrm{d}(J\boldsymbol{\sigma}) + (\mathrm{d}\boldsymbol{B}^{\mathrm{T}})\boldsymbol{\sigma}\right]\mathrm{d}V = \int_S \boldsymbol{N}^{\mathrm{T}}\mathrm{d}\boldsymbol{t}\mathrm{d}S + \int_V \boldsymbol{N}^{\mathrm{T}}\mathrm{d}\boldsymbol{f}\mathrm{d}V \tag{3-33}$$

式中 $J\boldsymbol{\sigma}$——Kirchhoff 应力，Pa；

J——多孔煤基质的体积变化率，指当前构型下的体积 $\mathrm{d}V$ 与参考构型下的体积 $\mathrm{d}V_0$ 的比值。

$$J = \left|\frac{\mathrm{d}V}{\mathrm{d}V_0}\right| = \left|\frac{\partial \boldsymbol{x}}{\partial \boldsymbol{X}}\right| \tag{3-34}$$

式中 $\boldsymbol{x}$——当前构型下位置矢量，m；

$\boldsymbol{X}$——初始构型下位置矢量，m。

在大变形问题中，内应力随刚体转动具有坐标不变性，共转应力速率公式为[270]：

$$\mathrm{d}^{\nabla}(J\boldsymbol{\sigma}) = \mathrm{d}(J\boldsymbol{\sigma}) - J(\mathrm{d}\,\underline{\boldsymbol{\Omega}}\,\underline{\boldsymbol{\sigma}} + \underline{\boldsymbol{\sigma}}\mathrm{d}\,\underline{\boldsymbol{\Omega}}^{\mathrm{T}}) \tag{3-35}$$

式中 $\mathrm{d}\,\underline{\boldsymbol{\Omega}}$——旋转增量张量，其中 $\underline{\boldsymbol{\Omega}}$ 为 $\begin{bmatrix} 0 & \Omega_1 & \Omega_2 \\ -\Omega_1 & 0 & \Omega_3 \\ -\Omega_2 & -\Omega_3 & 0 \end{bmatrix}$；

$\underline{\boldsymbol{\sigma}}$——3×3 的应力张量，为 $\begin{bmatrix} \sigma_{11} & \sigma_{12} & \sigma_{13} \\ \sigma_{21} & \sigma_{22} & \sigma_{23} \\ \sigma_{31} & \sigma_{32} & \sigma_{33} \end{bmatrix}$，Pa；

$\boldsymbol{\sigma}$——6×1 的应力矩阵，Pa。

根据式(3-15)所示的有效应力原理，可将式(3-35)变为：

$$\mathrm{d}^{\nabla}(J\boldsymbol{\sigma}) = \mathrm{d}^{\nabla}(J\,\bar{\boldsymbol{\sigma}}) - \mathrm{d}(Ju_{\mathrm{w}})\boldsymbol{I} = \mathrm{d}^{\nabla}(J\,\bar{\boldsymbol{\sigma}}) - u_{\mathrm{w}}\mathrm{d}J\boldsymbol{I}\,\boldsymbol{I}^{\mathrm{T}}\mathrm{d}\boldsymbol{\varepsilon} - J\mathrm{d}u_{\mathrm{w}}\boldsymbol{I} \tag{3-36}$$

式(3-36)中等号左边项表示不随刚体转动变化的客观张量，其仅受材料本构控制，其中：

$$J\boldsymbol{\sigma} = J\boldsymbol{D}\mathrm{d}\boldsymbol{\varepsilon} + \frac{J\boldsymbol{D}\boldsymbol{I}}{3K_{\mathrm{g}}}\mathrm{d}u_{\mathrm{w}} - u_{\mathrm{w}}J\boldsymbol{I}\,\boldsymbol{I}^{\mathrm{T}}\mathrm{d}\boldsymbol{\varepsilon} - J\mathrm{d}u_{\mathrm{w}}\boldsymbol{I} + J(\mathrm{d}\,\underline{\boldsymbol{\Omega}}\,\underline{\boldsymbol{\sigma}} + \underline{\boldsymbol{\sigma}}\mathrm{d}\,\underline{\boldsymbol{\Omega}}^{\mathrm{T}}) \tag{3-37}$$

$\mathrm{d}\,\underline{\boldsymbol{\Omega}}\,\underline{\boldsymbol{\sigma}} + \underline{\boldsymbol{\sigma}}\mathrm{d}\,\underline{\boldsymbol{\Omega}}^{\mathrm{T}}$ 同样为 3×3 的张量，按照 Kirchhoff 应力格式改写为列向量：

$$\begin{bmatrix} 2\Omega_1\sigma_{12}+2\Omega_2\sigma_{31} \\ -2\Omega_1\sigma_{12}+2\Omega_3\sigma_{23} \\ -2\Omega_2\sigma_{13}-2\Omega_3\sigma_{23} \\ -\Omega_3\sigma_{22}+\Omega_3\sigma_{33}-\Omega_1\sigma_{13}-\Omega_2\sigma_{12} \\ -\Omega_2\sigma_{11}+\Omega_2\sigma_{33}+\Omega_1\sigma_{23}-\Omega_3\sigma_{12} \\ -\Omega_1\sigma_{11}+\Omega_1\sigma_{22}+\Omega_2\sigma_{23}+\Omega_3\sigma_{31} \end{bmatrix} = \begin{bmatrix} 0 & 0 & 0 & 0 & 2\Omega_2 & 2\Omega_1 \\ 0 & 0 & 0 & 2\Omega_3 & 0 & -2\Omega_1 \\ 0 & 0 & 0 & -2\Omega_3 & -2\Omega_1 & 0 \\ 0 & -\Omega_3 & \Omega_3 & 0 & -\Omega_1 & -\Omega_2 \\ -\Omega_2 & 0 & \Omega_2 & \Omega_1 & 0 & -\Omega_3 \\ -\Omega_1 & \Omega_1 & 0 & \Omega_2 & \Omega_3 & 0 \end{bmatrix} \begin{bmatrix} \sigma_{11} \\ \sigma_{22} \\ \sigma_{33} \\ \sigma_{23} \\ \sigma_{31} \\ \sigma_{12} \end{bmatrix} = \tilde{\boldsymbol{T}}\boldsymbol{\sigma}$$

其中 Ω_1、Ω_2、Ω_3 为：

$$\begin{cases} \Omega_1 = \dfrac{1}{2}\left(\dfrac{\partial \mathrm{d}u_1}{\partial x_2} - \dfrac{\partial \mathrm{d}u_2}{\partial x_1}\right) \\ \Omega_2 = \dfrac{1}{2}\left(\dfrac{\partial \mathrm{d}u_1}{\partial x_3} - \dfrac{\partial \mathrm{d}u_3}{\partial x_1}\right) \\ \Omega_3 = \dfrac{1}{2}\left(\dfrac{\partial \mathrm{d}u_2}{\partial x_3} - \dfrac{\partial \mathrm{d}u_3}{\partial x_2}\right) \end{cases}$$

Ω_1、Ω_2、Ω_3 为微分算子和 $\boldsymbol{u}$($\boldsymbol{u}$ 为$[u_1,u_2,u_3]^{\mathrm{T}}$）的函数，根据式(3-38)，$\tilde{\boldsymbol{T}}\boldsymbol{\sigma}$ 为 Ω_1、Ω_2、Ω_3 的线性变换，则同样为微分算子和 $\boldsymbol{u}$ 的函数，即 $\tilde{\boldsymbol{T}}\boldsymbol{\sigma} = \boldsymbol{T}\boldsymbol{u}$，其中 $\boldsymbol{T}$ 为微分算子矩阵。则 $\mathrm{d}\underline{\boldsymbol{\Omega}}\underline{\boldsymbol{\sigma}} + \underline{\boldsymbol{\sigma}}\mathrm{d}\underline{\boldsymbol{\Omega}}^{\mathrm{T}}$ 可转化为 $\boldsymbol{T}\boldsymbol{u}$，代入式(3-37)得：

$$J\boldsymbol{\sigma} = J\boldsymbol{D}\mathrm{d}\boldsymbol{\varepsilon} + \frac{J\boldsymbol{D}\boldsymbol{I}}{3K_{\mathrm{g}}}\mathrm{d}u_{\mathrm{w}} - u_{\mathrm{w}}J\boldsymbol{I}\,\boldsymbol{I}^{\mathrm{T}}\mathrm{d}\boldsymbol{\varepsilon} - J\,\mathrm{d}u_{\mathrm{w}}\boldsymbol{I} + J\boldsymbol{T}\mathrm{d}\boldsymbol{u} \tag{3-38}$$

将式(3-38)代入式(3-33)得：

$$\int_V \left[\boldsymbol{B}^{\mathrm{T}}\boldsymbol{D}\mathrm{d}\boldsymbol{\varepsilon} + \frac{\boldsymbol{B}^{\mathrm{T}}\boldsymbol{D}\boldsymbol{I}}{3K_{\mathrm{g}}}\mathrm{d}u_{\mathrm{w}} - \boldsymbol{B}^{\mathrm{T}}u_{\mathrm{w}}\boldsymbol{I}\,\boldsymbol{I}^{\mathrm{T}}\mathrm{d}\boldsymbol{\varepsilon} - \boldsymbol{B}^{\mathrm{T}}\mathrm{d}u_{\mathrm{w}}\boldsymbol{I} + \boldsymbol{B}^{\mathrm{T}}\boldsymbol{T}\mathrm{d}\boldsymbol{u} + \boldsymbol{G}^{\mathrm{T}}\boldsymbol{S}\mathrm{d}\boldsymbol{u}\right]\mathrm{d}V = \int_S \boldsymbol{N}^{\mathrm{T}}\mathrm{d}\boldsymbol{t}\mathrm{d}S + \int_V \boldsymbol{N}^{\mathrm{T}}\mathrm{d}\boldsymbol{f}\mathrm{d}V \tag{3-39}$$

式中，$\boldsymbol{G}$ 和 $\boldsymbol{S}$ 的表达式见文献[271]。

式(3-39)为基于有效应力原理考虑大变形的离散化平衡方程。

3.2.3　流体渗流连续性方程

采用将实体单元网格映射到固体多孔煤基质骨架上的方式来模拟渗流过程，这样，液体将在网格中流动。有限体积 V 内的流体质量对时间的变化率 R 为：

$$R = \frac{\mathrm{d}}{\mathrm{d}t}\left(\int_V \rho_{\mathrm{w}} s\varphi_{\mathrm{n}}\mathrm{d}V\right) = \int_V \frac{1}{J}\frac{\mathrm{d}}{\mathrm{d}t}(\rho_{\mathrm{w}} s\varphi_{\mathrm{n}})\mathrm{d}V \tag{3-40}$$

式中　t——时间，s。

单位时间内通过截面 S 并进入微元体 V 的流体质量 F 为：

$$F = -\int_S \rho_{\mathrm{w}} s\varphi_{\mathrm{n}}(\boldsymbol{n}\cdot v_{\mathrm{w}})\mathrm{d}S \tag{3-41}$$

式中　v_{w}——流体渗流速率，m/s；

　　$\boldsymbol{n}$——截面 S 的外法线方向矢量。

显然，流体质量对时间的变化率 R 与单位时间内流入此体积内的流体质量 F 相等：

$$\int_V \frac{1}{J}\frac{\mathrm{d}}{\mathrm{d}t}(\rho_{\mathrm{w}} s\varphi_{\mathrm{n}})\mathrm{d}V = -\int_S \rho_{\mathrm{w}} s\varphi_{\mathrm{n}}(\boldsymbol{n}\cdot v_{\mathrm{w}})\mathrm{d}S \tag{3-42}$$

根据散度定理，式(3-42)可变换为其等效弱形式：

$$\int_V \delta u_w \frac{1}{J}\frac{d}{dt}(\rho_w s\varphi_n)dV+\int_V \delta u_w \frac{\partial}{\partial x}(\rho_w s\varphi_n v_w)dV=0 \tag{3-43}$$

方程(3-43)为渗流连续方程。

饱和渗流情况下的当前构型孔隙率计算如下：

$$p_n=1-\frac{\boldsymbol{I}\bar{\boldsymbol{\sigma}}}{3K_g}+\frac{1}{J}(1-n^0)(\frac{u_w}{K_g}-1) \tag{3-44}$$

式中 n^0——初始孔隙率。

假设压裂液渗流满足达西渗流定律，即

$$sp_n v_w=-\frac{1}{\rho_w \boldsymbol{g}}k(\frac{\partial u_w \boldsymbol{I}}{\partial \boldsymbol{x}}-\rho_w \boldsymbol{g}) \tag{3-45}$$

式中 k——渗透系数。

将式(3-45)和式(3-44)代入式(3-43)，得连续性方程 $\boldsymbol{C}$ 为：

$$\rho_w^0(1+\frac{u_w}{K_w})[J\boldsymbol{I}^T+\frac{J\boldsymbol{I}^T\bar{\boldsymbol{\sigma}}^*\boldsymbol{I}^T}{3K_g}+\frac{J\boldsymbol{I}^T\boldsymbol{D}}{3K_g}]\frac{d\boldsymbol{\varepsilon}}{dt}+[\frac{\rho_w^0}{K_w}+\frac{J\rho_w^0\boldsymbol{I}^T\bar{\boldsymbol{\sigma}}^*}{3K_g}+$$

$$\frac{\rho_w^0}{K_w}(1-n^0)(\frac{u_w}{K_g}-1)+\frac{J\boldsymbol{I}^T\boldsymbol{D}\boldsymbol{I}}{9K_g^2}+\frac{1-n^0}{K_g}]\frac{du_w}{dt}-\frac{Jk}{\boldsymbol{g}}\frac{\partial^2 u_w}{\partial \boldsymbol{x}^2}+\frac{\rho_w^0 Jk\boldsymbol{g}}{\boldsymbol{g}K_w}\frac{\partial u_w}{\partial \boldsymbol{x}}=0 \tag{3-46}$$

式中 ρ_w^0——流体初始密度，kg/m³；

K_w——流体体积模量，Pa。

边界条件 $\boldsymbol{F}$ 为：

$$\begin{cases}-\dfrac{\boldsymbol{n}^T}{\varphi_n\boldsymbol{g}\rho_w}k(\dfrac{\partial u_w}{\partial x}-\rho_w\boldsymbol{g})=\bar{\boldsymbol{q}} & (\text{在 } S_q \text{ 上})\\ u_w-\bar{u}_w=0 & (\text{在 } Su_w \text{ 上})\end{cases} \tag{3-47}$$

式中 $\bar{\boldsymbol{q}}$——流量通量，m/s；

$\bar{u}_w$——边界孔隙压力，Pa。

微元 V 内的连续性方程与边界条件满足如下积分关系：

$$\int_V \boldsymbol{aC}dV+\int_{S_q}\boldsymbol{bF}dS=0 \tag{3-48}$$

式中 $\boldsymbol{a},\boldsymbol{b}$——任意函数。

边界上的孔隙压力梯度为定值，即 $\frac{\partial u_w}{\partial x}=0$，取 $\boldsymbol{b}=-\boldsymbol{a}Ju_w\varphi_n$，且将式(3-17)代入式(3-48)得：

$$\int_V \boldsymbol{a}\{\rho_w^0(1+\frac{u_w}{K_w})[J\boldsymbol{I}^T+\frac{J\boldsymbol{I}^T\bar{\boldsymbol{\sigma}}^*\boldsymbol{I}^T}{3K_g}+\frac{J\boldsymbol{I}^T\boldsymbol{D}}{3K_g}]\frac{d\boldsymbol{\varepsilon}}{dt}+[\frac{\rho_w^0}{K_w}+\frac{J\rho_w^0\boldsymbol{I}^T\bar{\boldsymbol{\sigma}}^*}{3K_g}+$$

$$\frac{\rho_w^0}{K_w}(1-n^0)(\frac{u_w}{K_g}-1)+\frac{J\boldsymbol{I}^T\boldsymbol{D}\boldsymbol{I}}{9K_g^2}+\frac{1-n^0}{K_g}]\frac{du_w}{dt}-\frac{Jk}{\boldsymbol{g}}\frac{\partial^2 u_w}{\partial \boldsymbol{x}^2}+\frac{\rho_w^0 Jk\boldsymbol{g}}{\boldsymbol{g}K_w}\frac{\partial u_w}{\partial \boldsymbol{x}}=0$$

$$\rho_w^0(1+\frac{u_w}{K_w})[J\boldsymbol{I}^T-\frac{J\boldsymbol{I}^T\boldsymbol{D}\boldsymbol{\varepsilon}\boldsymbol{\varepsilon}^T}{3K_g}-\frac{J\boldsymbol{I}^T\boldsymbol{D}\boldsymbol{I}(u_w-u_w^0)}{9K_g^2}-\frac{J\boldsymbol{I}^T\bar{\boldsymbol{\sigma}}\boldsymbol{I}^T}{3K_g}-\frac{J\boldsymbol{I}^T\boldsymbol{D}}{3K_g}]\frac{d\boldsymbol{\varepsilon}}{dt}+$$

$$[\frac{\rho_w^0 J}{K_w}-\frac{\rho_w^0 J}{K_w}(\frac{\boldsymbol{I}^T\boldsymbol{D}\boldsymbol{\varepsilon}}{3K_g}+\frac{\boldsymbol{I}^T\boldsymbol{D}\boldsymbol{I}(u_w-u_w^0)}{9K_g^2}+\frac{\boldsymbol{I}^T\bar{\boldsymbol{\sigma}}}{3K_g})+\frac{\rho_w^0}{K_w}(1-n^0)(\frac{u_w}{K_g}-1)-$$

$$\frac{J\boldsymbol{I}^T\boldsymbol{D}\boldsymbol{I}}{9K_g^2}+\frac{1-n^0}{K_g}]\frac{du_w}{dt}+(\frac{Jk}{\boldsymbol{g}}\frac{\partial a}{\partial \boldsymbol{x}}\frac{\partial u_w}{\partial \boldsymbol{x}}+\frac{\rho_w^0 Jk\boldsymbol{g}}{\boldsymbol{g}K_w}\frac{\partial u_w}{\partial \boldsymbol{x}})dV-\int_{S_q}aJ\{\boldsymbol{n}^T k-\rho_w^0(1+\frac{u_w}{K_g})\cdot$$

$$[\bar{q}-\frac{\bar{q}\boldsymbol{I}^{\mathrm{T}}\boldsymbol{D}\boldsymbol{\varepsilon}}{3K_{\mathrm{g}}}-\frac{\bar{q}\boldsymbol{I}^{\mathrm{T}}\boldsymbol{D}\boldsymbol{I}(u_{\mathrm{w}}-u_{\mathrm{w}}^{0})}{9K_{\mathrm{g}}^{2}}-\frac{\bar{q}\boldsymbol{I}^{\mathrm{T}}\bar{\boldsymbol{\sigma}}}{3K_{\mathrm{g}}}+\frac{\bar{q}(1-n^{0})}{J}(\frac{u_{\mathrm{w}}}{K_{\mathrm{w}}}-1)]\}\mathrm{d}S=0 \tag{3-49}$$

3.2.4　渗流-应力耦合方程的有限元格式及求解方式

对式(3-49)进行差值离散化，并与式(3-39)联立可得渗流-应力耦合方程的有限元格式：

$$\begin{bmatrix}0 & 0\\ \boldsymbol{M} & \boldsymbol{N}\end{bmatrix}\begin{Bmatrix}\boldsymbol{u}^{\mathrm{e}}\\ \boldsymbol{u}_{\mathrm{w}}^{\mathrm{e}}\end{Bmatrix}+\begin{bmatrix}\boldsymbol{K} & \boldsymbol{L}\\ \boldsymbol{H} & \boldsymbol{S}\end{bmatrix}\frac{\mathrm{d}}{\mathrm{d}t}\begin{Bmatrix}\boldsymbol{u}^{\mathrm{e}}\\ \boldsymbol{u}_{\mathrm{w}}^{\mathrm{e}}\end{Bmatrix}=\begin{Bmatrix}\boldsymbol{F}\\ \boldsymbol{V}\end{Bmatrix} \tag{3-50}$$

式中　$\boldsymbol{M},\boldsymbol{N},\boldsymbol{K},\boldsymbol{L},\boldsymbol{H},\boldsymbol{S},\boldsymbol{F},\boldsymbol{V}$——各矩阵的具体表达式见文献[272]；

$\boldsymbol{u}^{\mathrm{e}}$——节点位移，m；

$\boldsymbol{u}_{\mathrm{w}}^{\mathrm{e}}$——节点孔隙压力，Pa。

式(3-50)所示的多孔介质渗流-应力耦合方程，有两种求解方法。第一种方法为：先求解其中一组方程，再用所得结果求解第二组方程；然后将所得结果依次反馈代入第一组方程以观察解的收敛性，此迭代过程直到相邻迭代的解的差值小于某个较小的值时停止，此时认为收敛。此方法称为交错求解耦合方程组法。第二种方法通过对时间离散进行直接求解，具有快速收敛性，且适用于大部分的非线性问题。本书采用第二种求解方法。

多孔介质流固耦合方程中 $t+\Delta t$ 时刻的单元节点位移 $(\boldsymbol{u}^{\mathrm{e}})_{t+\Delta t}$ 和孔隙压力 $(\boldsymbol{u}_{\mathrm{w}}^{\mathrm{e}})_{t+\Delta t}$ 满足如下引入时间积分算子的一阶表达式：

$$\boldsymbol{\delta}_{t+\Delta t}=\boldsymbol{\delta}_{t}+\Delta t(1-\xi)\boldsymbol{v}_{t}+\xi\boldsymbol{v}_{t+\Delta t} \tag{3-51}$$

式中　$\boldsymbol{\delta}_{t+\Delta t}$ 可替换为 $(\boldsymbol{u}^{\mathrm{e}})_{t+\Delta t}$ 和 $(\boldsymbol{u}_{\mathrm{w}}^{\mathrm{e}})_{t+\Delta t}$；

ξ——0～1 之间的数，为了保持数值稳定可取 1，即式(3-51)变为回退算法；

$\boldsymbol{v}$——$\boldsymbol{\delta}$ 在 Δt 内的变化速率，对于 $\boldsymbol{u}^{\mathrm{e}}$ 的实际意义为节点位移变化速率，对于 $\boldsymbol{u}_{\mathrm{w}}^{\mathrm{e}}$ 为孔隙压力变化速率，当 Δt 趋于无穷小时 $\boldsymbol{v}$ 为 $\boldsymbol{\delta}$ 对时间的偏导数。

将式(3-51)代入式(3-50)可得瞬态的增量有限元方程，可采用牛顿法求解。通过反复迭代，可求出节点位移变化量 $\Delta(\boldsymbol{u}^{\mathrm{e}})_{t+\Delta t}$ 和孔隙压力变化量 $\Delta(\boldsymbol{u}_{\mathrm{w}}^{\mathrm{e}})_{t+\Delta t}$，进而求得 $t+\Delta t$ 时刻的位移 $(\boldsymbol{u}^{\mathrm{e}})_{t+\Delta t}$、孔隙压力 $(\boldsymbol{u}_{\mathrm{w}}^{\mathrm{e}})_{t+\Delta t}$ 及应力 $(\boldsymbol{\sigma})_{t+\Delta t}$。

3.2.5　裂缝内压裂液流动方程

如图 3-12 所示，裂缝内压裂液流动由缝内的切向流和由缝内向基质的法向流组成。假设压裂液为不可压缩的牛顿流体，裂缝内切向流动方程为：

$$q_{\mathrm{t}}w=-\frac{w^{3}}{12\mu}\nabla p_{\mathrm{w}} \tag{3-52}$$

式中　q_{t}——单位面积的压裂液流速，m/s；

w——裂缝宽度，m；

μ——压裂液黏度，Pa·s；

∇p_{w}——裂缝方向的压力梯度，Pa/m；

显然，$\frac{w^{3}}{12\mu}$ 可理解为渗透性或裂缝内流动的阻力。

表示从裂缝向多孔煤基质的滤失行为的法向流定义如下：

$$\begin{cases}q_{\mathrm{t}}=c_{\mathrm{t}}(p_{\mathrm{m}}-p_{\mathrm{t}})\\ q_{\mathrm{b}}=c_{\mathrm{b}}(p_{\mathrm{m}}-p_{\mathrm{b}})\end{cases} \tag{3-53}$$

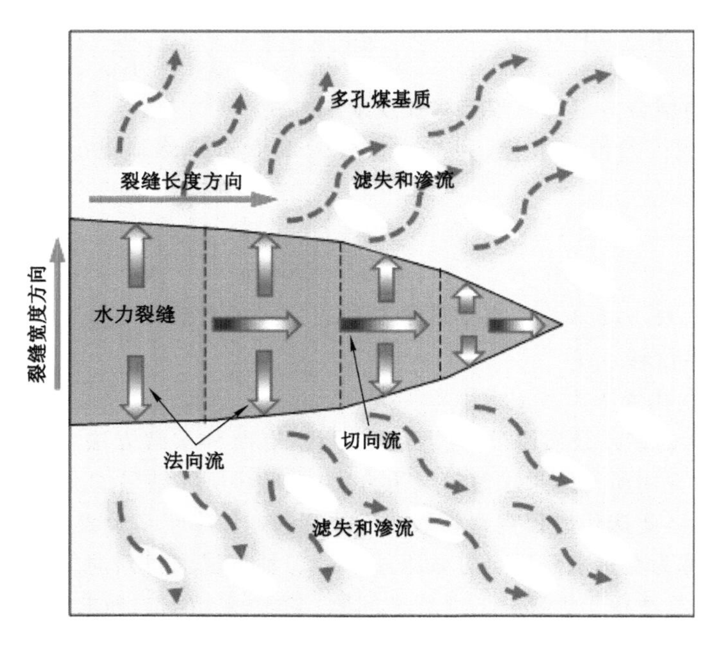

图 3-12　裂缝内压裂液流动模型

式中　q_t, q_b ——从内聚力单元中面向顶面和底面的法向流流速，m/s；

c_t, c_b ——内聚力单元顶、底面的滤失系数，m/(Pa・s)；

p_m ——内聚力单元中面裂隙流体压力，Pa；

p_t, p_b ——内聚力单元顶、底面处的孔隙压力，Pa。

根据式(3-53)，法向流流速由裂缝和煤基质的压差以及滤失系数决定。

3.3　水力裂缝扩展损伤模型建立

根据裂缝形成原因，Su 等[17]将煤岩压裂中水力裂缝分为径向引张裂缝、周缘引张裂缝、转向裂缝和剪切裂缝。其中，径向引张裂缝偏向于张拉破坏成因，本书中称为水力张拉裂缝。实际上，在压裂作用下，裂缝破坏还存在拉-剪混合破坏以及压剪破坏的特殊模式，如周缘引张裂缝。张拉破坏裂缝可归于剪切贡献为零的拉-剪混合破坏模式。压剪破坏多为天然裂隙(或结构面)在压裂诱导的复杂应力场条件下压裂液渗流溶蚀作用等产生的剪切滑移破坏。

3.3.1　拉剪混合水力裂缝损伤模型建立

裂缝起裂与扩展由牵引-分离准则控制。图 3-13 展示了基于内聚力单元法的压裂液驱动裂缝扩展过程。牵引-分离准则定义了牵引力 T_f 和内聚力单元顶底面相对分离位移(包括切向和法向的) δ_c 的关系。图 3-13 中红色区域为黏聚区，区域内的内聚力单元处于弹性或未完全损伤阶段。δ_m^0 为初始损伤点的临界分离位移，δ_m^f 为完全损伤点的临界位移。当 $\delta_c \geqslant \delta_m^0$ 时，内聚力单元开始损伤，其刚度随分离位移增加而退化；当 $\delta_c = \delta_m^f$ 时，内聚力单元刚度衰减至零，预示着裂缝向前扩展；蓝色区域内的内聚力单元处于完全损伤的状态。即使完全损伤的内聚力单元在后期闭合，其拉伸刚度也不会恢复；当完全闭合后，压缩刚度恢复初值,以模拟裂缝面的接触行为。图 3-13 中关于各类裂缝尖端的概念源于文献[273]。点 $\delta_{\mathrm{m}}^{\mathrm{f}}$ 为材料裂缝尖端,即宏观的、肉眼可见的、完全发育的裂缝尖端;点 δ_{m}^{0} 为黏聚裂缝尖端;两点之间为黏聚损伤区域。牵引力是裂缝流体压力、基质孔隙压力以及地应力相互作用的结果(未必一定为它们的合力作用)。因此,水力裂缝的力学行为被注液泵压、天然裂缝网络构造、煤基质中的渗流行为以及地应力共同控制。

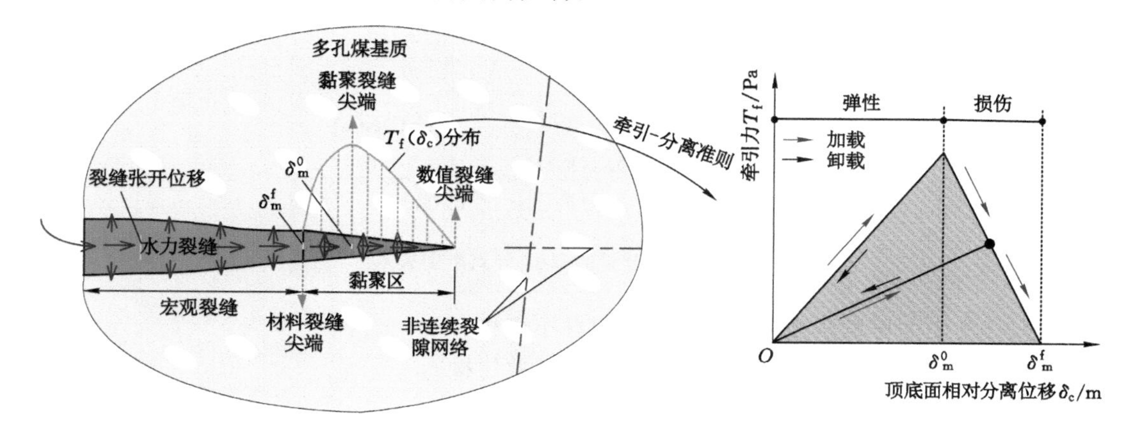

图 3-13　压裂液驱动下水力裂缝扩展模型及牵引-分离准则示意

诸多牵引-分离模型被用于描述水力裂缝扩展。其中,不可逆双线性模型为最广泛使用的模型,Damani 等[111]使用此模型模拟岩石内水力压裂。模型假设内聚力单元在初始损伤前满足可逆的线弹性行为,在损伤演化阶段其承载能力线性衰减,且在此阶段即使卸载其刚度也不可恢复。此模型包括初始损伤和损伤演化,分述如下。

(1) 初始损伤

裂缝牵引力的拉伸组分主要由裂缝流体压力诱导,而其剪切组分可由地应力差以及天然裂缝所引起的局部剪应力场引起。因此,考虑裂隙煤岩压裂中拉-剪混合效应是非常关键且重要的。对于拉-剪混合破坏模式的裂缝,其初始损伤位移并不为定值,而与其具体荷载条件下的张拉-剪切混合方式及拉剪混合比有关。根据文献[16],采用拉-剪混合模式的二阶应力准则预测初始损伤:

$$\left(\frac{t_{\mathrm{n}}}{\sigma_{\mathrm{t}}}\right)^{2}+\left(\frac{t_{\mathrm{s}}}{\sigma_{\mathrm{s}}}\right)^{2}=1 \tag{3-54}$$

式中　$\sigma_{\mathrm{t}}, \sigma_{\mathrm{s}}$ ——拉伸和剪切强度,Pa;

$t_{\mathrm{n}}, t_{\mathrm{s}}$ ——法向牵引力和切向牵引力,Pa。

(2) 损伤演化

引入损伤因子 D 来描述内聚力单元的损伤程度,初始损伤之后,D 从 0 到 1 单调增加。由损伤而引起的应力变化为:

$$\begin{cases} t_{\mathrm{n}}=(1-D)\,\bar{t}_{\mathrm{n}},\text{拉伸状态} \\ t_{\mathrm{n}}=\bar{t}_{\mathrm{n}},\text{压缩状态} \\ t_{\mathrm{s}}=(1-D)\,\bar{t}_{\mathrm{s}} \end{cases} \tag{3-55}$$

式中　$\bar{t}_{\mathrm{n}}, \bar{t}_{\mathrm{s}}$ ——当前分离位移在线弹性法则下所对应的应力组分(图 3-14),Pa。

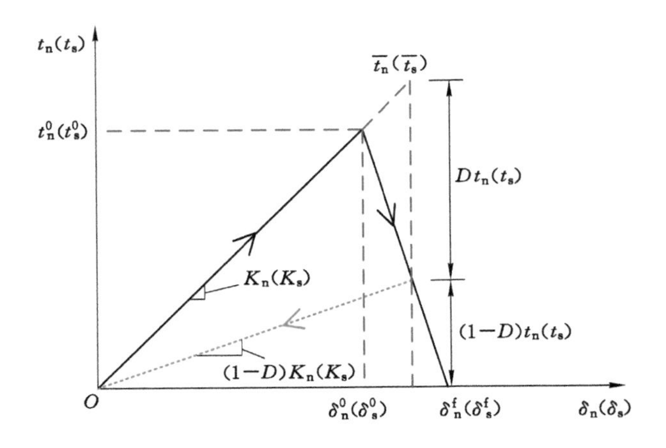

图 3-14 各分量的牵引-分离准则关系

式(3-55)中的压缩刚度在损伤演化阶段并不变化。

为描述拉-剪混合模式下的损伤演化，定义有效位移 δ_m：

$$\delta_m = \sqrt{\langle \delta_n \rangle^2 + (\delta_s)^2} \tag{3-56}$$

式中 δ_n——法向位移分量，m；

δ_s——切向位移分量，m。

〈 〉——开关函数，定义如下：

$$\langle \lambda \rangle = \begin{cases} \lambda & \lambda \geqslant 0 \\ 0 & \lambda < 0 \end{cases} \tag{3-57}$$

显然，压剪状态下，$\delta_m = \delta_s$。

式(3-54)确定了初始损伤时的拉剪混合比，可进一步计算出初始损伤时的分离位移：

$$\begin{cases} \delta_n^0 = \dfrac{t_n^0}{K_n} \\ \delta_s^0 = \dfrac{t_s^0}{K_s} \end{cases} \tag{3-58}$$

初始损伤点的有效位移为：

$$\delta_m^0 = \sqrt{\langle \delta_n^0 \rangle^2 + (\delta_s^0)^2} \tag{3-59}$$

定义拉剪混合比 η 为：

$$\eta = \frac{|\delta_s|}{\langle \delta_n \rangle} \tag{3-60}$$

联合式(3-59)和式(3-60)得：

$$\begin{cases} \delta_n^0 = \dfrac{\delta_m^0}{\sqrt{1+\eta^2}} \\ \delta_s^0 = \dfrac{\eta\delta_m^0}{\sqrt{1+\eta^2}} \end{cases} \tag{3-61}$$

将式(3-58)、式(3-61)代入式(3-54)得初始有效位移与拉剪混合比、拉伸和剪切强度的关系：

$$\delta_m^0 = \sigma_t \sigma_s \sqrt{\frac{1+\eta^2}{K_n^2 \sigma_s^2 + \eta^2 K_s^2 \sigma_t^2}} \tag{3-62}$$

显然，δ_m^0 随拉剪混合比变化而变化，说明初始损伤点所对应的损伤位移并不为常量。

对于拉剪混合加载下的内聚力单元，可采用断裂能指数混合法则来预测其完全损伤状态，即满足式(3-63)时单元完全损伤：

$$\left(\frac{G_{\mathrm{I}}}{G_{\mathrm{IC}}}\right)^2+\left(\frac{G_{\mathrm{II}}}{G_{\mathrm{IIC}}}\right)^2=1 \tag{3-63}$$

式中　G_{I}，G_{II} ——拉伸和剪切应变能，Pa·m；

G_{IC}，G_{IIC} ——Ⅰ型和Ⅱ型断裂能，Pa·m。

当 G_{I} 和 G_{II} 满足式(3-63)时，$D=1$。

G_{I} 和 G_{II} 计算如下：

$$\begin{cases}G_{\mathrm{I}}=\int_0^{\delta_n^f}t_n\mathrm{d}\delta_n\\ G_{\mathrm{II}}=\int_0^{\delta_s^f}t_s\mathrm{d}\delta_s\end{cases} \tag{3-64}$$

式中　δ_n^f，δ_s^f ——完全损伤时的拉伸和剪切位移分量，m。

G_{IC} 和 G_{IIC} 计算如下：

$$\begin{cases}G_{\mathrm{IC}}=\dfrac{K_n\delta_n^0\delta_n^f}{2}\\ G_{\mathrm{IIC}}=\dfrac{K_n\delta_s^0\delta_s^f}{2}\end{cases} \tag{3-65}$$

根据式(3-56)和式(3-60)，δ_n^f 和 δ_s^f 可用 η 和 δ_m^f 表示：

$$\begin{cases}\delta_n^f=\dfrac{\delta_m^f}{\sqrt{1+\eta^2}}\\ \delta_s^f=\dfrac{\eta\delta_m^f}{\sqrt{1+\eta^2}}\end{cases} \tag{3-66}$$

将式(3-64)至式(3-66)代入式(3-63)，可解得 $\delta_m^f=\delta_m^f(\delta_m^f,K_n,K_s,\eta,G_{\mathrm{IC}},G_{\mathrm{IIC}})$ 的形式。

对于线性软化损伤演化，损伤因子 D 的计算式为：

$$D=\frac{\delta_m^f(\delta_m^{\max}-\delta_m^0)}{\delta_m^{\max}(\delta_m^f-\delta_m^0)} \tag{3-67}$$

式中　$\delta_m^{\max}$ ——加载历史中的分离位移最大值，m；其具体含义如图 3-15 所示，加载历史为 Path 1 或 Path 2。

δ_m^0 可由式(3-62)确定；δ_m^f 可由断裂能和拉剪混合比确定；对于分离位移状态 $\delta_m^{\max}$，其对应的 D 可通过式(3-67)计算得到。得到 D 后，代入式(3-55)可计算出当前的单元位移和受力状态。

3.3.2 天然裂缝压剪模型建立及子程序编写

(1) 天然裂缝压剪模型建立

天然裂缝存在压剪效应，即随正压力增大，其抗剪强度增强。这也是裂隙地层地应力可平衡的原因。模拟裂隙地层压裂，考虑此效应是十分必要的，牵涉模型初始地应力平衡、天然裂缝剪切滑移等；但普通的内聚力单元并不能模拟这一效应，需要对其压剪本构模型进行二次开发。

天然裂缝的抗拉强度很低甚至可以忽略，但其抗剪强度和表观内聚力因粗糙度的存在

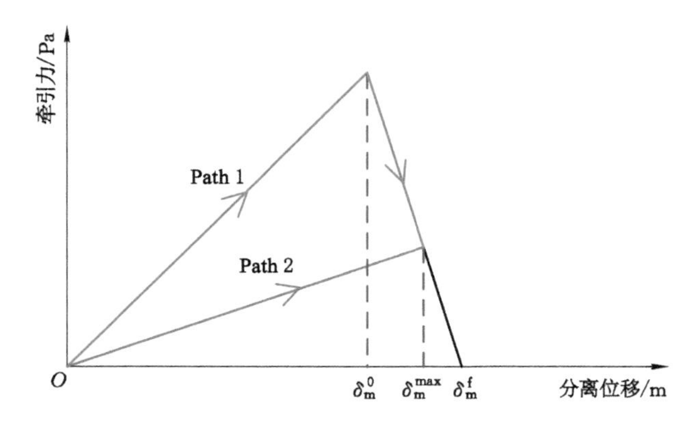

图 3-15 各个分离位移的含义

仍可保留。基于 2.4.1 小节所述巴顿模型来描述天然裂缝的压剪特性，天然裂缝的压剪初始损伤准则为[206]：

$$\tau = p'_n \tan[\varphi_b + JRC\lg(\sigma_{cs}/p'_n)] \tag{3-68}$$

式中，各变量含义见 2.4.1 小节。

由式(3-68)可知，水力压裂可对裂隙煤岩天然裂缝剪切行为造成重要影响，具体体现在 3 个方面：① 对 p'_n 的影响，压裂作用使得原岩应力场受到扰动，改变乃至降低了裂缝正压力，由图 3-16 可知剪切强度降低，并利于天然裂缝剪胀，使得流体导通性增强；② 对 φ_b 的影响，因压裂液对煤有软化损伤作用，对于存在微小机械张开度的裂缝来说，经过一段时间压裂后，裂缝面的摩擦系数降低，若打破天然裂缝极限平衡状态，则会引起剪切失稳滑移；③ 对 JRC 和 σ_{cs} 的影响，压裂液的溶蚀软化作用可改变裂缝面的粗糙度以及裂缝面凸点的抗压强度，发生凸点剪断后，天然裂缝面转变为残余剪切状态，即裂缝面的摩擦力学性质发生了根本性变化。

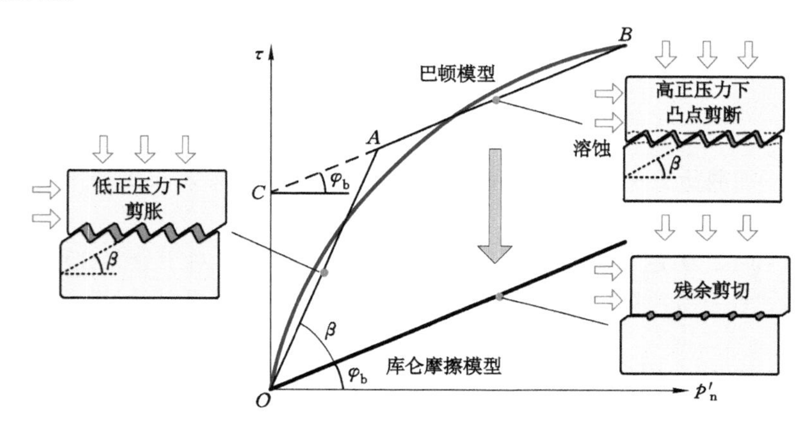

图 3-16 天然裂缝转化为水力剪切裂缝的过程

(2) USDFLD 子程序编写

ABAQUS 提供了丰富的材料本构模型二次开发结构，可使用 Fortran 语言对内聚力单元本构模型进行重新编写，使得其具备模拟天然裂缝压剪力学行为的能力。UMAT、USDFLD

等接口都可胜任这一本构模型编写任务。在压剪作用下，巴顿模型的非线性剪切强度可根据裂缝面正压力进行定义；基于这一思想，本书采用 USDFLD 子程序进行编写，具体如下。

① 编写思想

大多数材料属性可通过一个中间场变量进行沟通联系，即可被定义为场变量的函数。例如：

If a≤p'_n<b

FIELD=X_k

IFFIELD=X_k

$\tau=\tau_k$

……

因此，可根据实时的裂缝面正应力计算结果，寻找到其对应的场变量，再通过场变量修改剪切强度。通过事先定义"p'_n-FIELD-τ"的表函数，达到利用 USDFLD 编写内聚力单元巴顿模型的目的。

裂缝面剪切破坏后，转变为残余剪切状态。残余剪切可通过控制内聚力单元的损伤因子最大退化值(Max. Degradation of D)来实现，最大退化值 D_{max}为：

$$D_{max}=\frac{\tan[\varphi_b+JRC\lg(\sigma_{cs}/p'_n)]}{\tan\varphi_b} \tag{3-69}$$

② USDFLD 子程序的约定

USDFLD 调用的变量为材料积分点上的变量，变量名称需遵循 ABAQUS 中的约定，具体的应力、应变变量需查询 ABAQUS 用户手册确定。ABAQUS 中采用数组序列(ARRAY)的形式存储材料积分点上的各个应力、应变。例如，S 表示应力数组，对于实体单元，S 数组中第 1 个位置(ARRAY(1))存储为 S11 应力，即 1 方向正应力。对于内聚力单元，其正应力在 ABAQUS 中表示为 S22，但 S22 存储在第一个位置，即 ARRAY(1)；ARRAY(2)存储的是剪应力，尤其需要注意。

本书中调用内聚力单元积分点应力数组第一个位置存储的应力值 ARRAY(1)，以获取正应力 p'_n。

ABAQUS 在每个增量步开始时调用 USDFLD 并访问场变量；场变量为节点数据，在开始计算单元应力和刚度时，场变量将插值到单元的积分点。

③ USDFLD 子程序的 Fortran 格式

USDFLD 子程序必须以图 3-17 所示格式开头，不可更改。其后才跟编写的主程序。Fortran 语言要求：命令行至少空 6 格；若要续行，以 F77 格式为第 6 列加任意字符，以 F90 格式为行末尾加字符 &；注释行以 C 开头。

④ 变量调用及巴顿模型编写

首先在定义内聚力单元材料时，通过给定表函数的方式编写含场变量的材料本构模型，inp. 文件中语句如下：

** 定义材料名

* Material，name=Material-2

** 定义含场变量的本构模型，第 1 列为抗拉强度，第 2 列和第 3 列为抗剪强度，第 4 列为场变量名。

```
      SUBROUTINE USDFLD(FIELD,STATEV,PNEWDT,DIRECT,T,CELENT,
     1 TIME,DTIME,CMNAME,ORNAME,NFIELD,NSTATV,NOEL,NPT,LAYER,
     2 KSPT,KSTEP,KINC,NDI,NSHR,COORD,JMAC,JMATYP,MATLAYO,
     3 LACCFLA)
C
      INCLUDE 'ABA_PARAM.INC'
C
      CHARACTER*80 CMNAME,ORNAME
      CHARACTER*3  FLGRAY(15)
      DIMENSION FIELD(NFIELD),STATEV(NSTATV),DIRECT(3,3),
     1 T(3,3),TIME(2)
      DIMENSION ARRAY(15),JARRAY(15),JMAC(*),JMATYP(*),
     1 COORD(*)
```

图 3-17　USDFLD 子程序开头格式

```
*Damage Initiation,criterion=MAXS,dependencies=1
1.13e+04,      1e+06,      1e+06,,          1.
1.13e+04,   1.25e+06,   1.25e+06,,          2.
……
1.13e+04,5.875e+07,5.875e+07,,            231.
1.13e+04,    5.9e+07,    5.9e+07,,        232.
```

然后在 USDFLD 中调用内聚力单元的 S22 应力[即正应力，存储位置 ARRAY(1)]，并编写场变量调用程序：

```
          CALL
GETVRM('S', ARRAY, JARRAY, FLGRAY, JRCD, JMAC, JMATYP, MATLAYO,
LACCFLA)
          EPS = ARRAY(1)
C variable
          if (EPS. gt. -500000) then
             field(1)=1
          else if (EPS. le. -500000. and. EPS. gt. -1000000) then
             field(1)= 2
          else if (EPS. le. -1000000. and. EPS. gt. -1500000) then
             field(1)= 3
……
          else if (EPS. le. -99500000. and. EPS. gt. -100000000) then
             field(1)= 231
          else
             field(1)=232
           endif
C If error,write comment to . DAT file:
          IF (JRCD. NE. 0) THEN
              WRITE (6, * ) 'REQUEST ERROR IN USDFLD FOR ELEMENT
NUMBER',
```

```
1       NOEL,'INTEGRATION POINT NUMBER',NPT
      ENDIF
C
      RETURN
      END
```

上述代码中,使用“GETVRM”来访问材料积分点数据。调用场变量后,场变量会自动调用内聚力本构模型中其所在行,达到根据正应力计算结果确定抗剪强度的目的,实现模拟天然裂缝压剪的非线性模拟。通过上述本构模型构建过程可知,USDFLD 子程序实际上是将巴顿模型在正应力域上离散化为一个一个的小区间,利用插值方法来逼近巴顿模型,如图 3-18 所示。

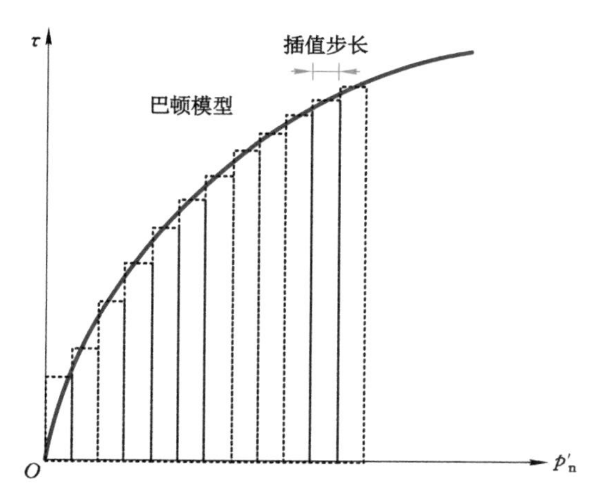

图 3-18　USDFLD 子程序编写巴顿模型插值逼近图解

3.3.3　用户子程序运行环境配置方法

采用 ABAQUS 2018 运行 USDFLD 子程序并对水力压裂过程进行模拟求解。为运行 USDFLD 用户子程序,首先需要关联 ABAQUS 2018、Visual Studio 2015 以及 Intel Parallel Studio XE 2017 三个软件,此为用户子程序的运行环境。具体配置过程如下:

① ABAQUS 安装完成后,安装 Visual Studio 2015,再安装 Intel Parallel Studio XE 2017。

② 安装完成后更改 ABAQUS 的 launcher. bat 文件。打开 launcher. bat 文件后,在“@echo off”字符行前添加调用 Visual Studio 2015 和 Intel Parallel Studio XE 2017 的代码:

@call "D:\Program Files (x86)\Microsoft Visual Studio 14. 0\VC\vcvarsall. bat" X64

@call "D:\Program Files (x86)\IntelSWTools\compilers_and_libraries_2017. 7. 272\windows\bin\ipsxe-comp-vars. bat" intel64 vs2015

③ 修改环境变量。在环境变量 Path 中随尾添加“D:\Program Files (x86)\IntelSWTools\compilers_and_libraries_2017. 7. 272\windows\bin\intel64;D:\Program Files (x86)\IntelSWTools\compilers_and_libraries_2017. 7. 272\windows\bin”。

④ 打开 ABAQUS Verification 进行子程序设置测试。验证通过后说明配置成功,可在

ABAQUS 中调用子程序。

3.3.4 USDFLD 子程序调用方法

USDFLD 子程序有两种调用方法：一是通过 ABAQUS/CAE 进行调用；二是通过 ABAQUS COMMAND 提交 inp. 文件并调用子程序。当通过 ABAQUS/CAE 调用 USDFLD 子程序时，需要首先在 Material 模块中定义内聚力单元本构模型，在“General”中选定“User Defined Field”，然后在 Job 模块中 Create Job 的“General”下指定用户子程序的路径。

当采用 ABAQUS COMMAND 提交 inp. 文件并调用子程序时，在命令窗口输入“abaqus job=inp_name user=fortran name”即可。

3.3.5 求解过程及误差控制

图 3-19 为前处理和裂隙煤岩水力压裂求解步骤。所用求解器为 ABAQUS/Standard，首先计算初始地应力场，然后进行各类工况的水力压裂模拟。初始地应力场平衡计算的分析步类型为“Geostatic”，水力压裂模拟的分析步类型为“Soils”。“Soils”分析步类型可模拟动态压裂及多孔渗流过程。瞬态分析及直接向后差分法被用于优化连续性方程的求解精度。

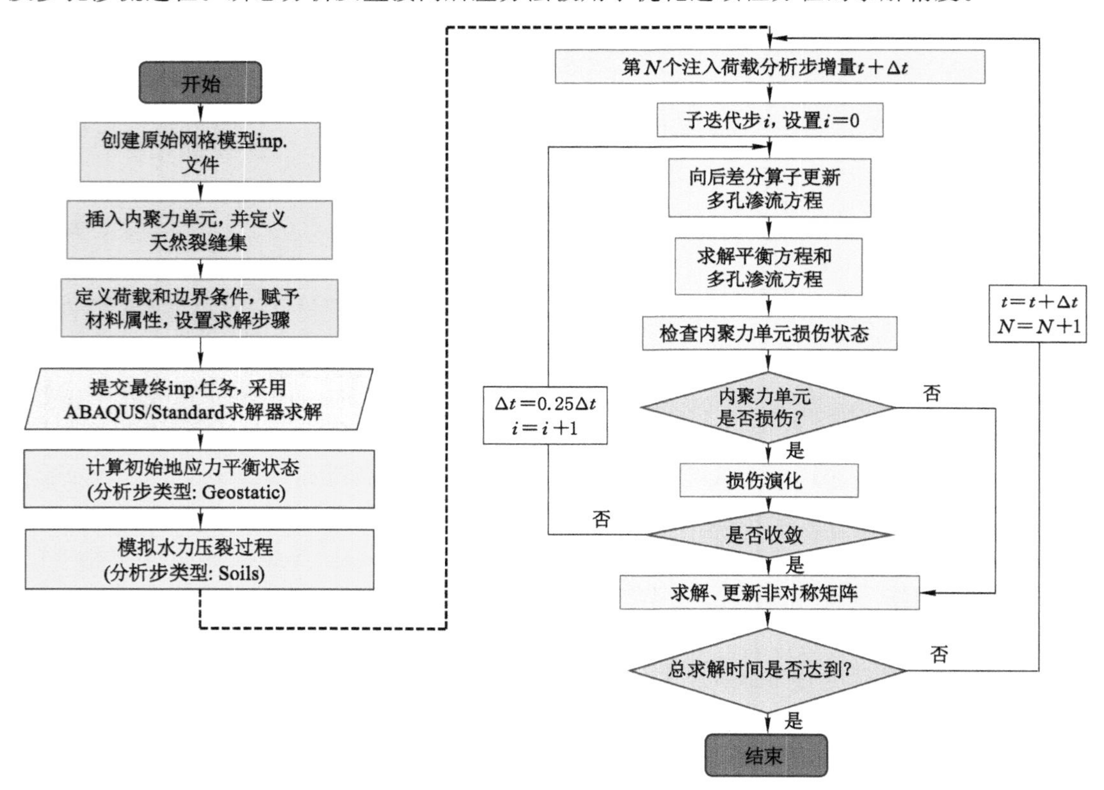

图 3-19　内聚力单元法模拟裂隙煤岩水力压裂的前处理和求解步骤流程

非线性平衡方程采用完全牛顿法求解。在多孔流动分析中，选择孔隙压力 u_w 为场指标来评价 Jacobian 矩阵解精度。根据 ABAQUS 分析手册[269]，对于大多数非线性计算问题，如果最大的场指标残差小于 0.005，则表明计算足够精确，即

$$r_{\max}^{u_w} \leqslant 0.005\tilde{q}^{u_w} \tag{3-70}$$

式中 $r_{\max}^{u_w}$ ——孔隙压力平衡方程中最大残差，m^3/s；

$\tilde{q}^{u_w}$ ——当前分析步中当前增量步内的关于 u_w 的时域平均通量，m^3/s。

收敛速度和求解精度为矛盾体，需要通过黏性正则化系数、容差控制等进一步评估数值精度和收敛速度。

3.3.6 输出变量及含义

为检查模拟精度以及后续分析水力裂缝发育情况，需要在每个增量步输出变量值以便分析。输出变量及其含义如表 3-1 所示。

表 3-1 输出变量及其含义

单元类型	输出变量名	含义	单位
实体单元（类型：CPE4P）	S11	x 方向应力	Pa
	S22	y 方向应力	Pa
	S33	z 方向应力	Pa
	U1	x 方向位移	m
	U2	y 方向位移	m
	U3	z 方向位移	m
	POR	孔隙压力	Pa
内聚力单元（类型：COH2D4P）	GFVR	裂隙流体积流量	m^3/s
	PFOPEN	裂缝张开位移	m
	LEAKVRT	顶面滤失流速	m/s
	ALEAKVRT	累计顶面滤失体积	m^3
	LEAKVRB	底面滤失流速	m/s
	ALEAKVRB	累计底面滤失体积	m^3
	POR	裂缝内流体压力	Pa
	S22	内聚力单元正应力	Pa
	S12	内聚力单元剪切力	Pa
	SDEG	刚度下降指标（即损伤因子 D）	无量纲
	MMIXDME	损伤演化过程中拉伸和剪切断裂模式比例：−1 表示未破坏，0 表示完全拉伸破坏，1 表示完全剪切破坏，值越大说明剪切比例越高，可用于判断裂缝的形成类型	无量纲
	MMIXDMI	初始损伤时拉伸和剪切断裂模式比例：−1 表示未破坏，0 表示完全拉伸破坏，1 表示完全剪切破坏，值越大说明剪切比例越高，可用于判断裂缝的形成类型	无量纲
	FV	预定义的场变量，根据 FV 值可判断内聚力单元破坏时的剪切强度	无量纲
	ALLCD	黏性正则化方式耗散掉的全局能量	J
	ALLIE	全局应变能，可用 ALLCD/ALLIE 来判断黏性正则化系数对数值模拟精度的影响	J

3.3.7 模型验证

对比分析不考虑压剪效应与考虑压剪效应的含内聚力单元地层模型的地应力平衡情况、压剪和拉剪模型。数值模型工程背景参考文献[226]中五里堠井田内 LAWLH-023 号垂直压裂井，3# 煤层和 4# 煤层以及其间的夹层为一体化压裂段，最大水平主应力、最小水平主应力分别为 16.4 MPa、9.01 MPa，垂直应力为 12.5 MPa。数值模型如图 3-20 所示，模型尺寸为 2 m×2 m，考虑边界效应，内部压裂区直径为 1 m，仅在压裂区内嵌入内聚力孔隙压力单元；模型共计划分 37 486 个单元，其中 4 个节点完全积分(4 个积分点)的孔隙流体-应力耦合平面应变单元(单元类型 CPE4P)17 671 个，内聚力孔隙压力单元(COH2D4P)19 815 个；压裂区内单元特征尺寸约为 0.01 m，外围区域单元尺寸介于 0.01～0.04 m。

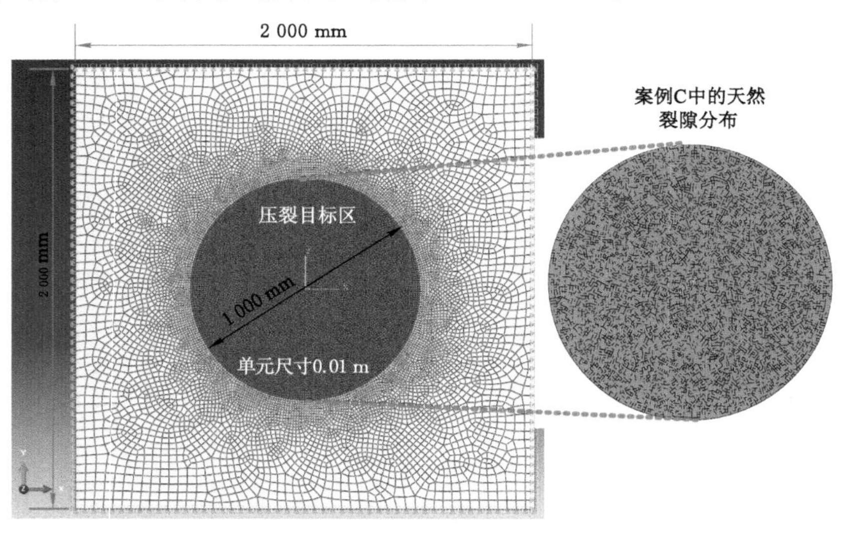

图 3-20 煤层压裂数值模型

采用预定义(关键字为：* Initial conditions，type=stress)方式施加初始地应力，x 方向施加最小主应力，y 方向施加最大主应力，z 方向为煤层厚度方向。分别将垂直于 x、y 方向的模型边的节点的 x、y 方向自由度约束，模型四周边界孔隙压力设置为零(净孔隙压力)，并定义初始孔隙比为 0.055 4，模型中部分物理力学参数参考文献[226]，如表 3-2 所示。

表 3-2 用于模型验证的物理力学参数

对象	参数	值	单位
煤基质	弹性模量	13	GPa
	泊松比	0.23	无量纲
	初始孔隙比	0.055 4	无量纲
	初始渗透率	0.052 1	10^{-3} mm^2
	内摩擦角	27	°
	内聚力	9	MPa
	抗拉强度	1.13	MPa
	密度	1 400	kg/m^3

表 3-2(续)

对象	参数	值	单位
煤基质	Ⅰ型断裂韧度	0.2	MPa · $m^{1/2}$
	Ⅱ型断裂韧度	0.63	MPa · $m^{1/2}$
天然裂隙	抗拉强度	0.005	MPa
	裂隙面抗压强度	14.67	MPa
	裂隙面粗糙度	10	无量纲
压裂液	密度	1 000	kg/m^3
	黏度	0.005	Pa · s
	初始滤失因子(对煤)	5e－14	m/(Pa · s)

于压裂区域的中心以垂直最小水平主应力方向射孔构造初始压裂裂缝,向缝内注入压裂液,根据压裂层厚度及文献中现场流量,将模拟中压裂液排量进行等比缩放。文献中第 2 min 排量约为 0.5 m^3/min,即 0.008 3 m^3/s,压裂厚度为 6 m,故本数值模拟中排量峰值为 0.001 4 m^3/s。

为对比分析,设置 A、B、C 3 个模拟案例。其中,案例 A 不考虑煤层压剪效应,即内聚力单元的剪切强度为定值;案例 B 考虑煤体的剪切强度硬化规律(符合莫尔-库仑准则),但不考虑煤层内天然裂隙;案例 C 考虑煤层内天然裂隙(天然裂隙建模方法见 3.5 节),并考虑巴顿模型。

(1) 地应力平衡验证

图 3-21(a)为案例 A(内聚力单元剪切强度为定值)的地应力平衡情况,当地应力平衡分析步中总时长达到 1 时表示地应力平衡,若迭代步过多,说明地应力平衡出现问题,往往难以收敛。案例 A 在第 14 增量步时,已发生大面积的内聚力单元破坏,从而导致地应力难以实现初始化平衡。地应力难以实现平衡的原因是内聚力单元恒定的初始损伤剪切强度与地层实际的压剪硬化特征不符,这也是限制内聚力单元用于主应力差较大的地层压裂模拟分析的原因。

图 3-21(b)为案例 C 的地应力平衡情况,由图可知,4 个增量步实现了地应力平衡,且没有出现内聚力孔隙压力单元损伤破坏。案例的初始地应力得以平衡,验证了压剪模型的有效性。案例 C 中单元编号为 17830 的内聚力单元的场变量值随着 S22 正压力增加由 0 逐渐增加至 22。场变量变化说明所用的 USDFLD 基于内聚力单元压应力 S22 成功调整了剪切强度,参与了压剪本构模拟。

(2) 拉剪模型验证

采用 MMIXDMI(含义见表 3-1)评估水力裂缝的拉伸和剪切破坏组分比例,越靠近 1,剪切组分越高;越靠近 0,拉伸组分越高。图 3-22(a)为案例 B 水力压裂主要裂缝的 MMIXDMI 分布云图,裂缝宽度放大 20 倍。由图 3-22(a)可知,主裂缝沿垂直于最小主应力的方向延伸,但在延伸过程中出现分叉现象,分叉方向与主裂缝方向呈锐角,一般小于 30°。纯拉伸或纯剪切裂缝占比较少,大部分为拉伸-剪切混合裂缝。若以 MMIXDMI＝0.5 为界,即裂缝的 MMIXDMI 值低于 0.5 时称裂缝为拉伸为主形成的裂缝,MMIXDMI 值高于 0.5 时称其为剪切为主形成的裂缝,可发现拉伸裂缝在不含天然裂隙的地层中占比较高,大约占 69%。同一条裂缝在扩展时,在不同位置剪切和拉伸组分差异较大,拉伸和剪切成

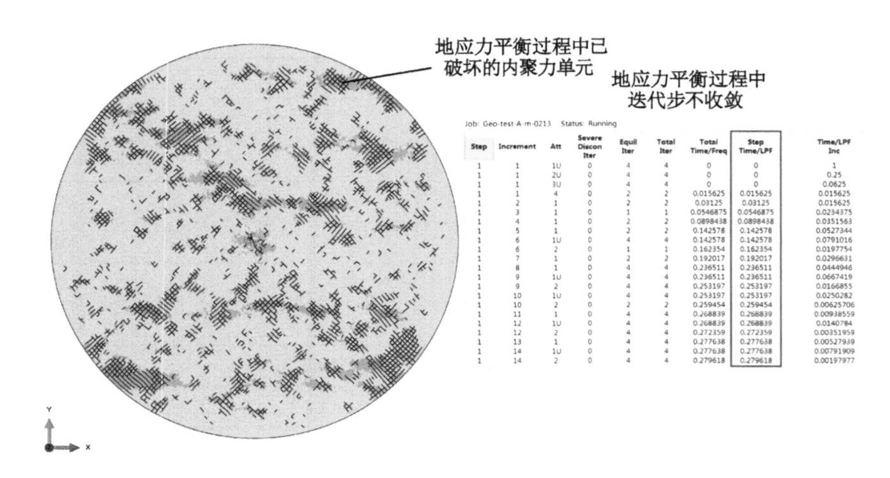

Step	Increment	Att	Severe Discon Iter	Equil Iter	Total Iter	Total Time/Freq	Step Time/LPF	Time/LPF Inc
1	1	1U	0	4	4	0	0	1
1	1	2U	0	4	4	0	0	0.25
1	1	3U	0	4	4	0	0	0.0625
1	1	4	0	2	2	0.015625	0.015625	0.015625
1	2	1	0	2	2	0.03125	0.03125	0.015625
1	3	1	0	1	1	0.0546875	0.0546875	0.0234375
1	4	1	0	2	2	0.0898438	0.0898438	0.0351563
1	5	1	0	2	2	0.142578	0.142578	0.0527344
1	6	1U	0	4	4	0.142578	0.142578	0.0791016
1	6	2	0	1	1	0.162354	0.162354	0.0197754
1	7	1	0	2	2	0.192017	0.192017	0.0296631
1	8	1	0	4	4	0.236511	0.236511	0.0444946
1	9	1U	0	4	4	0.236511	0.236511	0.0667419
1	9	2	0	4	4	0.253197	0.253197	0.0166855
1	10	1U	0	4	4	0.253197	0.253197	0.0250282
1	10	2	0	2	2	0.259454	0.259454	0.00625706
1	11	1	0	4	4	0.268839	0.268839	0.00938559
1	12	1U	0	4	4	0.268839	0.268839	0.0140784
1	12	2	0	4	4	0.272359	0.272359	0.00351959
1	13	1	0	4	4	0.277638	0.277638	0.00527939
1	14	1U	0	4	4	0.277638	0.277638	0.00791909
1	14	2	0	4	4	0.279618	0.279618	0.00197977

(a) 案例A的地应力平衡过程中的内聚力单元破坏情况分布云图及迭代过程监测信息

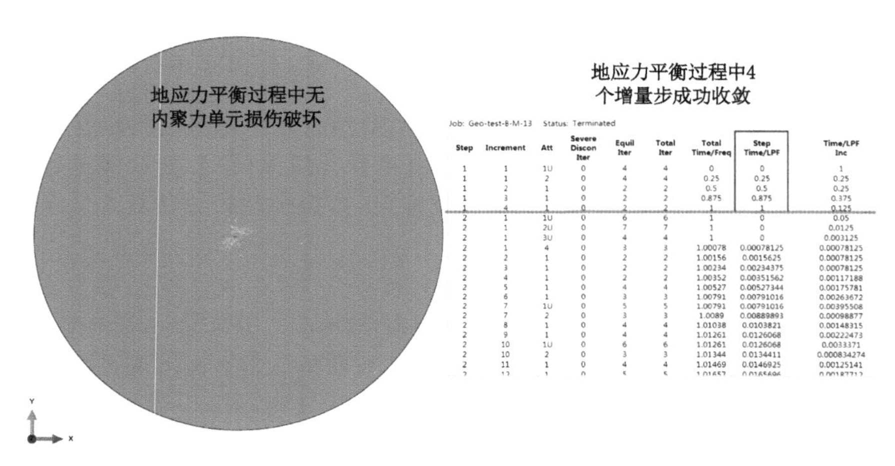

Step	Increment	Att	Severe Discon Iter	Equil Iter	Total Iter	Total Time/Freq	Step Time/LPF	Time/LPF Inc
1	1	1U	0	4	4	0	0	1
1	1	2	0	4	4	0.25	0.25	0.25
1	2	1	0	2	2	0.5	0.5	0.25
1	3	1	0	2	2	0.875	0.875	0.375
1	4	1	0	2	2	1	1	0.125
2	1	1U	0	6	6	1	0	0.05
2	1	2U	0	7	7	1	0	0.0125
2	1	3U	0	4	4	1	0	0.003125
2	1	4	0	3	3	1.00078	0.00078125	0.00078125
2	2	1	0	2	2	1.00156	0.0015625	0.00078125
2	3	1	0	2	2	1.00234	0.00234375	0.00078125
2	4	1	0	2	2	1.00352	0.00351562	0.00117188
2	5	1	0	4	4	1.00527	0.00527344	0.00175781
2	6	1	0	3	3	1.00791	0.00791016	0.00263672
2	7	1U	0	5	5	1.00791	0.00791016	0.00395508
2	7	2	0	3	3	1.0089	0.00889893	0.00098877
2	8	1	0	4	4	1.01038	0.0103821	0.00148315
2	9	1	0	4	4	1.01261	0.0126068	0.00222473
2	10	1U	0	6	6	1.01261	0.0126068	0.0033371
2	10	2	0	3	3	1.01344	0.0134411	0.000834274
2	11	1	0	4	4	1.01469	0.0146925	0.00125141

(b) 案例C的地应力平衡结果云图及迭代过程监测信息

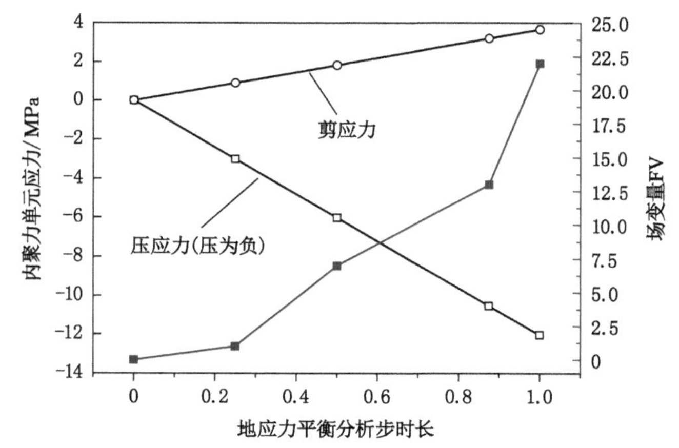

(c) 案例C中17830号内聚力单元在地应力平衡过程中的应力及场变量变化曲线

图 3-21　案例 A 和 C 的地应力平衡过程模拟结果

因交替出现。此外，在主裂缝一侧还存在压裂损伤区[见图 3-22(a)放大区域]，且此区域内裂缝为剪切裂缝，可能是压裂过程中的诱导应力导致煤岩发生剪切破坏所导致的。

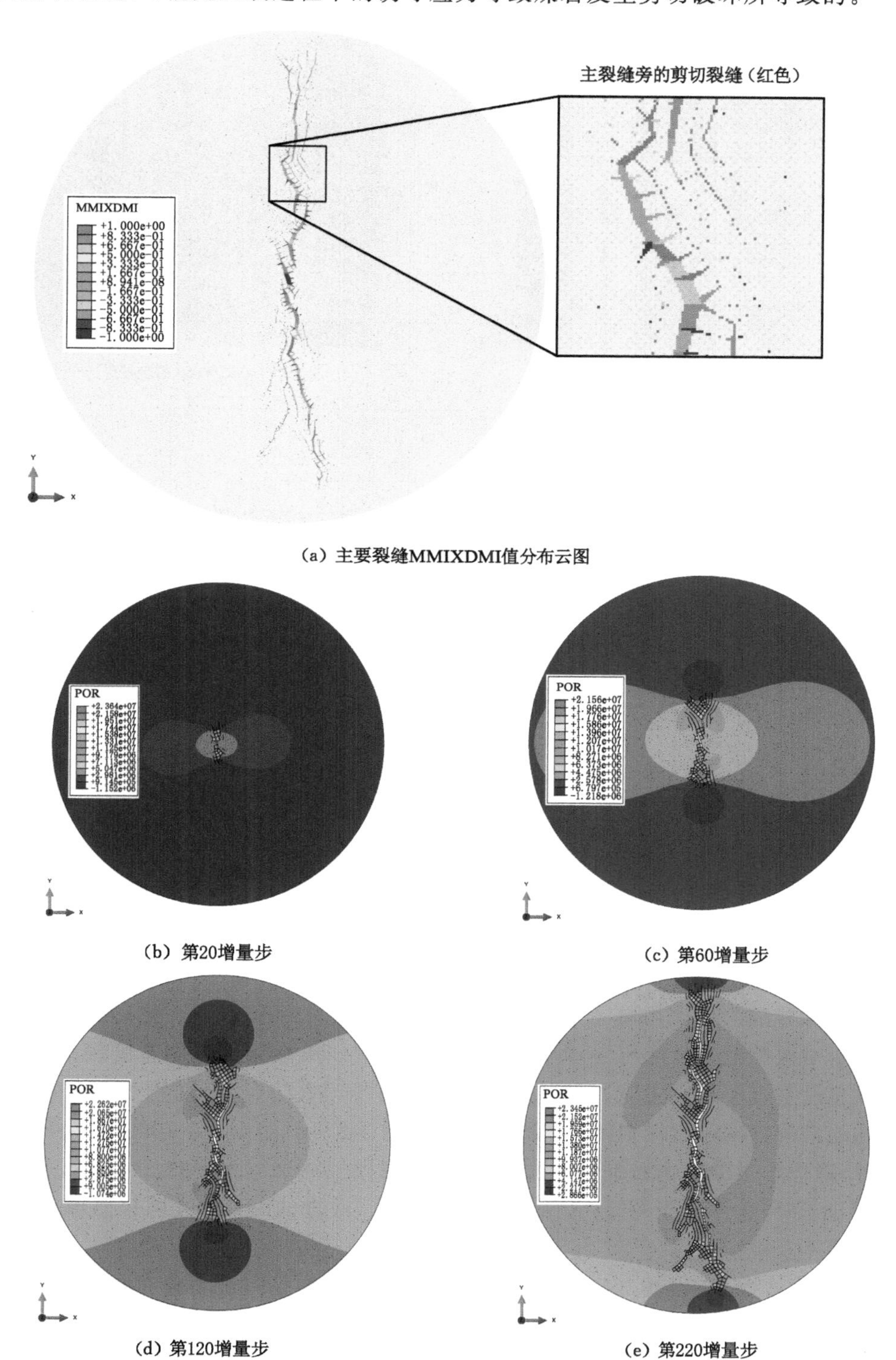

(a) 主要裂缝MMIXDMI值分布云图

(b) 第20增量步　　(c) 第60增量步

(d) 第120增量步　　(e) 第220增量步

图 3-22　案例 B 水力压裂 MMIXDMI、孔隙压力分布云图以及压裂缝网模拟结果

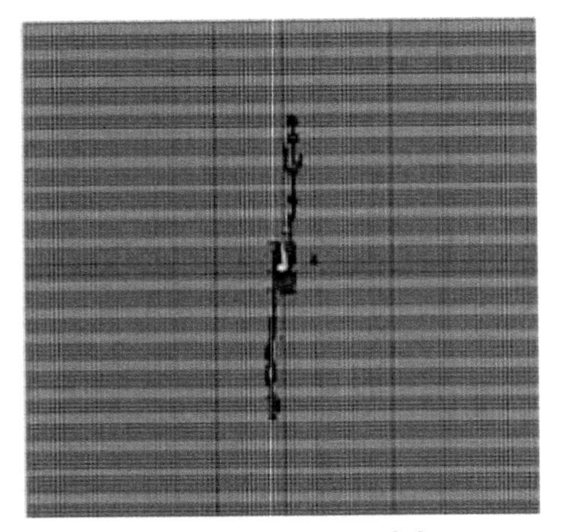

(f) GSI=100（引自蔺海晓[226]）

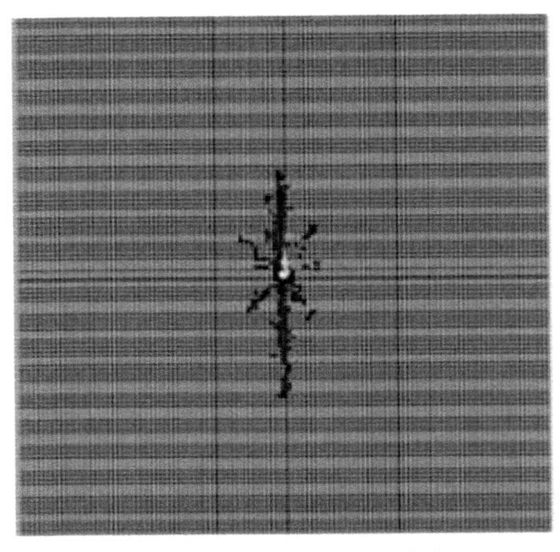

(g) GSI=85（引自蔺海晓[226]）

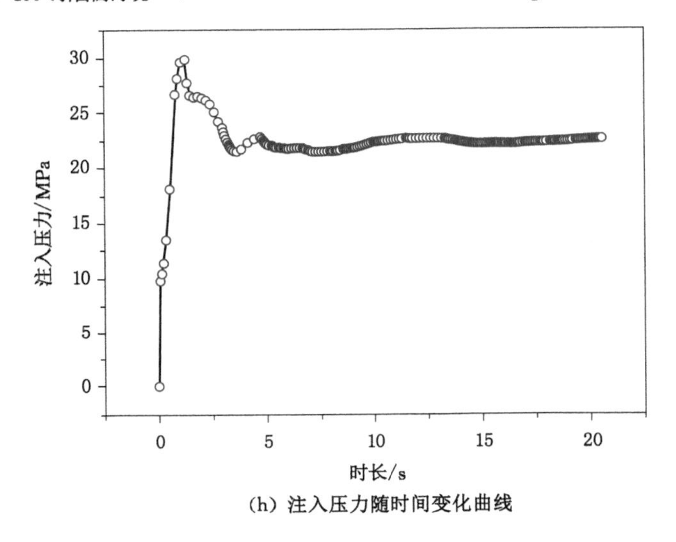

(h) 注入压力随时间变化曲线

图 3-22(续)

图 3-22(b)至图 3-22(e)为压裂过程中裂缝网络的发育状况及孔隙压力分布云图。水力裂缝的选取标准为内聚力单元的损伤因子 D 大于 0.5；当 D 大于 0 时，裂缝即可有流体流入。由于本次模拟为常规压裂，即非变排量压裂，所以所形成的缝网宽度较窄，压裂缝网区域大致也沿垂直于最小主应力方向扩展。图 3-22(f)和图 3-22(g)分别为蔺海晓基于实体单元损伤的常规缝网压裂模拟结果，图 3-22(f)和图 3-22(g)的 GSI＝100、GSI＝85，地层完整性较好，对应本书的案例 B 非裂隙地层压裂，本书模拟结果与图 3-22(f)和图 3-22(g)的缝网形态类似，都为宽度较窄的缝网。通过对比，验证了改进的内聚力孔隙压力单元模拟方法良好的适用性及模拟精度。

此外，由图 3-22(b)至图 3-22(e)还可发现，压裂过程中孔隙压力分布具有一定规律性。① 裂缝前方出现了低孔隙压力区域，这与前方煤体因承受拉伸作用其构型改变有关；② 被水力裂缝包围的煤基质单元出现高孔隙压力，与缝内压力相近[图 3-22(h)为注入压力随时间变化曲线，由图可知初次破裂压力约为 30 MPa，正常压裂期间注入压力约为 22.5 MPa]，大约为 20～30 MPa，说明此单元已完全受裂缝流体压力控制，类似于高压流体中的多孔介质被流体完全穿透。

(3) 天然裂缝剪切验证

图 3-23(a)为案例 C 第 100 增量步时的天然裂缝与水力裂缝 MMIXDMI 重合对照图，其中红色高亮的为天然裂缝网络。显然，图中编号 37322 的内聚力单元既是天然裂缝，又是水力裂缝，其剪切过程中的场变量、正应力(S22)和剪应力(S12)变化如图 3-23(b)所示。由图 3-23(b)可知，在初始损伤前，37322 号内聚力单元可承载的最大剪应力达 14.2 MPa，大于内聚力(9 MPa)，此时单元处于受压状态(S22 为负值表示受压)，场变量 FV 为 17，说明 USDFLD 巴顿模型可成功模拟天然裂缝。第 7 增量步对应剪切初始损伤点，此后，剪应力和正应力逐渐趋于 0，单元损伤破坏，表明压裂液流入此天然裂缝。案例 C 验证了天然裂缝巴顿剪切模型，同时预示着水力压裂过程中，在天然裂缝中存在水力剪切破坏的类型。

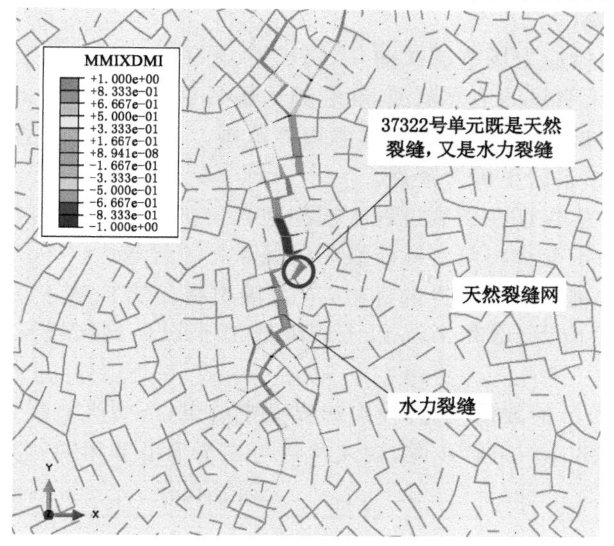

(a) 案例C第100增量步时天然裂缝与水力裂缝MMIXDMI重合对照图

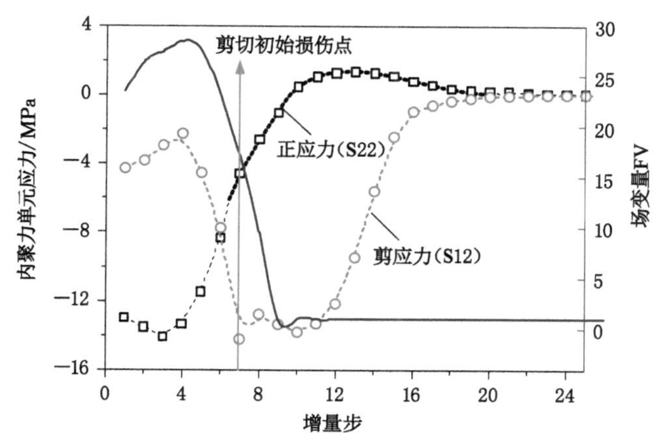

(b) 37322号内聚力单元剪切过程中场变量、正应力(S22)和剪应力(S12)变化规律

图 3-23　案例 C 中天然裂缝的剪切破坏过程

但并不是所有的天然裂缝都将发生剪切破坏。图 3-23(a)所示绿色的单元为拉伸为主的水力裂缝,包含一部分天然裂缝。这与天然裂缝和地应力方向的交角、天然裂缝受力状态、天然裂缝的流体流入情况等有关。

值得注意的是,初始损伤点之后,正应力由压应力转为拉应力,但拉应力峰值超过了其强度(0.005 MPa),这是在数值计算时引入的黏性正则化系数所导致的,相当于给予单元损伤退化这一强烈非线性演化过程一个缓冲,增加了数值上的收敛性,但损伤了一定的精度;本案例中黏性正则化系数取 1e−4,经评估 ALLCD/ALLIE(黏性全局耗散能/全局内能)小于 0.001%,这表明所取的黏性正则化系数对数值精度影响很小。

3.4 水力裂缝应力扰动范围及合理模型边界分析

3.4.1 数值计算模型

水力裂缝会对原始应力场造成扰动,不同长度、开度的裂缝的应力扰动范围不同。实际地层压裂时,因地层无明显的边界范围,在裂缝远场必存在未被扰动的原始应力场。而在实验室试验或数值模拟试验中,模型必须考虑边界范围。确定数值模型边界范围(模型尺寸)至关重要,关系模拟结果的正确合理性。

合理的模型尺寸应保证在压裂过程中模型边界上的位移和应力几乎不改变,仅满足位移不变或仅满足应力不变都将与实际压裂中远场条件差异较大。本研究中将边界应力变化在±10%范围内作为确定模型边界的标准,应力场中将 x 方向和 y 方向应力(即原始最小主应力和原始最大主应力)增高 10%以上或降低 10%以上的区域视为水力裂缝应力扰动范围。

建立如图 3-24 所示的数值模型,模型边界固定约束;压裂区直径 r_f 与模型边长 R_m 比值为 1∶6,分别为 1 m、6 m。求解步骤、输入参数与 3.3.7 小节相同,监测压裂过程中水力裂

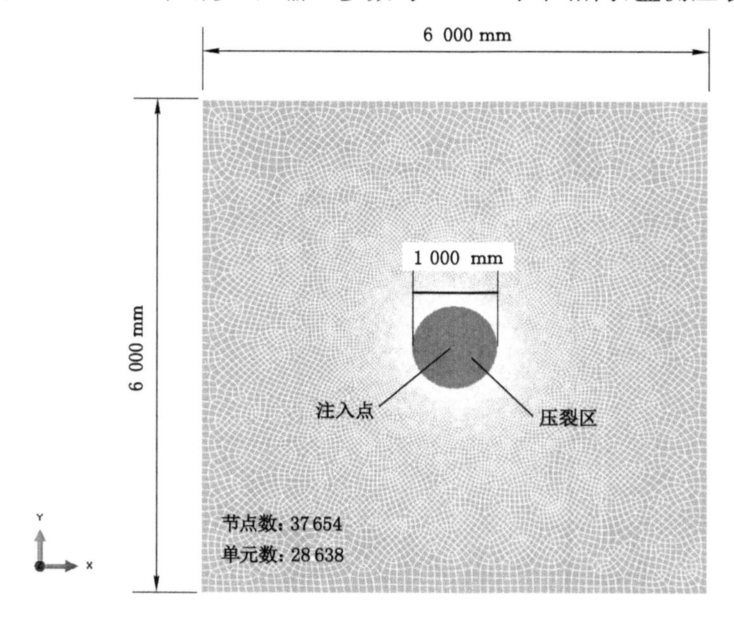

图 3-24　用于分析水力压裂模型合理边界的数值模型

缝长度与应力场的关系。为清晰表示水力裂缝扩展过程中的应力扰动范围，以原始最小主应力的 1.2 倍和 0.8 倍为应力云图边界绘制应力云图，高于 1.2 倍的区域为黑色，低于 0.8 倍的区域为灰色。

3.4.2　水力裂缝扰动应力分布特征及模型合理边界确定

图 3-25 为裂缝扩展过程中的 x 方向应力分布图，图 3-26 为模型左侧边界应力分布曲线及边界中点应力随裂缝长度变化曲线，$k_{h\text{-}m}$ 为主水力裂缝长度与模型边长的比值。由图 3-25 可知，应力扰动范围随裂缝扩展而不断增大；裂缝两侧为压应力增高区，宏观上呈椭

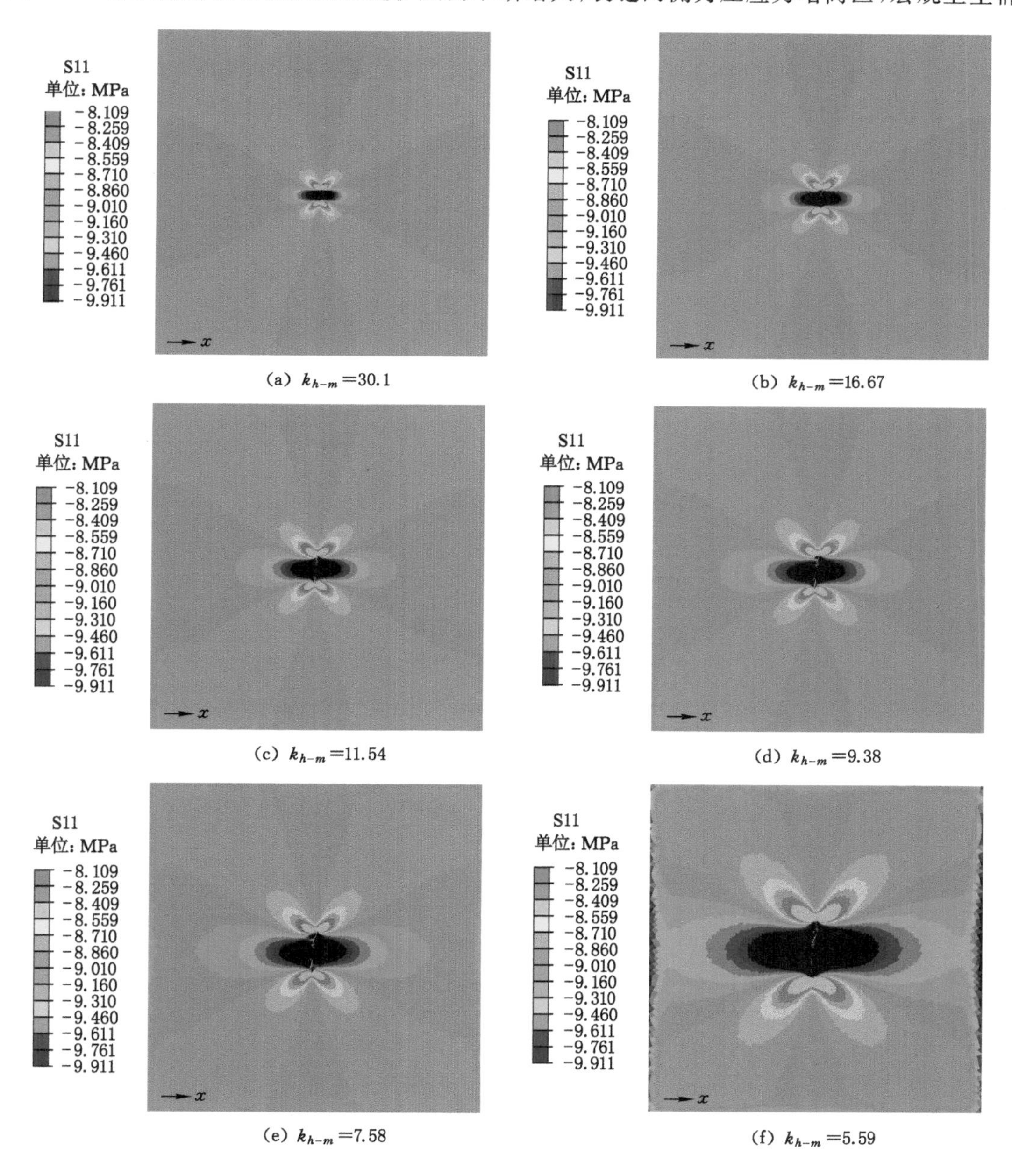

图 3-25　扰动应力场随水力裂缝扩展变化规律数值模拟结果

圆形分布;裂缝前方为压应力降低区或拉应力区,呈蝶形分布。随着裂缝不断延伸,模型边界受力逐渐增大,由图 3-26(a)可知,模型左侧边界 x 方向应力分布呈 W 形的非均匀状,边界中间应力较高。随着水力裂缝逐渐扩展,边界 x 方向应力逐渐增加。当 $k_{h\text{-}m}=5.59$ 时模型左右两侧边界的中部受力接近 9.911 MPa,约为初始最小水平主应力的 1.1 倍,这说明此裂缝长度已对模型边界有明显扰动作用。由图 3-26(b)可知,左右两侧边界中点的 x 方向应力和上下边界中点的 y 方向应力都随水力裂缝扩展而增加,这说明水力裂缝越长,对模型边界的影响越大,从而使模型边界应力增加。若水力裂缝长度与模型边长比值超过 5.59,则应力场受边界效应影响更加明显,对计算结果的干扰作用显著增强,与实际压裂情况不符。现场水力压裂直接在地层中改变了位移场,主裂缝宽度甚至可达厘米级,此宽度对地层应力的扰动作用极强。由此可见,水力压裂模型的边界效应将对模拟结果产生重要影响,不可忽略。基于上述分析,本研究确定模型边长与模拟压裂区域直径的比值不应小于 5.59。关

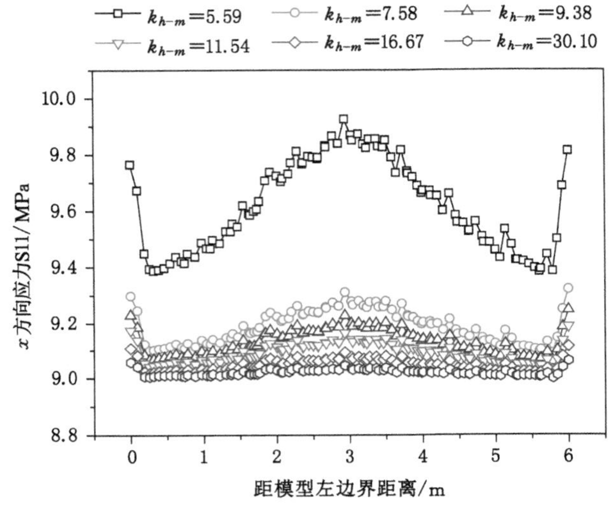

(a) 随水力裂缝扩展模型左侧边界的 x 方向应力分布曲线

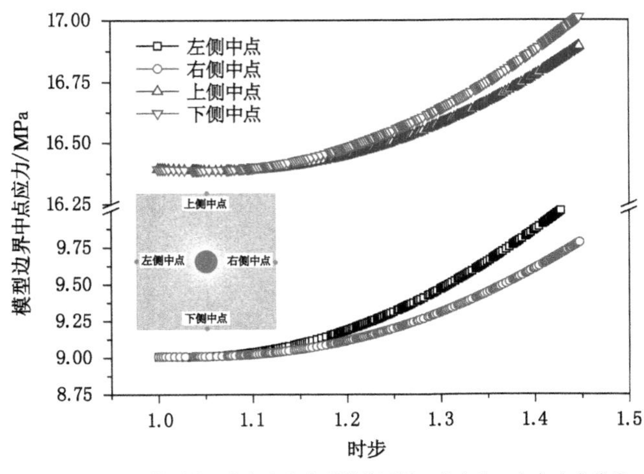

(b) 模型边界中点随水力裂缝扩展的 x 方向和 y 方向应力曲线

图 3-26 数值模型边界应力随水力裂缝扩展变化规律

于变排量压裂工艺条件下的水力裂缝扰动应力场的幅值和方向的详细分析见第5章。

3.4.3 多缝压裂的模型边界效应讨论

水力压裂现场微震监测表明，煤岩体发生破裂产生的声信号范围在空间上多呈团状或带状分布，且分布范围较大，为体积多缝压裂。但在实验室中进行真三轴水力压裂时，只能压开一条裂缝，或只能干扰到少数的结构面，难以再现体积压裂现象。这与实验室试验的加载方式、模型尺寸以及煤岩材料断裂属性有关。

实验室中多采用伺服应力加载，即压裂过程中，保持模型边界的应力不变；若要保持应力条件不变，则边界位移必定会发生变化。对于完整性较好的煤岩试样，主应力方向对水力裂缝方向的控制作用极强，而伺服应力加载恰恰没有体现出水力裂缝扰动应力场的作用；显然难以观察到裂缝转向或多缝开启的现象。

因受到加载压力的限制，实验室压裂试验中煤岩样尺寸大多小于500 mm，难以提供有效的远场力及远场位移边界。若要使加载试验结果正确，模型尺寸与水力裂缝长度比例最好不小于5.59；此条件下，500 mm试样中能观察到的有效裂缝长度约为89.4 mm。有效裂缝长度过短，发生分叉、转向等力学行为则可能显著受到煤岩细观结构的控制，对裂缝的监测精度要求较高，与现场宏观多缝的形成可能差异较大。

现场裂隙地层压裂多产生脆性裂缝，高压压裂作用下裂缝扩展速率较快，惯性不可忽略，应力波作用下裂缝不稳定扩展，从而易于形成分叉裂缝。实验室试验中，若基于相似试验模拟多缝压裂，不能忽略裂隙煤岩的动态断裂力学参数的相似性，如裂纹传播速率等；否则可能不易在实验室尺度下观察到体积压裂或多缝压裂现象。

3.5 非连续天然裂隙网络建模

由2.2—2.4节分析可知，变形（如滑移方向）及强度特性由结构面特征（强度、产状、粗糙度、充填物等）主控的煤岩体，往往不宜被视为均质体；对于此类煤岩体，应着重分析其天然裂隙网络特征对压裂裂缝形态的控制作用。非连续天然裂隙网络建模是裂隙煤岩水力压裂数值计算中的关键环节，其难点在于裂缝网络方向性、非连续性的几何数值表征。

3.5.1 非连续共轭节理数值建模

假设煤层中存在一组共轭节理，节理面强度随节理面延伸一般非均匀分布。在早期构造形成后，在地下水迁移、煤体蠕变以及断裂面分子间相互作用后，后期共轭节理中部分节理面可能被矿物充填或者重新胶结形成弱面，其在宏观上呈现非连续性、强度随机非均匀性。

可采用两种方法对非连续共轭节理建模：一是基于ABAQUS/CAE、Excel、Notepad++3个软件进行建模；二是直接用Python进行二次开发建模。两种方法的建模思路类似。为便于理解和推广建模方法，本书介绍第一种方法（图3-27），具体如下。

（1）在ABAQUS/CAE中使用Sketch模块建立含共轭节理的几何模型，划分网格后，在压裂区嵌入内聚力孔隙压力单元并合并孔隙压力节点，同时将共轭节理映射的内聚力孔隙压力单元建立单元集合Set-joint，将模型保存为inp.文本文件。

（2）用Notepad++打开inp.文本文件，读取所有Set-joint中的内聚力单元编号。在inp.文本中，集合Set-joint中的单元以下列格式存储：

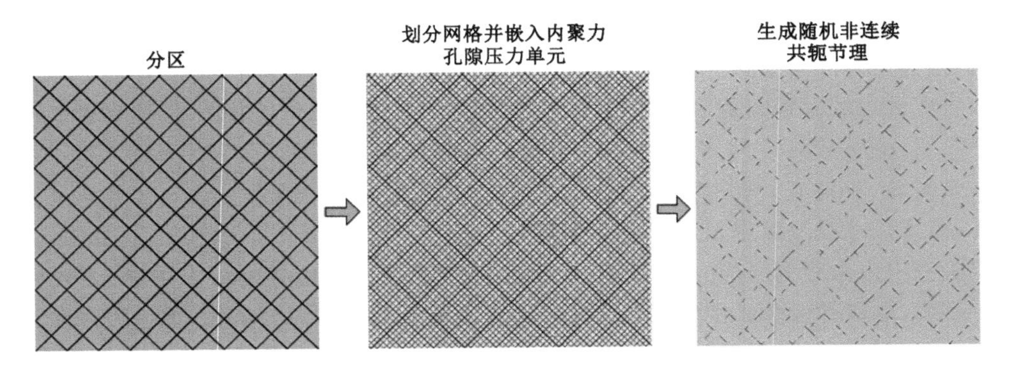

图 3-27 非连续共轭节理建模过程示意

```
* Elset,elset=Set-joint
** LF 在 Windows 系统中为换行符,即\n;下列数据行为单元编号
417754,417756,417758,417762,417770LF
417820,417824,417828,417834,417836LF
……
417884,417888,417892,417898,417900LF
```

不难发现,单元编号被逗号隔开,各行单元被换行符隔开。采用替换功能,将逗号全部替换为换行符,即每行只有 1 个单元号。

(3) 将上述每行只有 1 个单元号的文本复制到 Excel 第 A 列中,并在 B 列中运用随机数函数生成介于 0～1 的随机数,随机数函数为=rand()。然后以“扩展选定区域”的方式对 B 列进行升序排列,此时,A 列也同样跟随 B 列排序,A 列变成了无序的随机数组。在 A 列中,以一定比例选择单元号,这些单元为非连续的天然裂缝。

(4) 将随机选择的单元号复制到 txt 文本中并用 Notepad++打开,观察到每行结尾为“CR LF”(CR 为 Windows 系统中的回车符),将“CR LF”替换为逗号,并删除最后一个逗号。

(5) 在 ABAQUS/CAE 中打开步骤(1)中建好的模型,采用“Display group”功能创建一个新的显示组。以“Element labels”方式,将步骤(4)中的随机单元数组复制到 Display group 窗口中,并选择单独显示。此时 CAE 窗口中单独显示了非连续的天然裂隙网络,并将它们建立集合 Set-discontinuous_joint。非连续共轭节理创建完毕。

建立非连续层理、非连续随机裂缝网络可参考上述方法;建立非均匀强度非连续共轭节理亦可参考此方法,只需建立多个内聚力单元无序子集,然后分别赋不同材料属性即可。上述建模步骤较为复杂但思路简洁;ABAQUS 提供了 Python 二次开发接口,利用 Python 脚本建模可极大地提高建模效率。Python 可直接生成随机共轭节理,并随机分组和赋材料属性,本书中的非连续模型均采用 Python 直接生成。

3.5.2 正交割理系统数值建模

正交割理系统由相互正交的面割理和端割理组成,其中面割理延伸性良好,端割理发育多终止于面割理且呈非连续特征,如图 3-28(引自 Sampath 等[13])所示。

正交割理系统建模方法如下。

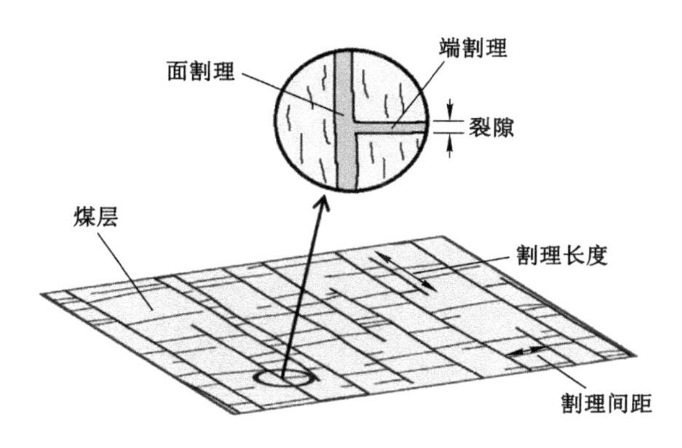

图 3-28 正交割理系统示意(引自 Sampath 等[13])

(1) 在 ABAQUS/CAE 的 Sketch 模块中直接或采用 Python 脚本语言建立平行但间距不等的面割理线和端割理线,端割理线连接相邻的面割理。然后将模型划分网格并全局嵌入内聚力孔隙压力单元,嵌入单元的算法选用中性轴算法。

(2) 将面割理所映射的内聚力孔隙压力单元建立集合 Set-face_cleat,其余内聚力单元建立名为 Set-original_butt_cleat 的集合。

(3) 运用 3.5.1 小节中创建非连续裂隙的方法,建立非连续非均匀分布的端割理,正交割理系统建立完毕,如图 3-29 所示。

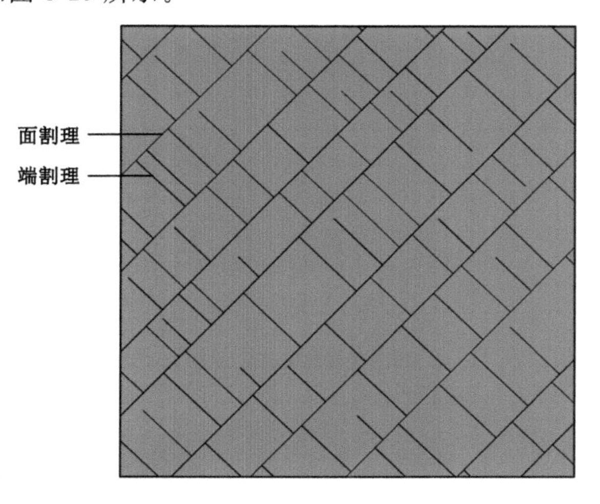

图 3-29 正交割理系统数值模型

3.5.3 Voronoi 裂隙网络数值建模

裂隙煤岩中存在类似于 Voronoi 网络的裂隙,如图 3-30 所示(引自苏现波等[250])的被方解石充填的网状割理。这一煤岩结构与基质收缩有关,各点收缩力所影响的范围最终演化为类似 Voronoi 的网络,这与 Voronoi 网络的内涵类似:各点所影响的区域在空间内紧密排列。Voronoi 网络已被广泛用于岩体力学行为数值模拟中,如 Gao[274] 采用 Voronoi 网格划分策略模拟了煤岩试样单轴加载试验、巴西劈裂试验、巷道围岩变形破坏等[图 3-31(a)和图 3-31(b)],Zhao 等[98] 基于 Voronoi 网格划分策略模拟分析了岩体水力裂缝扩展规律

[图 3-31(c)]。Voronoi 网络的生成策略为：在平面(或空间)内先生成离散的点，并作任意相邻点连线的垂直平分线(面)，由垂直平分线(面)所围成的多边形(多面体)为 Voronoi 多边形(多面体)。构成所有 Voronoi 多边形(多面体)的垂直平分线(面)为 Voronoi 网络。

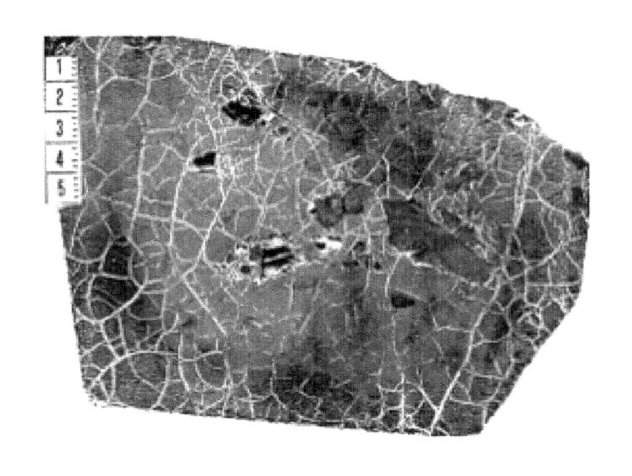

图 3-30 被方解石充填的网状割理系统(引自苏现波等[250])

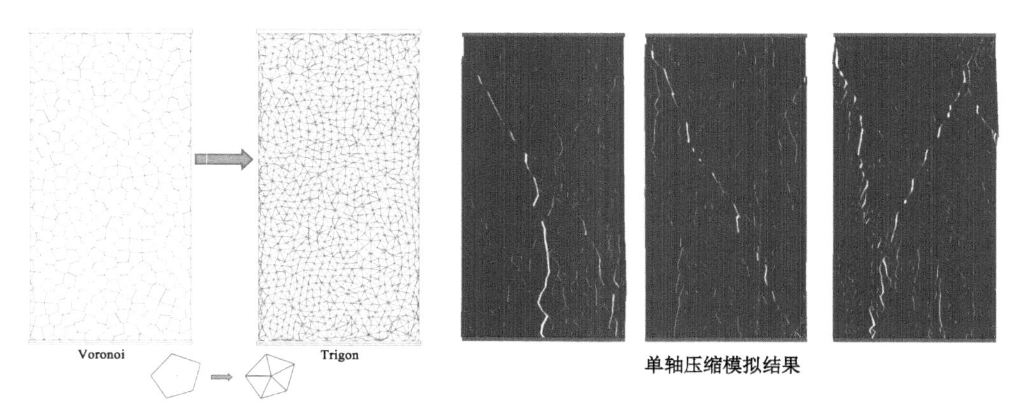

(a) 煤岩试样单轴加载试验(引自Gao[274])

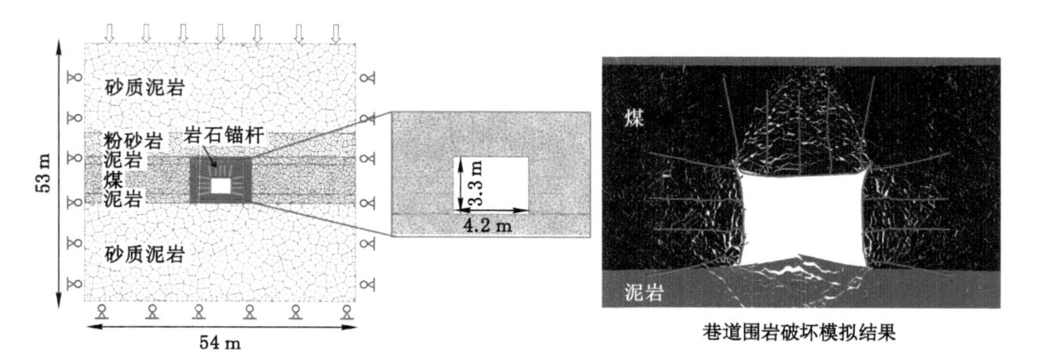

(b) 巷道围岩变形破坏试验(引自Gao[274])

图 3-31 基于 Voronoi 多边形网格划分策略的煤岩破坏数值模拟案例

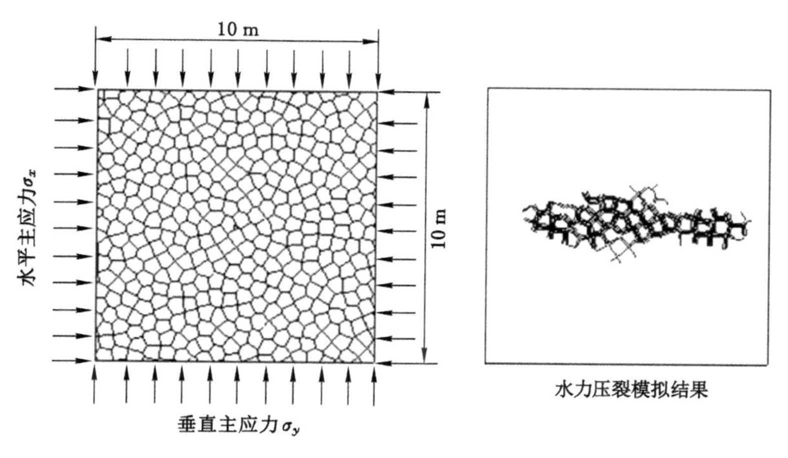

(c) Voronoi网络中水力裂缝扩展试验(引自Zhao等[98])

图 3-31(续)

2D Voronoi 网络的对偶图形为三角网格,建模具体如下:

(1) 采用 ABAQUS/CAE 生成稀疏的三角网格,为使后面生成的 Voronoi 网络较均匀,控制节点在矩形域 Ω_V 内的最小距离为 $d_{\min}$,即

$$\begin{cases}\sqrt{(x_1-x_2)^2+(y_1-y_2)^2}\geqslant d_{\min}\\(x_1,y_1)\in\Omega_V,(x_2,y_2)\in\Omega_V\\\Omega_V=\{(x,y)\mid a_1\leqslant x\leqslant a_2,b_1\leqslant y\leqslant b_2\}\end{cases}\tag{3-71}$$

式中　(x_1,y_1),(x_2,y_2)——矩形域 Ω_V 内任意两点坐标;

$[a_1,a_2]$——矩形域 Ω_V 的 x 方向范围;

$[b_1,b_2]$——矩形域 Ω_V 的 y 方向范围。

(2) 根据 inp. 文本中的节点坐标和单元组装(参考 3.1.2 小节),所有三角形单元的边信息已识别,然后作这些边的垂直平分线。对于任意边 AB,其两定点坐标为(x_a,y_a)、(x_b,y_b),则 AB 的法向量 $\boldsymbol{n}_{AB}$ 和中点 M_{AB} 分别为:

$$\begin{cases}\boldsymbol{n}_{AB}=(y_a-y_b,x_b-x_a)\\M_{AB}=\left(\dfrac{x_a+x_b}{2},\dfrac{y_a+y_b}{2}\right)\end{cases}\tag{3-72}$$

使法向量和中点的变量名与相应的边的序号保持一致,边的序号采用二维数组表示,即采用两节点编号表示。例如,若某条边的两节点号为 n_a、n_b,边以及其法向量和中点的序号都为(n_a,n_b)。

(3) 利用垂直平分线求出三角形单元的外心坐标。

(4) 假设节点 P_V 被 m 个三角形单元共用,对于这 m 个三角形单元中任意共边相邻的两个三角形单元,依次分别连接外心,组成以点 P_V 为中心点的 Voronoi 多边形。

(5) 重复步骤(4),直至遍历所有节点,形成 Voronoi 网络并划分网格,如图 3-32 所示。上述 Voronoi 建模过程采用 Python 脚本语言二次开发实现。

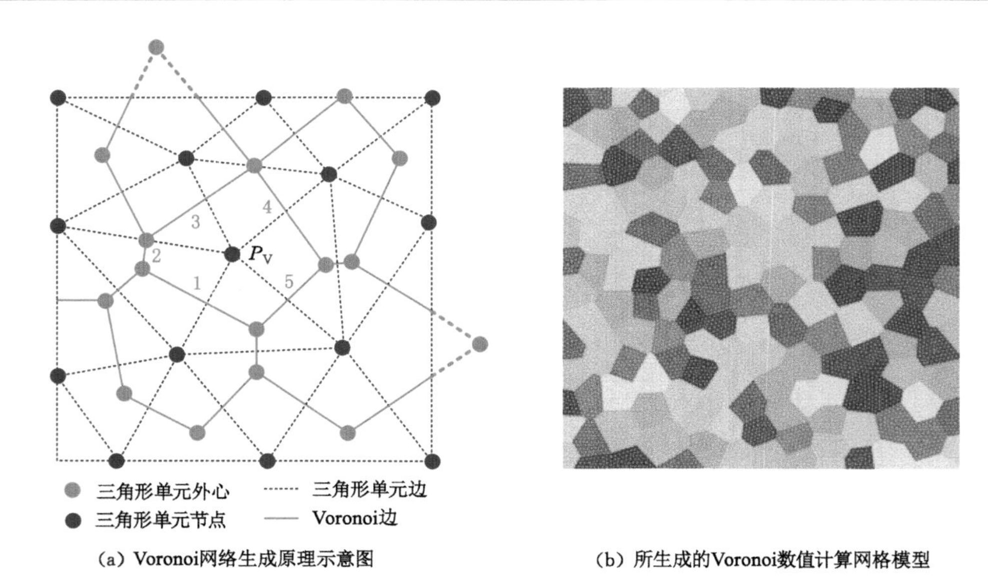

(a) Voronoi网络生成原理示意图　　(b) 所生成的Voronoi数值计算网格模型

图 3-32　Voronoi 裂隙网络及其建模方法

4　裂隙煤岩多级水力裂缝形成过程数值模拟

基于第3章的建模方法、模拟方法以及本构模型子程序，本章对裂隙煤岩多级水力裂缝形成过程进行数值模拟试验，分析在层理、共轭节理网、割理网络中水力裂缝的扩展形态和断裂机理，并分析注液排量与原始地应力场对水力裂缝形态的控制作用，为进一步研究水力压裂诱导应力场分布状况及多级裂缝分叉机理提供分析基础。

4.1　层理对水力裂缝扩展特征的影响

4.1.1　试验方案

将层理倾角、层理粗糙度、应力场大小作为单因素控制变量，其中层理倾角（层理与 x 水平方向锐角夹角）分别设置为0°、30°、60°；层理粗糙度JRC值分别设置为5、10、15、20；应力场（σ_x，σ_y）设置6组，分别为(5 MPa，7.5 MPa)、(5 MPa，10 MPa)、(5 MPa，12.5 MPa)、(5 MPa，15 MPa)、(10 MPa，15 MPa)、(15 MPa，20 MPa)；注液排量以变排量形式加载，变排量波形加载形式引自文献[226]，排量峰值设置为0.003 m^3/s。共进行13组试验，具体试验方案见表4-1。

表4-1　层理煤岩压裂数值试验方案

方案编号	变量	层理倾角/(°)	层理粗糙度	应力场大小/MPa	注液排量峰值/(m^3/s)
NB-A-1	层理倾角	0	20	(5,10)	0.003
NB-A-2		30	20	(5,10)	0.003
NB-A-3		60	20	(5,10)	0.003
NB-R-1	层理粗糙度	30	5	(3,10)	0.003
NB-R-2		30	10	(3,10)	0.003
NB-R-3		30	15	(3,10)	0.003
NB-R-4		30	20	(3,10)	0.003
NB-S-1	应力场大小	30	20	(5,7.5)	0.003
NB-S-2		30	20	(5,10)	0.003
NB-S-3		30	20	(5,12.5)	0.003
NB-S-4		30	20	(5,15)	0.003
NB-S-5		30	20	(10,15)	0.003
NB-S-6		30	20	(15,20)	0.003

4.1.2 数值计算模型

数值计算模型如图 4-1 所示，压裂区半径为 2.5 m，整个模型半径为 15 m，即两半径之比为 1∶6。模型共划分 60 141 个单元，其中包含 35 285 个 CPE4P 单元、24 856 个 COH2D4P 单元。模型边界节点自由度采用固支约束，即约束 x 方向和 y 方向自由度，xy 平面内的转动自由度不被约束。模型物理力学参数如表 4-2 所示。

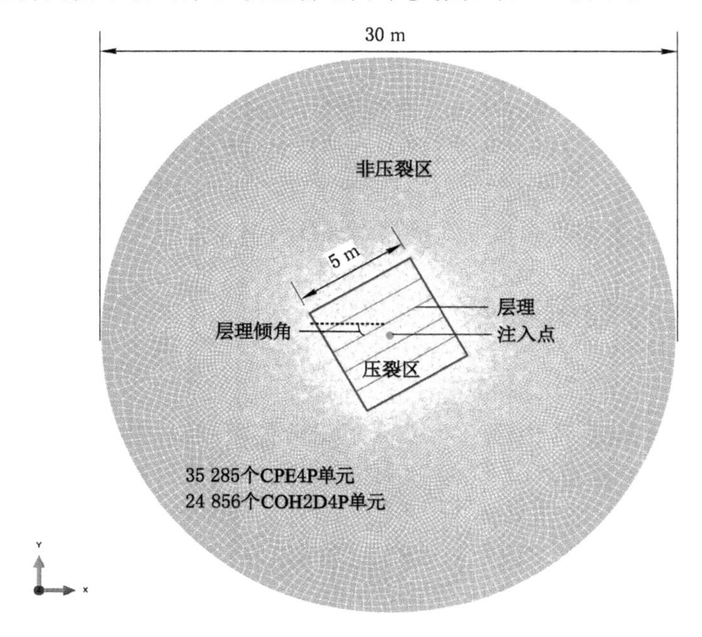

图 4-1 层理煤岩压裂数值模型

表 4-2 层理煤岩压裂数值模型物理力学参数

对象	参数	值	单位
煤基质	弹性模量	13	GPa
	泊松比	0.23	无量纲
	初始孔隙率	0.055 4	无量纲
	初始渗透率	0.052 1	10^{-3} mm^2
	内摩擦角	27	°
	内聚力	9	MPa
	抗拉强度	1.13	MPa
	密度	1 400	kg/m^3
	Ⅰ型断裂韧度	0.2	$MPa\cdot m^{1/2}$
	Ⅱ型断裂韧度	0.63	$MPa\cdot m^{1/2}$
天然裂隙	抗拉强度	0.005	MPa
	裂隙面抗压强度	14.67	MPa
	裂隙面粗糙度	5、10、15、20	无量纲

表 4-2(续)

对象	参数	值	单位
压裂液	密度	1 000	kg/m^3
	黏度	0.005	Pa·s
	初始滤失因子(对煤)	5e−14	m/(Pa·s)

4.1.3 层理倾角对水力裂缝扩展的影响

图 4-2 至图 4-4 为不同层理倾角下的水力裂缝扩展形态及注入压力模拟结果。图(a)至(d)为水力缝网扩展演化过程，其中蓝线表示剪切成因为主的水力裂缝，红线表示张拉成因为主的水力裂缝；白线表示层理；剪切和张拉的分类点为 MMIXDMI＝0.5(MMIXDMI 的含义参考表 3-1)。图(e)和(f)分别为 x 方向应力 S11 分布以及孔隙压力分布云图，其中 S11 为正值时表示受拉，为负值时表示受压；图中裂缝宽度放大了 50 倍，以便清晰展示主裂缝形态。

对比图 4-2 至图 4-4 可知，层理倾角对水力裂缝的扩展形态和规律有较大影响。压裂前期，水力裂缝在压裂液注入点附近易形成复杂缝网结构，这是由于前期压裂液注入流量陡增而地层中可容纳流体的裂隙体积不足。此外，压裂前期在水力裂缝未遇到层理之前，3 种层理倾角条件下都出现了剪切成因为主的水力裂缝(图中蓝色裂缝)；压裂初期流量陡增引起裂隙流体压力急剧增大，对原始煤岩体应力场造成强扰动，造成局部煤岩体达到其剪切破坏条件。由此可见，水力裂缝不仅包括压裂液流入而造成破坏的裂缝，也包括因水力扰动而发生剪切破坏但压裂液未到达的裂缝。上述现象也预示着大排量压裂不仅可能有较好的造缝能力，而且有在煤岩中形成剪切裂缝的能力。排量的大小是相对地层裂隙体积而言的。

通过对比可知，在(5 MPa，10 MPa)应力场、层理粗糙度 JRC＝20、压裂液排量峰值为 0.003 m^3/s 的条件下，层理倾角为 0°和 30°时水力裂缝均穿过层理且主裂缝近似朝向远场最大主应力方向(即 y 方向)扩展，并在层理处形成水力剪切的分支裂缝结构；而层理倾角为 60°时，水力裂缝却未能穿过层理，压裂范围被限制在两相邻层理之内的煤层中，主裂缝大致沿层理方向扩展，这说明此条件下的层理方向对裂缝扩展方向的控制作用已强于地应力和层理粗糙度。

观察层理分支裂缝结构可知，当层理倾角为 0°时，形成层理两翼分支裂缝结构，但水力剪切裂缝沿层理扩展长度较短，推测这与地应力、层理粗糙度(即层理强度)有关。当层理倾角为 30°时，形成单翼分支裂缝结构，与主裂缝扩展方向呈锐角一侧的层理发生剪切破坏，长度可超过 1.8 m，显著长于层理倾角为 0°条件下的层理破坏长度。

此外，水力裂缝扩展呈注入点两侧的非对称性，注入点两侧的裂缝长度不一致，易于在注入点的一侧形成优势裂缝，如图 4-2(d)及图 4-3(d)所示。从压裂扰动范围来看，层理倾角为 30°时的缝网范围最大，裂缝总长度达约 75 m，压裂缝网宽度超过 2 m。

根据 x 方向应力(S11)分布云图可知，在层理倾角为 0°条件下，在主裂缝的两侧形成了似椭圆的压应力集中区；而在层理倾角为 30°条件下，主裂缝的两侧未能形成区域性的压应力集中区，仅在层理和主裂缝交汇处附近局部小范围区域存在压应力集中现象，未能形成压应力集中可能是由于层理剪切滑移破坏导致应力释放；在层理倾角为 60°条件下，形成了 X 形的压应力集中带，其中一翼沿主裂缝两侧分布，另一翼大致垂直于层理且呈逐渐旋转状分

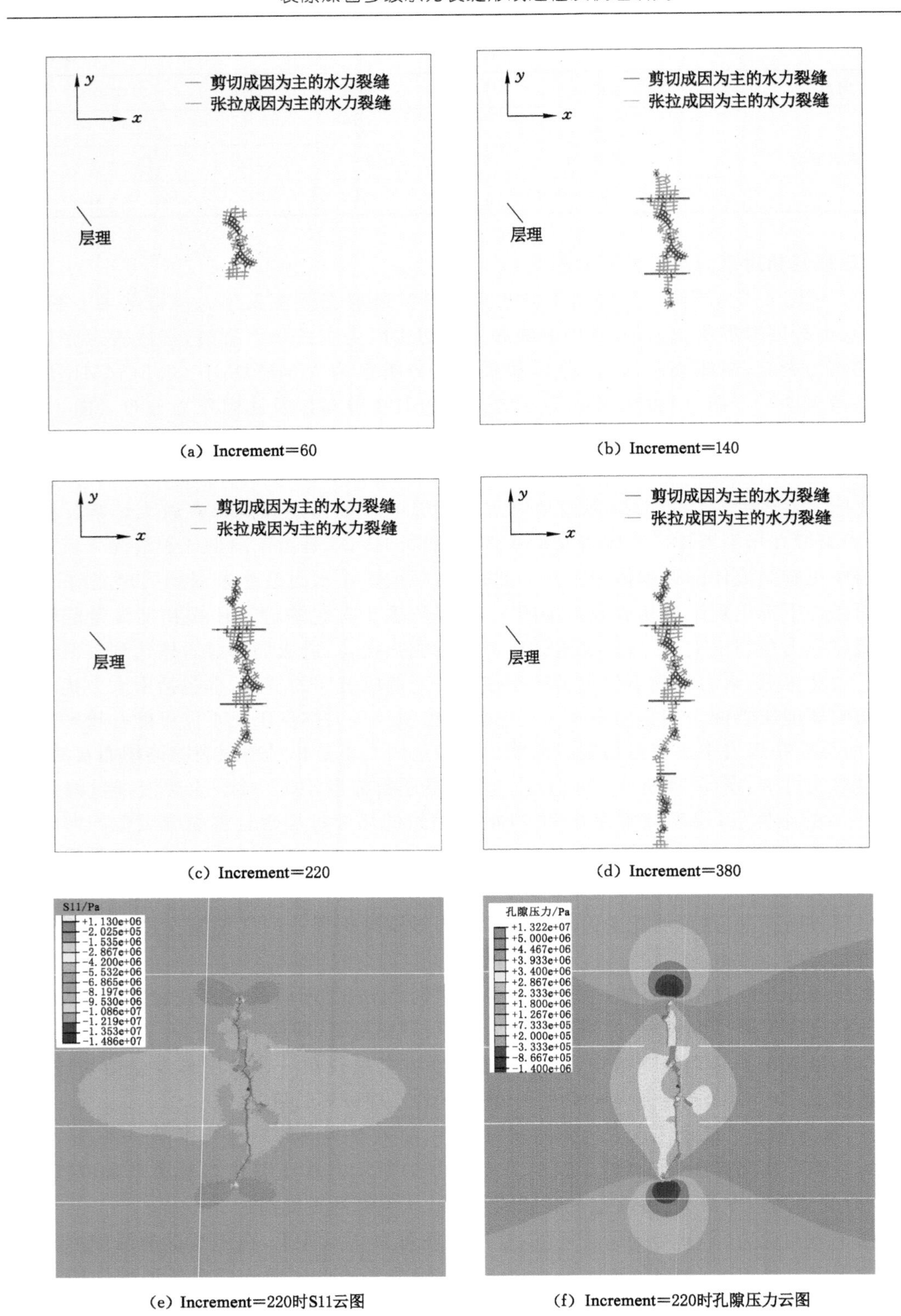

(a) Increment=60 (b) Increment=140

(c) Increment=220 (d) Increment=380

(e) Increment=220时S11云图 (f) Increment=220时孔隙压力云图

图 4-2 层理倾角为 0°的水力裂缝扩展模拟结果

(Increment 含义为增量步,Increment=60 即第 60 增量步,下同)

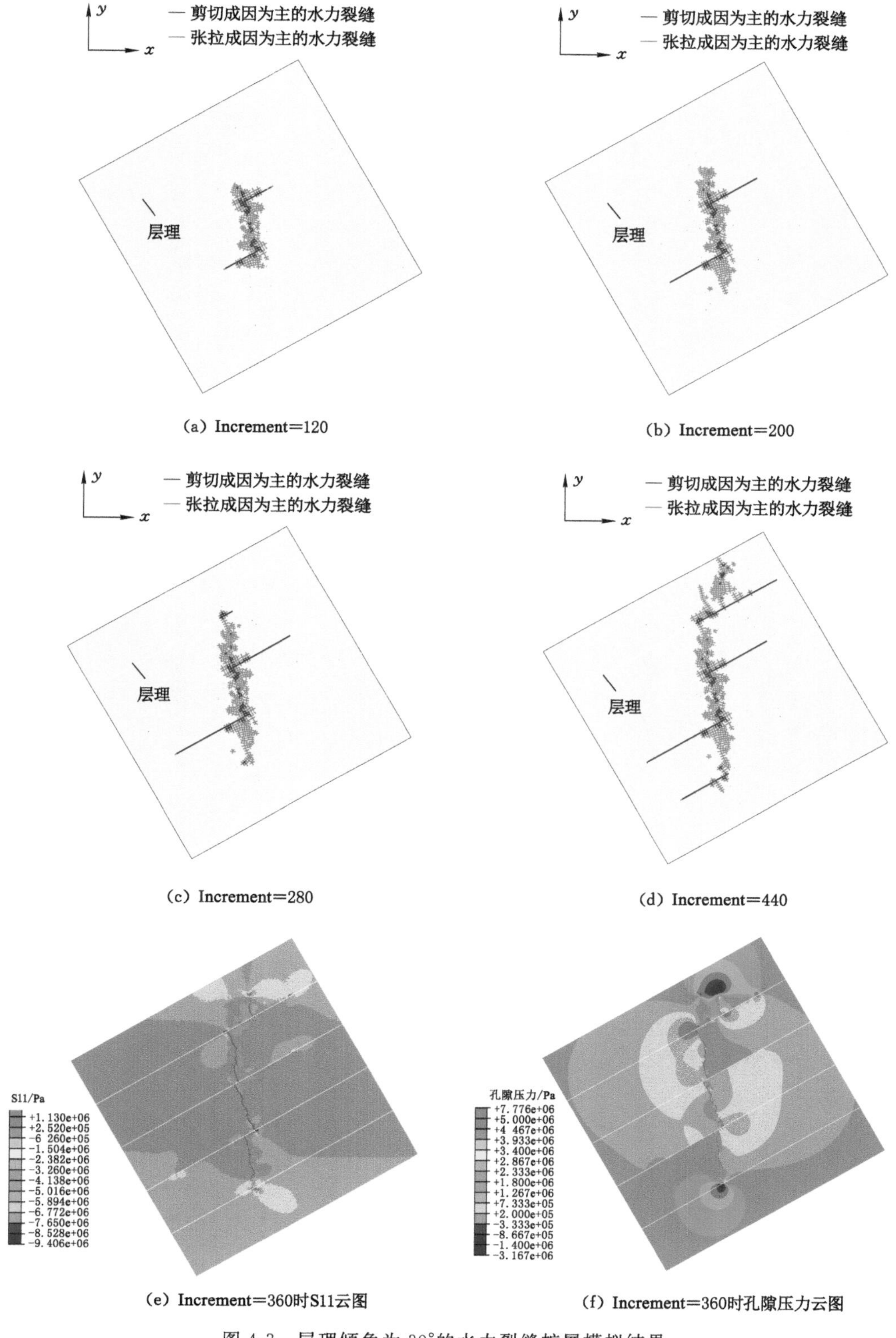

(a) Increment=120

(b) Increment=200

(c) Increment=280

(d) Increment=440

(e) Increment=360时S11云图

(f) Increment=360时孔隙压力云图

图 4-3 层理倾角为 30°的水力裂缝扩展模拟结果

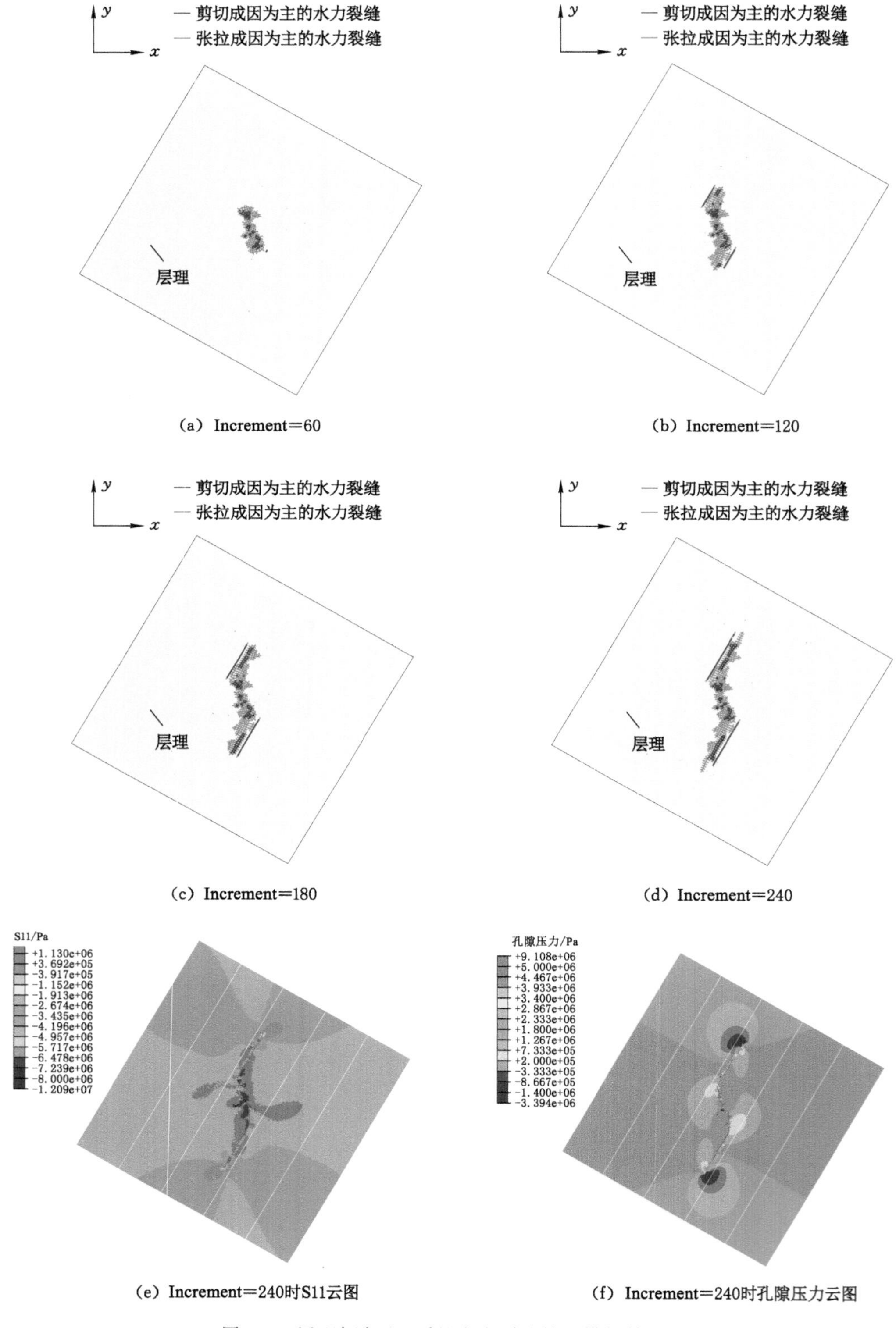

图 4-4　层理倾角为 60°的水力裂缝扩展模拟结果

布。总之，层理角度对水力裂缝诱导应力场的影响较大，值得进一步深入研究。

对比 3 个案例的孔隙压力分布云图可知，在主裂缝前方一定范围内形成了低孔隙压力区，而在主裂缝两侧形成了高孔隙压力区。这也表明，通过低孔隙压力区的位置可判断出主裂缝的发育方向，而分支裂缝前方一般不具有明显的低孔隙压力区。形成低孔隙压力的原因与裂缝前方所受拉应力卸压有关[见图 4-2(e)、图 4-3(e)、图 4-4(e)]。

根据图 4-2 至图 4-4 可得张拉成因为主的和剪切成因为主的水力裂缝比例，如图 4-5 所示。由图 4-5 可知，层理倾角为 0°、30°、60°条件下的剪切成因为主的裂缝所占比例分别为 26.3%～27.1%、6.6%～17.9%、21.3%～27.8%，剪切成因为主的水力裂缝所占比例似乎与层理倾角无明显相关性。在只存在层理的地层中，张拉成因为主的水力裂缝占比高于剪切成因的，这与所建数值模型中天然裂缝较少有关。

图 4-6 为压裂期间的注入压力变化曲线，本试验采取变排量注入压裂方式，故将注入压力与注入排量曲线进行了对比。由图 4-6 可知，0°、30°、60°层理倾角条件下的初次破裂压力分别为 28.57 MPa、28.69 MPa、28.34 MPa，三者较为接近，初次破裂压力与层理倾角关

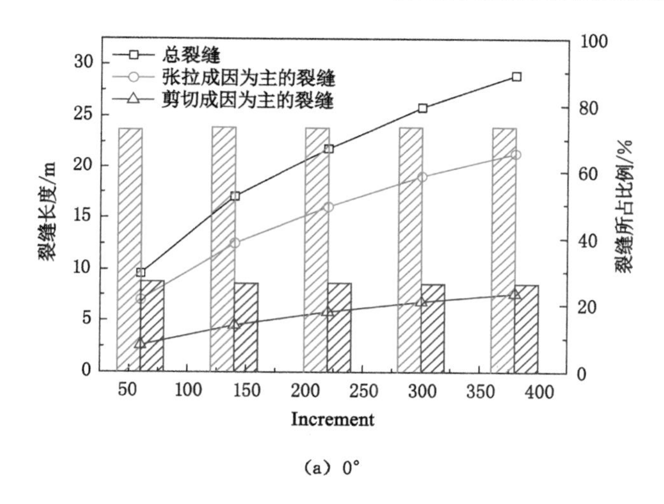

(a) 0°

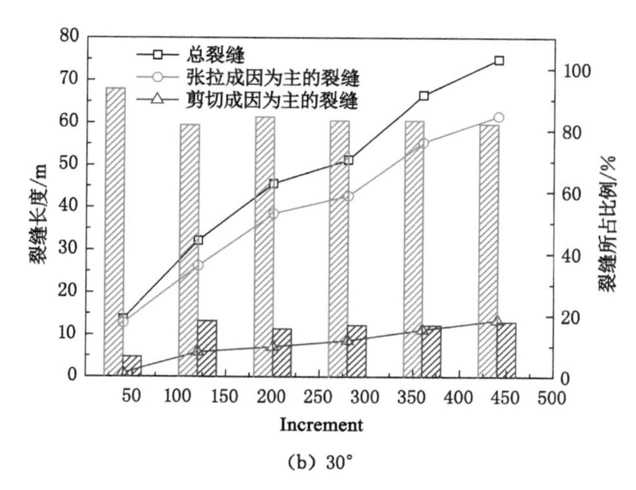

(b) 30°

图 4-5　不同层理倾角条件下张拉和剪切成因为主的水力裂缝所占比例变化规律

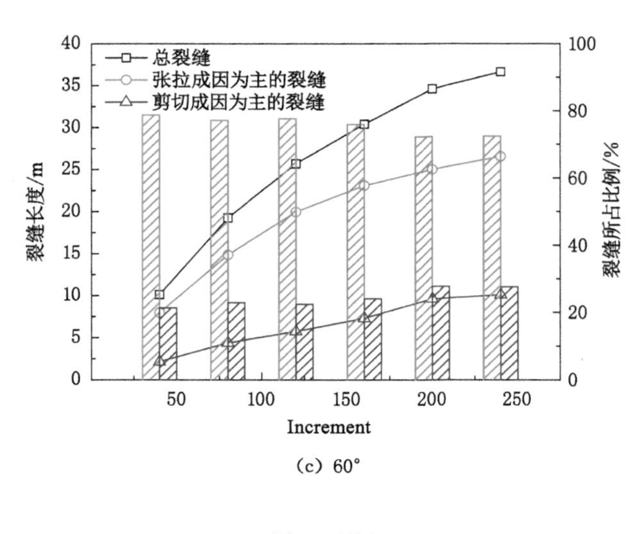

(c) 60°

图 4-5(续)

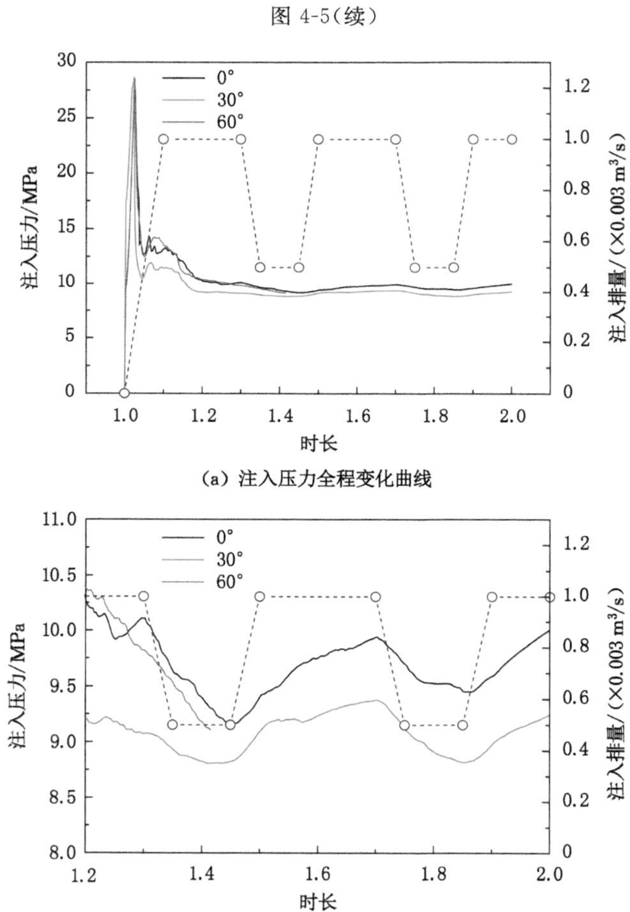

(a) 注入压力全程变化曲线

(b) 从1.2至2.0时长的注入压力放大曲线

图 4-6　注入压力变化曲线与排量曲线的对比

系不明显，与排量、地应力、煤岩变形及强度特征的关系更为密切。裂缝稳定扩展后，3 组试验的注入压力稳定在 8.75～10.5 MPa 之间，高于最小主应力(5 MPa)与煤层抗拉强度(1.13 MPa)之和(6.13 MPa)，这说明压裂液的增加速率高于裂缝扩展体积的增加速率，驱动裂缝动态扩展。这也说明，采用大排量压裂方式有助于驱动裂缝动态扩展。根据图 4-6(b)可知，注入压力变化与排量变化存在相关性，注入压力跟随排量同步变化；0°层理倾角条件下的注入压力显著比 30°层理倾角条件下的高，这是由于 0°层理倾角条件下的裂缝长度比 30°层理倾角条件下的小，30°层理倾角条件下的分支裂缝起到了分散注入压力的作用。

表 4-3 为不同层理倾角条件下次级裂缝与主裂缝长度特征对比。由表 4-3 可知，次级裂缝长度之和显著大于主裂缝长度，0°、30°、60°层理倾角条件下的次级裂缝长度之和与主裂缝长度的比值依次为 6.610、14.204、10.069，表明 30°层理倾角条件下所形成的缝网结构更加复杂、次级裂缝更多。受限于数值模拟网格尺寸，只能统计到长度大于 0.024 m 的次级裂缝，低于此尺度的未被模拟与统计。

表 4-3 不同层理倾角条件下次级裂缝和主裂缝长度对比

层理倾角/(°)	次级裂缝长度之和/m	主裂缝长度/m	次主裂缝长度比
0	25.146	3.804	6.610
30	70.067	4.933	14.204
60	33.339	3.311	10.069

4.1.4 层理粗糙度对水力裂缝扩展的影响

不同层理粗糙度条件下的水力裂缝扩展数值模拟结果如图 4-7 至图 4-10 所示。由图可知，层理粗糙度对水力裂缝发育形态的影响较大。当层理粗糙度 JRC＝5 时，层理强度相对最低，在压裂初期[Increment＝50，见图 4-7(a)]，水力裂缝未完全连接层理时，在流体压力的强扰动下，层理已发生局部剪切破坏。随后，水力裂缝的主裂缝沿层理扩展，破坏类型以剪切破坏为主，同时在层理远离注入孔的一侧形成了多段式的次级分叉裂缝。观察图 4-7(e)所示的拉应力分布可知，分叉裂缝的主要破坏类型为张拉成因为主。观察压裂液变排量注入情况(参考图 4-6，本模拟中的压裂液注入排量与 4.1.3 小节中的相同，共 3 个峰值)可知，这种沿层理的裂缝分叉现象与排量变化及层理剪切失稳有密切联系。变排量压裂有诱导形成分叉裂缝的可能性，遂形成了多个张拉成因的分叉裂缝，但发育范围较小，都未能大范围扩展，未能形成优势裂缝而在地应力控制下穿透其余层理。当层理强度较低时，层理比地应力对主裂缝发育方向以及主裂缝破坏类型的控制作用更强。

此外，图 4-7(f)中第 3 个分叉裂缝与层理的交汇处附近的孔隙压力分布值得注意。交汇处在远离注入孔一侧(外侧)形成低孔隙压力区(蓝色区域)，而在靠近注入孔一侧(内侧)形成高孔隙压力区(黄-红色区域)，沿层理扩展的主裂缝前方未形成低孔隙压力区。这说明张拉型水力裂缝和剪切型水力裂缝对孔隙压力分布的影响作用差异较大；剪切型水力裂缝与低孔隙压力区在出现位置上的相关性不强。

当层理粗糙度 JRC＝10 时，在压裂早期[Increment＝60，见图 4-8(a)]，水力裂缝首先穿过层理朝向最大主应力方向扩展，此时层理并未发生剪切破坏，这与 JRC＝5 条件下的显然不同，与层理强度相对较高有密切关系。但随着压裂进行，层理开始发生剪切破坏，并形成

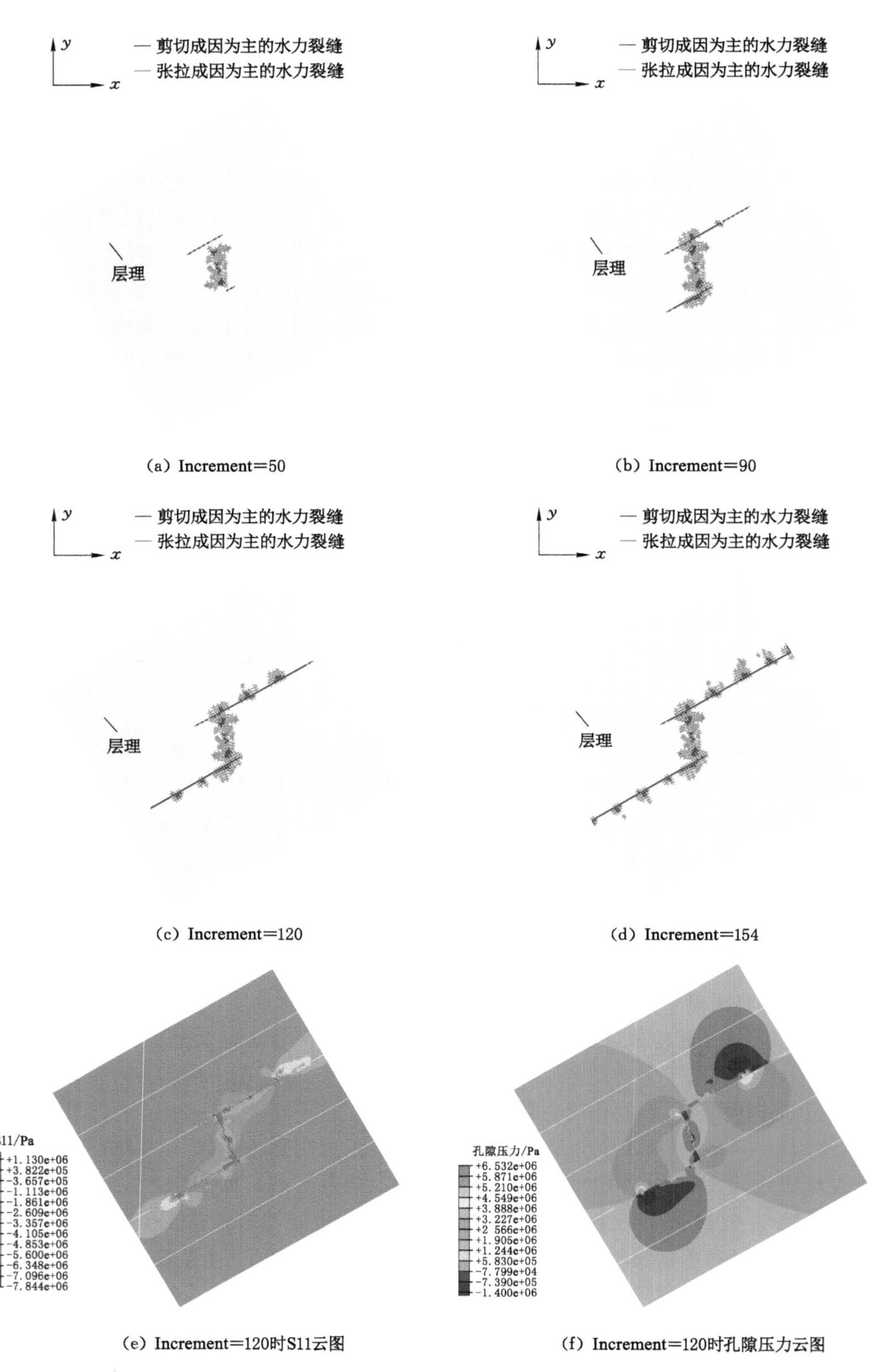

(a) Increment=50　(b) Increment=90

(c) Increment=120　(d) Increment=154

(e) Increment=120时S11云图　(f) Increment=120时孔隙压力云图

图 4-7　层理粗糙度 JRC=5 的水力裂缝扩展模拟结果

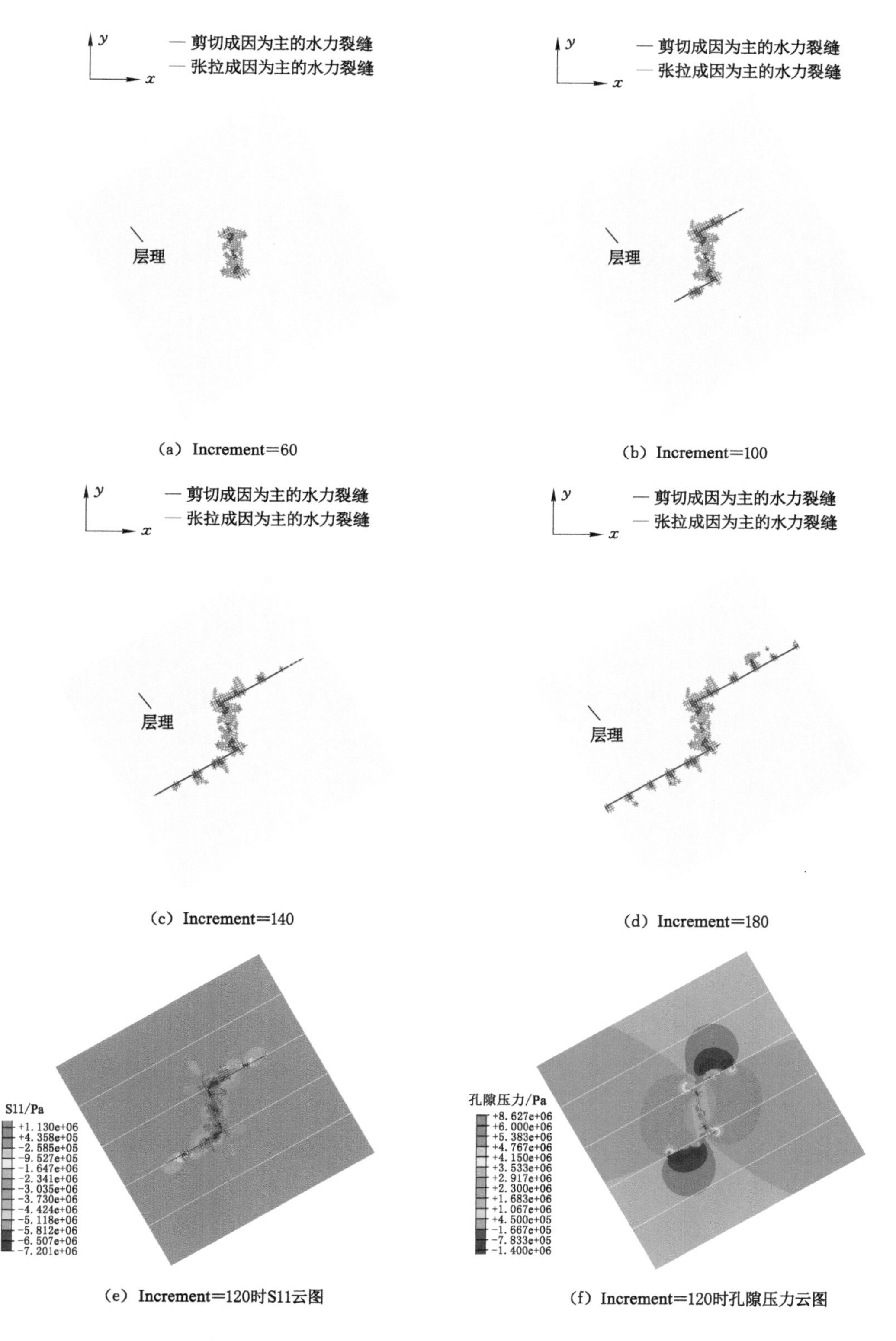

(a) Increment=60
(b) Increment=100
(c) Increment=140
(d) Increment=180
(e) Increment=120时S11云图
(f) Increment=120时孔隙压力云图

图 4-8 层理粗糙度 JRC=10 的水力裂缝扩展模拟结果

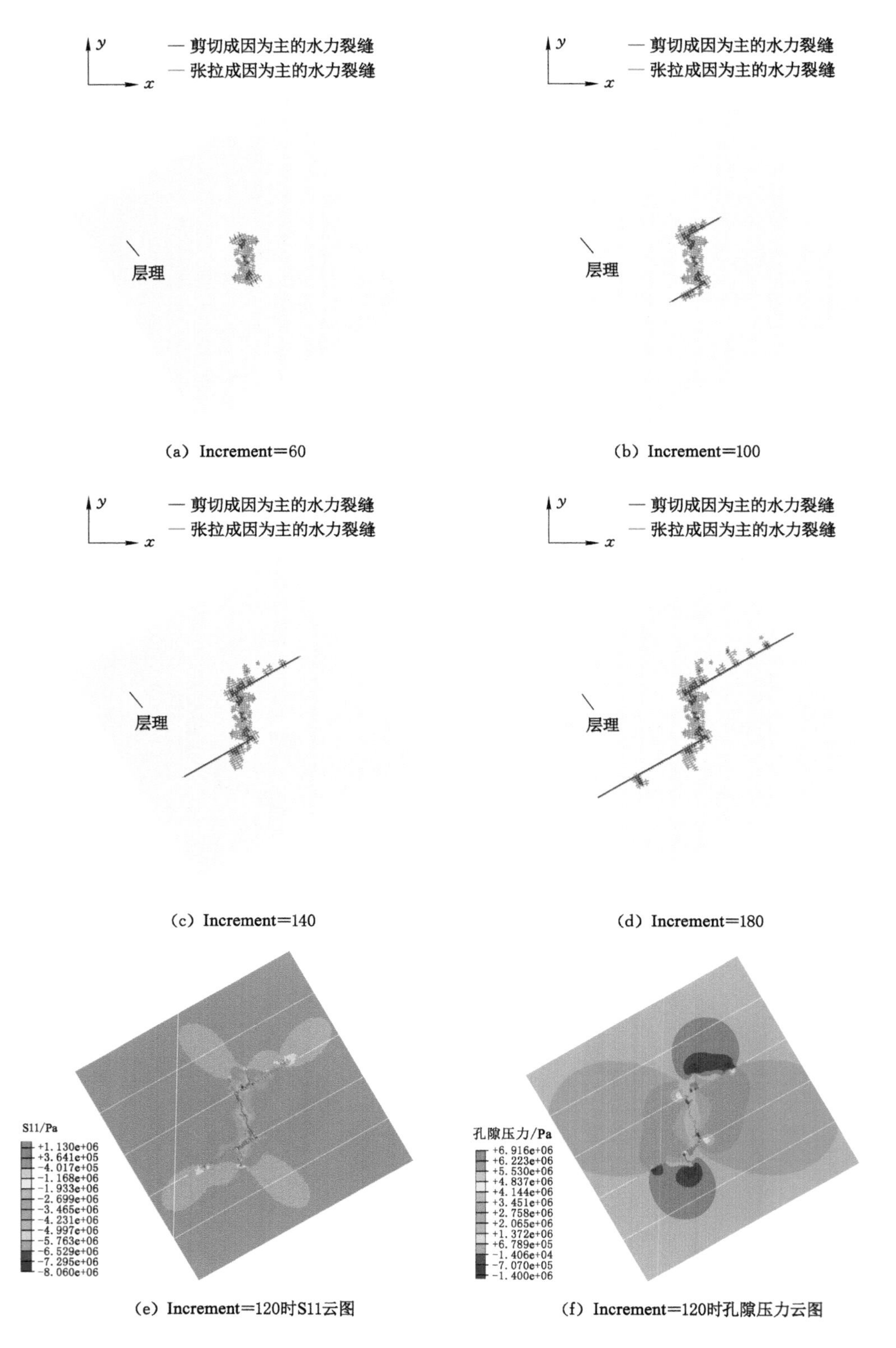

(a) Increment=60

(b) Increment=100

(c) Increment=140

(d) Increment=180

(e) Increment=120时S11云图

(f) Increment=120时孔隙压力云图

图 4-9 层理粗糙度 JRC=15 的水力裂缝扩展模拟结果

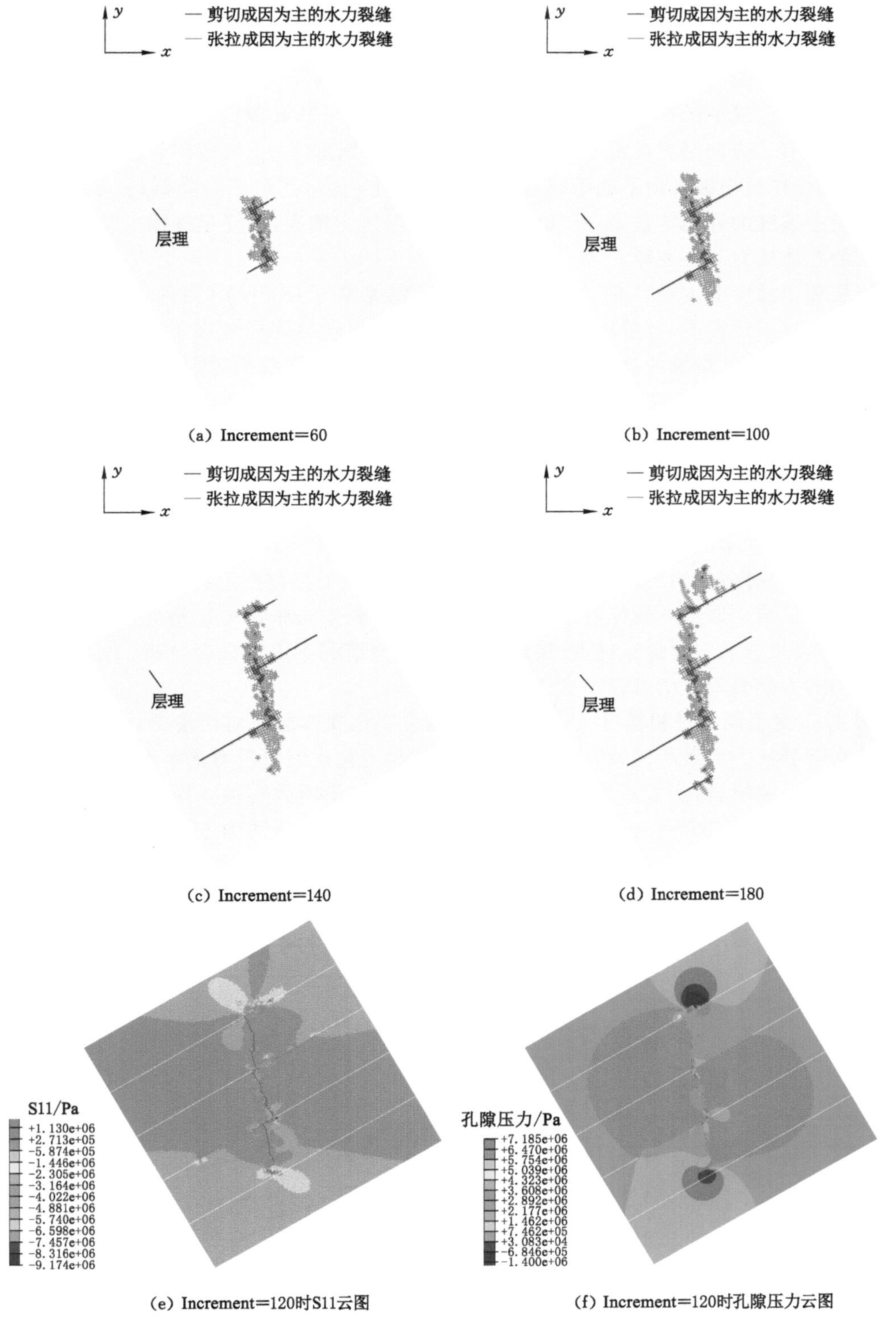

(a) Increment=60　(b) Increment=100

(c) Increment=140　(d) Increment=180

(e) Increment=120时S11云图　(f) Increment=120时孔隙压力云图

图 4-10　层理粗糙度 JRC=20 的水力裂缝扩展模拟结果

优势主裂缝,先前已穿过层理的张拉型水力裂缝未能形成优势裂缝。观察图 4-8(d)可知,在层理一侧形成了多段分叉水力裂缝,且分叉的数目比 JRC=5 条件下的多,预示着裂缝分叉以及其数目可能与层理剪切强度有关。与 JRC=5 条件下类似的是,在分叉裂缝发育前方(层理外侧)形成了低孔隙压力区,而在层理内侧形成了高孔隙压力区。两层理间主裂缝的孔隙压力沿 x 方向呈先降低后增高的分布形式,原因如下:主裂缝附近的分叉裂缝十分发育,导致煤体损伤破坏而不能承载远场的 y 方向主应力,孔隙压力降低;y 方向主应力传递路径向主裂缝的外侧转移,更外部煤体受压,孔隙压力增高,最终呈现沿 x 方向的先降低后增高的孔隙压力分布规律。

当层理粗糙度 JRC=15 时,在压裂早期所呈现规律与 JRC=10 条件下的类似,即水力裂缝首先穿过层理扩展,且层理并未发生剪切破坏。但随后同样形成了以剪切裂缝为主裂缝、多段张拉型分叉裂缝的缝网结构。相较 JRC=10 条件下的裂缝形态,JRC=15 条件下的张拉型裂缝宽度更大,在裂缝宽度放大 50 倍条件下可明显观察到穿过层理的数条张拉型裂缝,如图 4-9(e)所示。孔隙压力分布规律与 JRC=10 条件下的类似,不再赘述。

当层理粗糙度 JRC=20 时,水力裂缝才穿过多条层理朝 y 方向的远场最大主应力处扩展,同时形成了多条层理剪切裂缝分叉结构。此时,缝网压裂范围最大、效果最理想。

综上可知,在本试验条件下,当层理粗糙度提高至 JRC=15 时,水力裂缝的主裂缝仍为层理剪切破坏成因;仅当层理粗糙度 JRC=20 时才形成了张拉型主裂缝+层理剪切型分叉裂缝的缝网结构。通过本研究可知,现场煤岩压裂中究竟是张拉型还是剪切型水力裂缝为主裂缝,需要根据天然裂缝粗糙度、层理倾角、地应力情况等因素综合分析。关于分叉裂缝形成结构的力学机理分析见第 5 章。

图 4-11 为不同层理粗糙度条件下的注入压力变化规律曲线对比情况。由图可知,4 组试验初次破裂压力大致相同,约为 17.69 MPa,这说明初次破裂压力基本不受层理粗糙度的影响。正常压裂阶段,注入压力逐渐降低,这与裂缝体积增大有关。压裂时长为 1.25 时,JRC=5、JRC=10、JRC=15、JRC=20 条件下的注入压力分别为 5.63 MPa、6.31 MPa、6.96 MPa、7.17 MPa,注入压力在正常压裂阶段随层理粗糙度 JRC 值增大而增大,这说明层理的剪切强度及缝网破坏类型宏观上在注入压力曲线上有所反映。对于工程实际,当压裂液注入压力显著降低时,可推测压裂液进入低强度天然裂缝中。

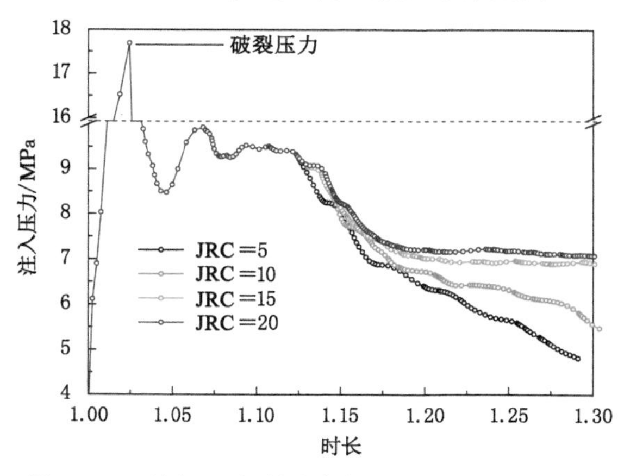

图 4-11 不同层理粗糙度条件下注入压力变化规律

4.1.5　不同地应力条件下的水力裂缝扩展形态

为分析不同地应力条件对含层理煤层压裂的影响，将数值模拟试验结果分为两组进行讨论，第 1 组固定 σ_x 为 5 MPa 不变，只改变 σ_y，间隔为 2.5 MPa；第 2 组固定应力差 $\sigma_x-\sigma_y$ 不变，同时增加 σ_x 和 σ_y。裂缝扩展过程数值模拟结果见图 4-12 至图 4-16，(5 MPa，10 MPa) 应力条件下的模拟结果见图 4-3。

由图 4-3、图 4-12 至图 4-14 可知，地应力对水力裂缝的扩展过程和形态有重要影响。当固定 σ_x 为 5 MPa 不变，只改变 σ_y 时，随着 σ_y 的增大，水力裂缝主裂缝由沿层理的剪切裂缝转变为近似朝向 σ_y 扩展的张拉型水力裂缝。当 $\sigma_y=7.5$ MPa 时，应力差为 2.5 MPa，此时地应力未能克服层理对水力裂缝走向的控制作用，虽然有部分水力裂缝穿过层理扩展，但未能形成优势裂缝，扩展距离有限，不足 0.4 m；随着层理剪切裂缝扩展，在其上又分段萌生出朝向 σ_y 的张拉型水力裂缝，如图 4-12(d)所示。裂隙地层压裂中，在所形成的多级分叉裂缝中，张拉型水力裂缝与剪切型水力裂缝交替依附萌生。当 $\sigma_y=12.5$ MPa 时，应力差为 7.5 MPa，地应力对裂缝走向的控制作用开始增强，在地应力的主导下，形成了朝向 σ_y 扩展的张拉型主裂缝，同时沿层理形成了剪切裂缝分支结构，且单翼剪切裂缝的长度超过了 2 m；此外，还在主裂缝附近产生了多级细小次级裂缝网。当应力差超过 5 MPa 时，在地应力和层理的综合作用下可形成以张拉型水力裂缝为主裂缝伴随层理剪切裂缝的复杂缝网结构。当 $\sigma_y=15$ MPa 时，应力差为 10 MPa，地应力对裂缝的控制作用显著强于层理，层理在地应力作用下强度有所提高，剪切破坏长度小于 1.5 m。

值得注意的是，在 $\sigma_y=10$ MPa、12.5 MPa 以及 15 MPa 条件下所形成的张拉型水力缝网沿 y 方向皆不对称发育。$\sigma_y=12.5$ MPa 条件下还形成了一侧为张拉型主裂缝、另一侧为层理剪切型主裂缝的裂缝结构。两侧裂缝的不对称发育可能与前期裂缝结构扩展过程中不断累加的差异有关，类似于给定微小误差的初值迭代不收敛的数值问题。这种差异一旦放大，在后期竞争优势裂缝的过程中将变得不可忽略。两侧裂缝结构的差异性将影响压裂分支的阻力，根据最小势能原理，压裂液将优先选择阻力小的一侧，从而继续扩大差异。现场压裂微震监测表明同样普遍存在这种不对称缝网发育特征。

对比图 4-3、图 4-15、图 4-16 可知，在应力差保持 5 MPa 不变条件下，随着地应力增高，主裂缝的扩展方向由朝向 y 轴扩展逐渐演变为沿层理扩展，这说明即使应力差不变，层理对裂缝的控制作用在高围压下也会逐渐突显出来。这可以解释干热岩压裂多为水力剪切裂缝为主导的原因：水力裂缝需要克服最小主应力与基岩抗拉强度后方可形成张拉型水力裂缝，但当地层围压较高时，显然形成张拉型水力裂缝的难度增大；干热岩压裂中采用化学试剂溶蚀天然裂缝，促使天然裂缝强度降低，天然裂缝发生剪切破坏的难度低于基岩张拉破坏难度，从而可形成大规模水力剪切裂缝。综上分析可推论，在同一区域地应力环境中，埋藏浅的煤层较埋藏深的煤层产生张拉型水力裂缝的可能性大，埋深的增加会促使张拉型主导的水力缝网向剪切型转变。

图 4-17 为两组试验的注入压力与初次破裂压力变化规律。由图 4-17(a)可知，第 1 组试验的注入压力曲线差异不大，初次破裂压力介于 18.75～24.66 MPa 之间，规律性不明显。由图 4-17(b)可知，随着围压由 5 MPa 增至 15 MPa，初次破裂压力随之由 22.28 MPa 增至 39.89 MPa，增幅约 79%。另外，注入压力同样呈现和围压的正相关关系，这说明注入压力对围压的敏感性高于对最大主应力的敏感性。在 3 个案例中，稳定后的注入压力大约

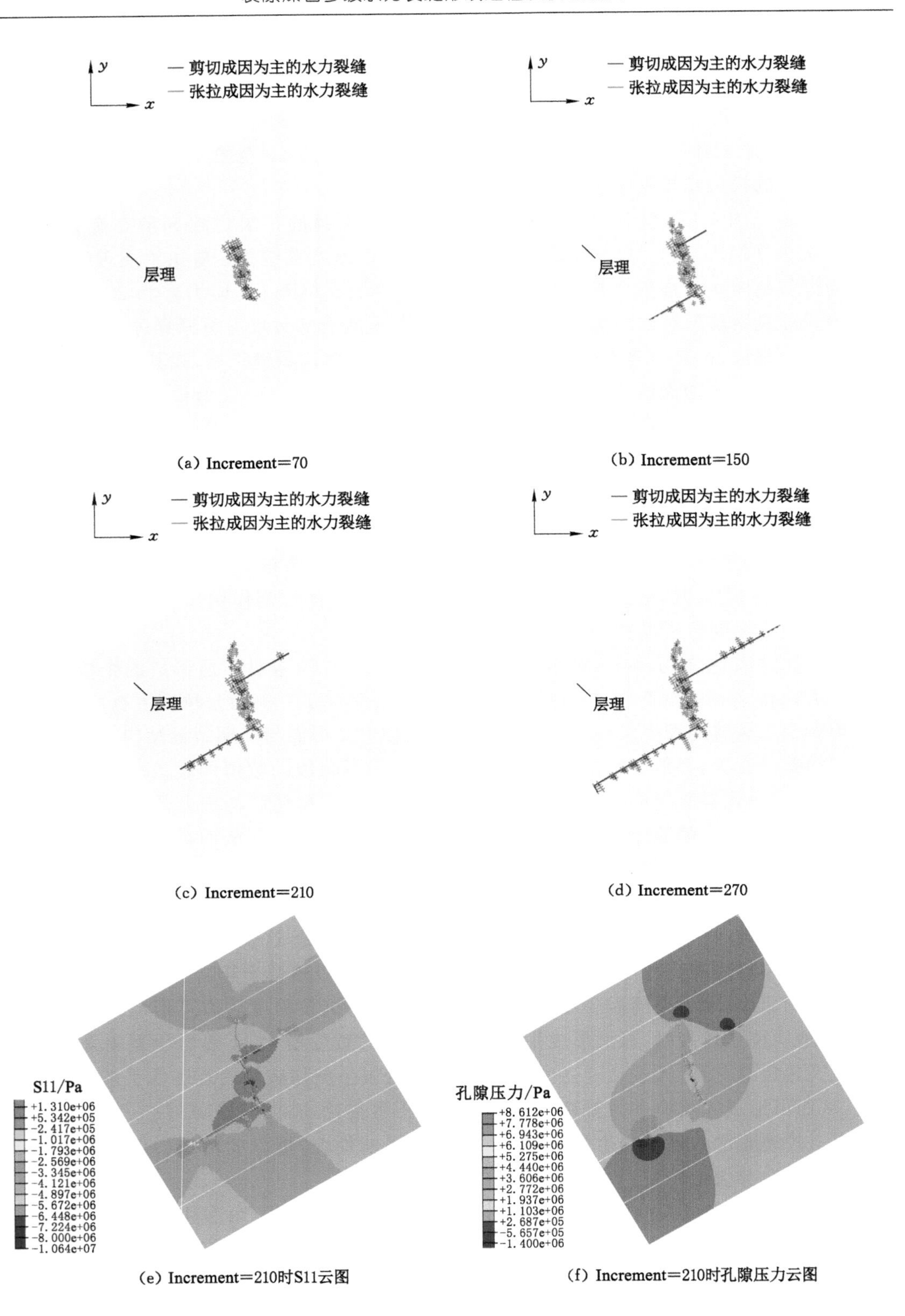

(a) Increment=70

(b) Increment=150

(c) Increment=210

(d) Increment=270

(e) Increment=210时S11云图

(f) Increment=210时孔隙压力云图

图 4-12 (5 MPa,7.5 MPa)条件下的水力裂缝扩展模拟结果

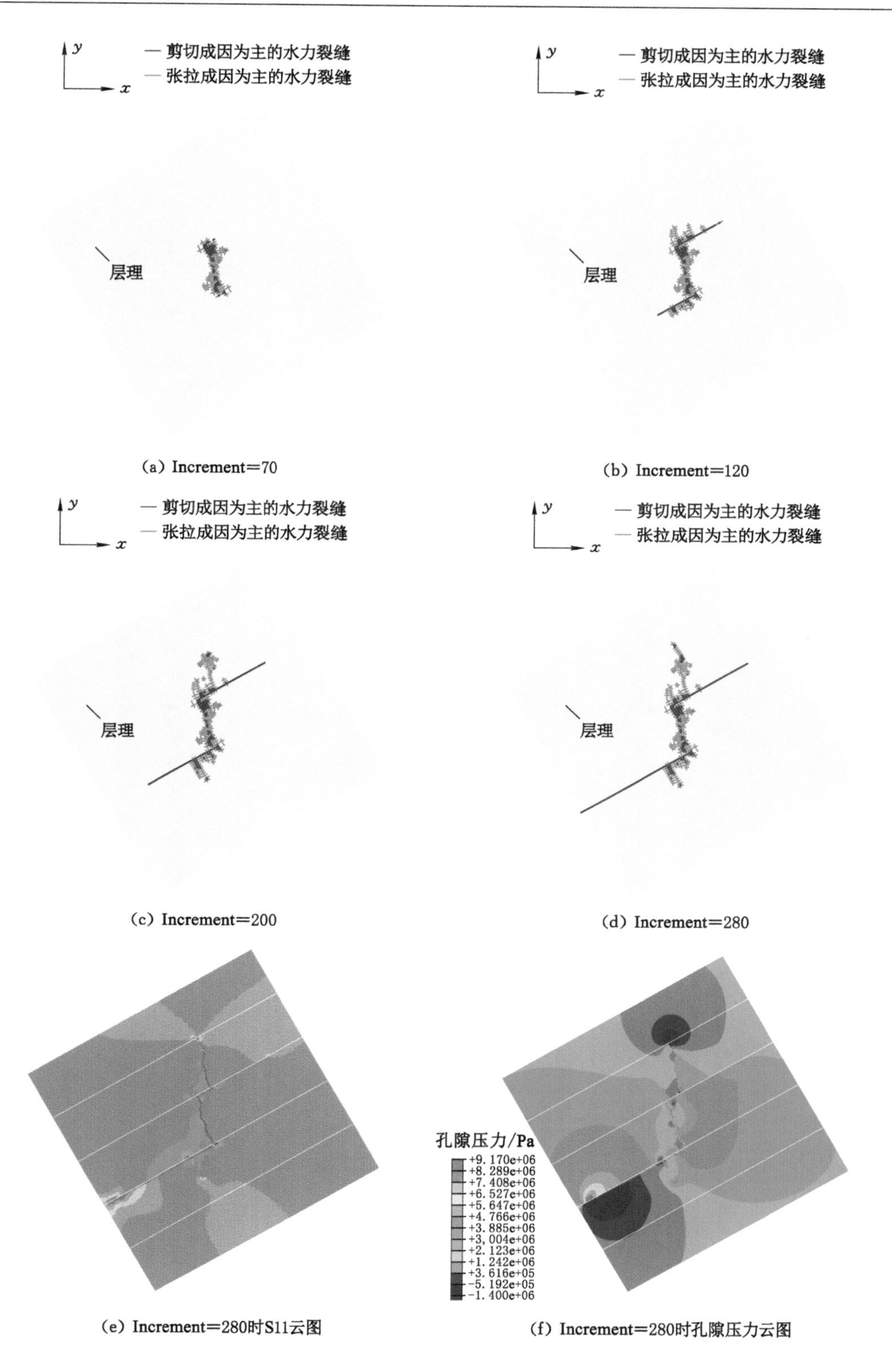

(a) Increment=70

(b) Increment=120

(c) Increment=200

(d) Increment=280

(e) Increment=280时S11云图

(f) Increment=280时孔隙压力云图

图 4-13 (5 MPa,12.5 MPa)条件下的水力裂缝扩展模拟结果

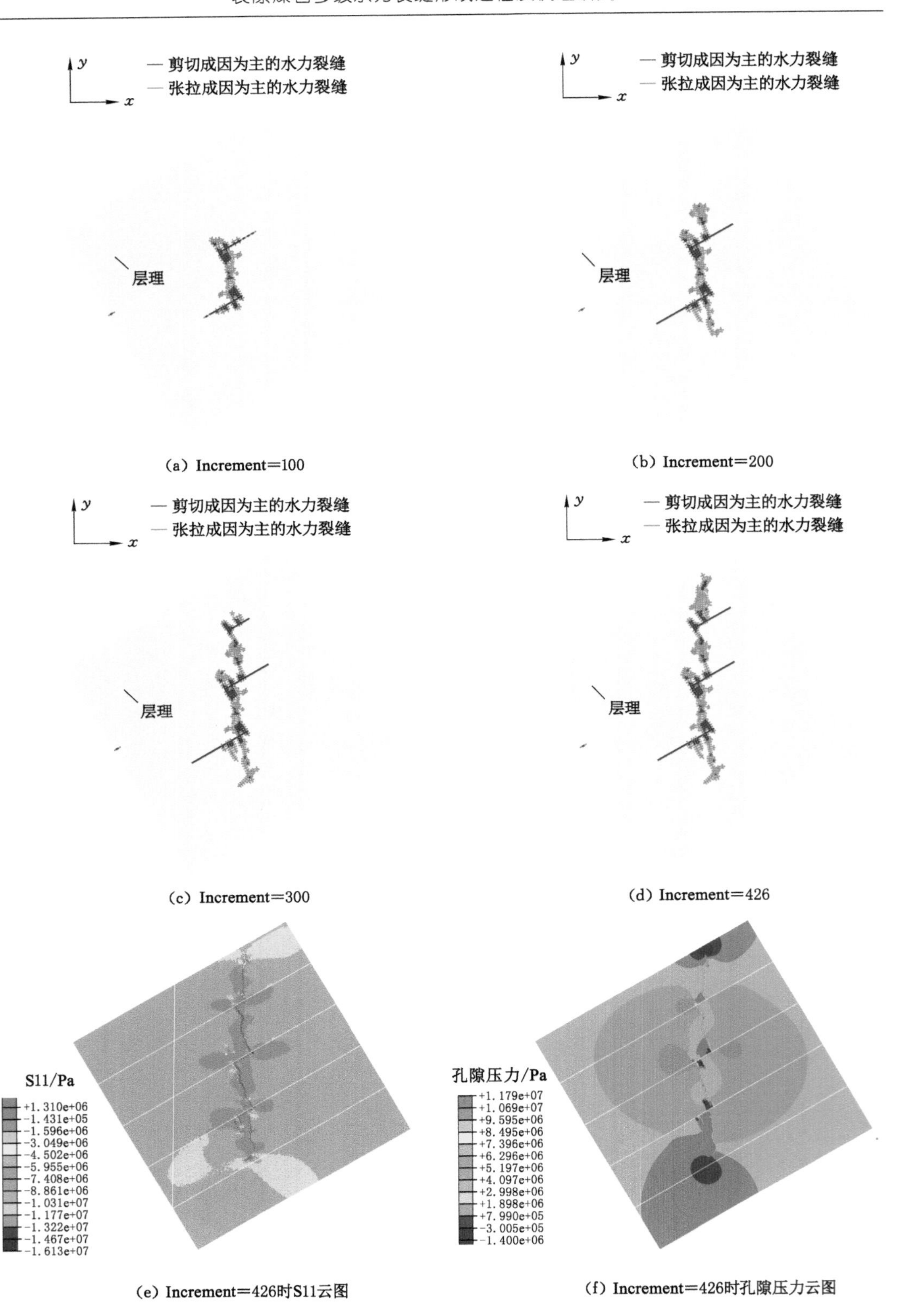

图 4-14 (5 MPa,15 MPa)条件下的水力裂缝扩展模拟结果

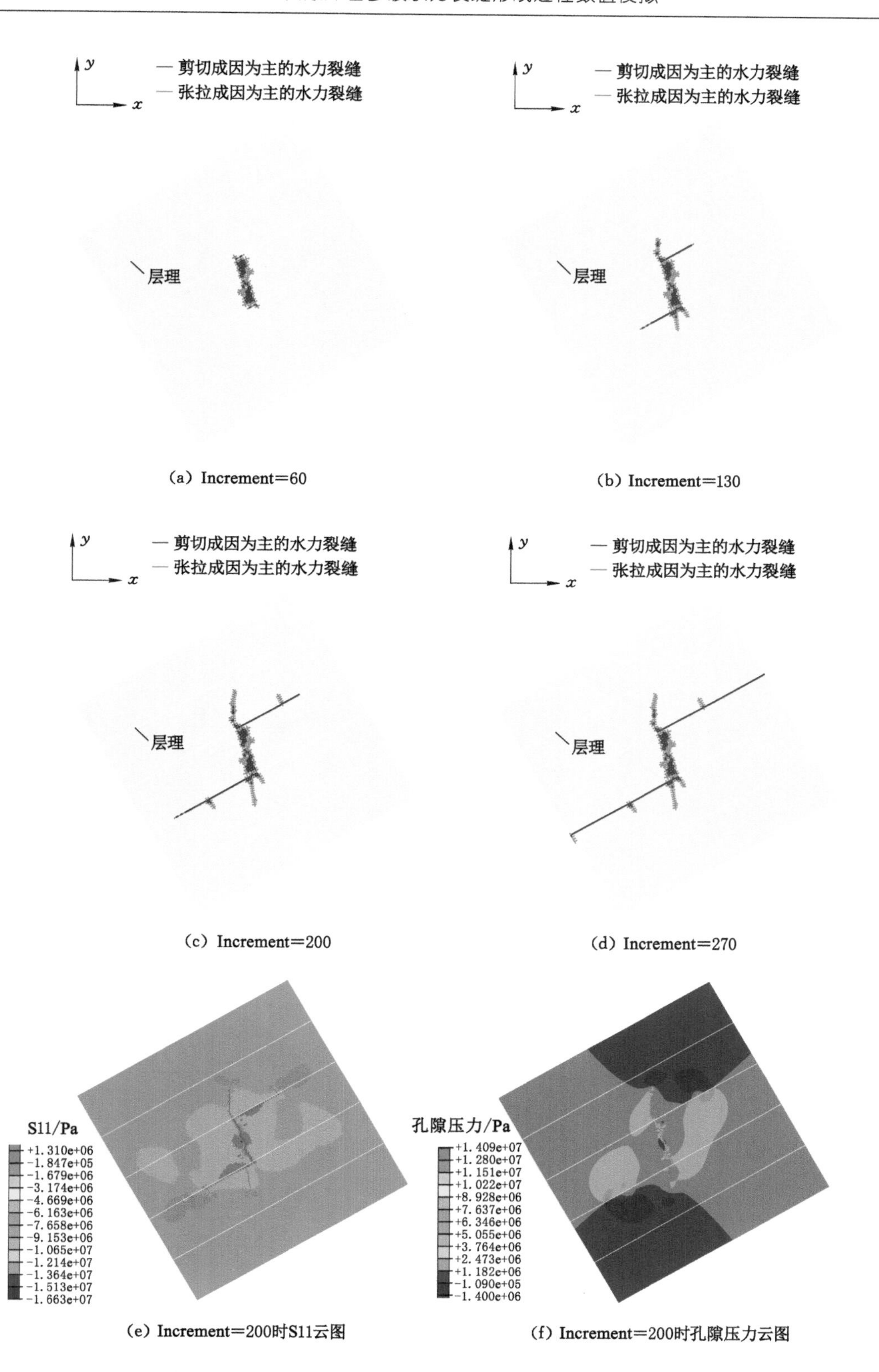

(a) Increment=60

(b) Increment=130

(c) Increment=200

(d) Increment=270

(e) Increment=200时S11云图

(f) Increment=200时孔隙压力云图

图 4-15 (10 MPa,15 MPa)条件下的水力裂缝扩展模拟结果

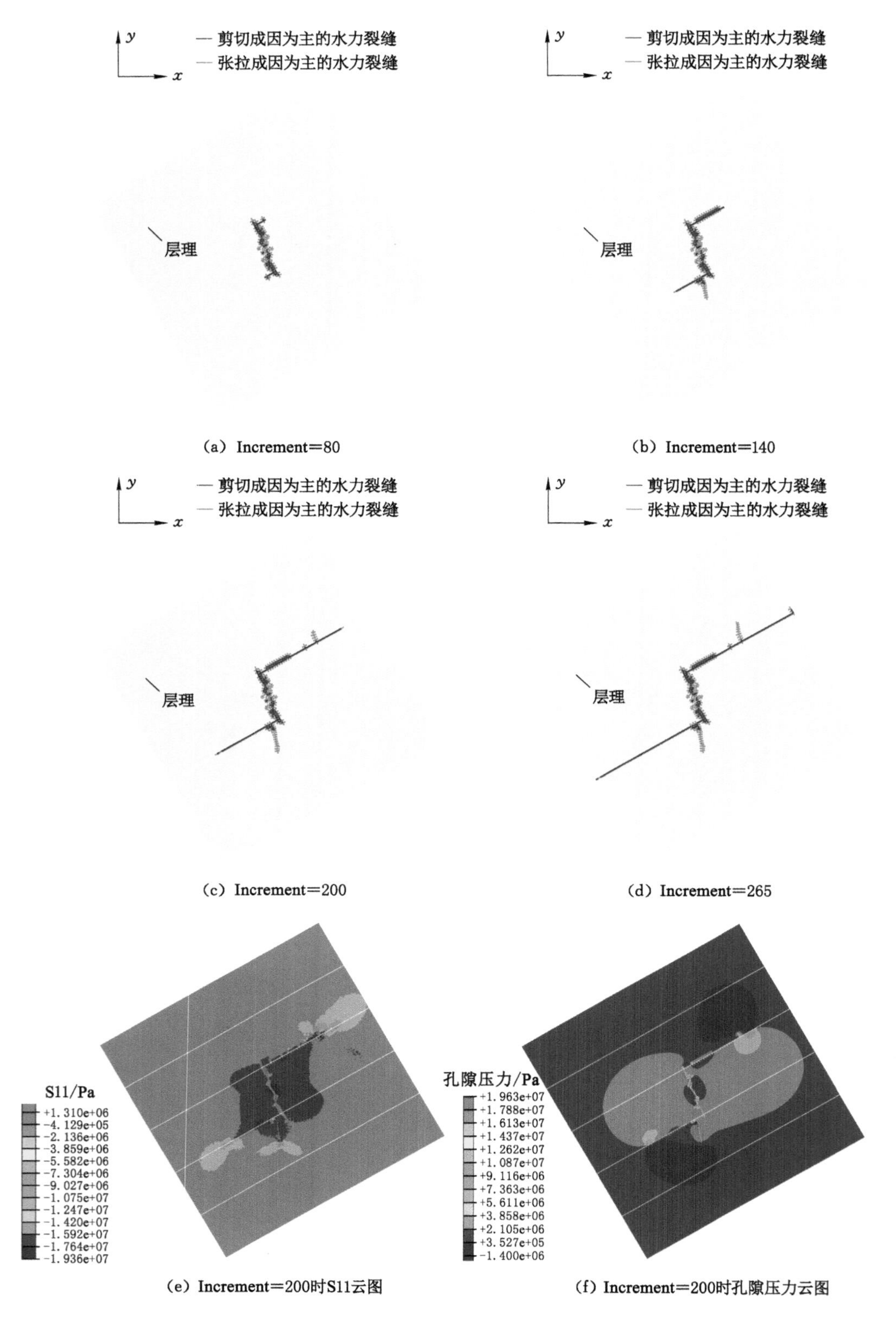

图 4-16 （15 MPa，20 MPa）条件下的水力裂缝扩展模拟结果

都比 σ_x 高 5 MPa，表明排量足以对此应力条件下的压裂形成优势，驱使水力裂缝动态扩展。

在对地应力的影响研究中，本书将层理粗糙度 JRC 定为 20，层理强度较高。通过改变 JRC 的方式进一步分析地应力和 JRC 对控制裂缝形态的主导性值得进一步深入研究。

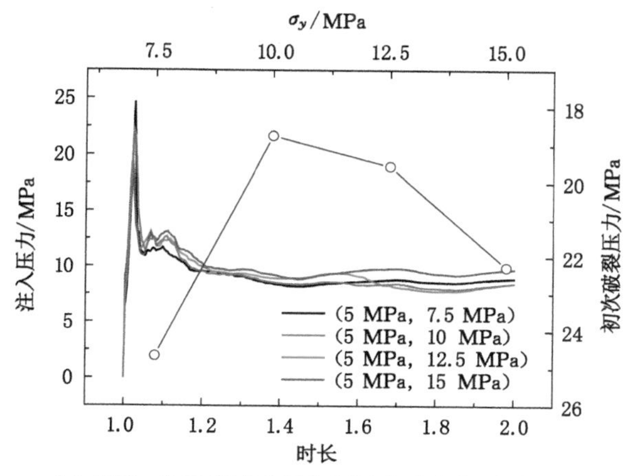

(a) 不同 σ_y 条件下的注入压力曲线与初次破裂压力变化规律

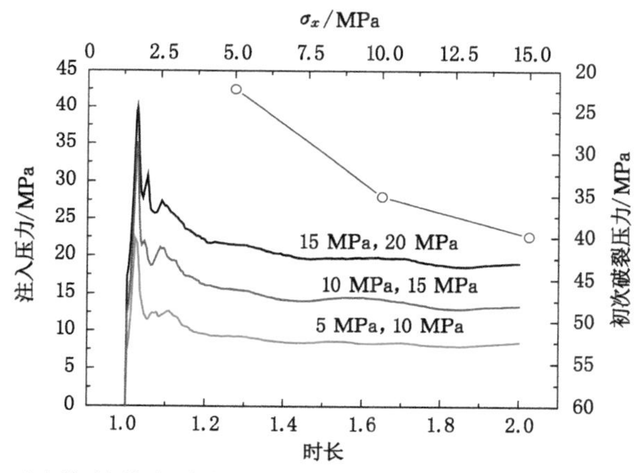

(b) 应力差不变的不同应力场条件下的注入压力曲线及初次破裂压力变化规律

图 4-17　不同应力场条件下的注入压力及初次破裂压力

图 4-18 为不同地应力条件下的主次裂缝长度对比和剪切/张拉裂缝长度对比柱状图。由图 4-18(a)可知，在 σ_x = 5 MPa 不变时，次级裂缝与主裂缝长度之比介于 6.31～9.78 之间，这说明在所形成的缝网中，次级裂缝占主导地区。随着应力差增大，次级裂缝与主裂缝长度之比逐渐上升，这说明应力差的增加有助于诱导更多的次级裂缝。由图 4-18(b)可知，随着围压增加，次级裂缝总长度呈减小趋势，当 σ_x 从 5 MPa 增加至 15 MPa 时，次级裂缝与主裂缝长度之比从 7.03 降至 5.08，这说明围压增加不利于次级裂缝的开启。

由图 4-18(c)可知，剪切裂缝与张拉裂缝长度之比介于 0.33～0.42 之间，与地应力差未表现出显著关系。由图 4-18(d)可知，随着围压增大，张拉型水力裂缝的数量急剧减少，而剪切型水力裂缝的数量变化不显著。当围压从 5 MPa 增加至 15 MPa 时，剪切型水力裂缝与张拉型水力裂缝长度之比从 0.36 增加至 1 左右，这又印证了围压增加会促使水力裂缝破坏类型从张拉型向剪切型转变。

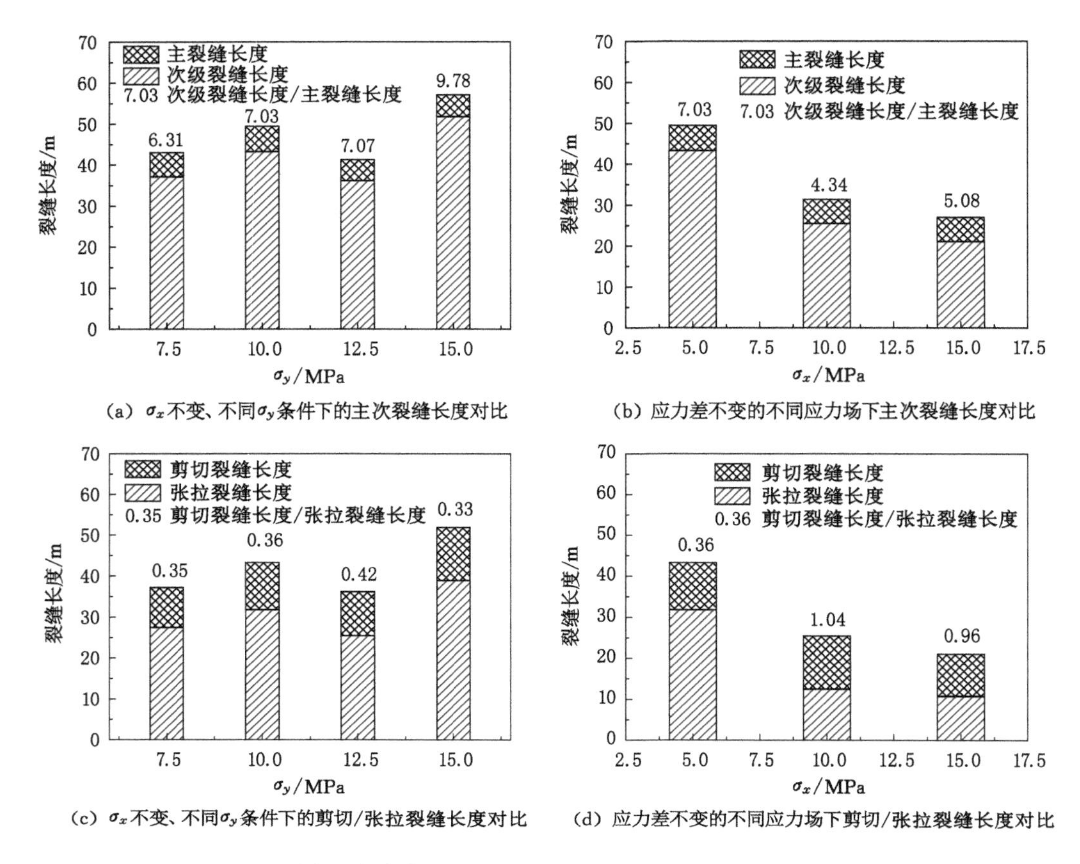

(a) σ_x不变、不同σ_y条件下的主次裂缝长度对比　(b) 应力差不变的不同应力场下主次裂缝长度对比

(c) σ_x不变、不同σ_y条件下的剪切/张拉裂缝长度对比　(d) 应力差不变的不同应力场下剪切/张拉裂缝长度对比

图 4-18　不同应力场条件下主次裂缝长度和剪切/张拉裂缝长度对比统计

4.2　非连续共轭节理对水力裂缝扩展特征的影响

4.2.1　试验方案

经历多次历史构造作用后，煤层可被多组节理切割，尤其共轭节理较为常见。为便于描述，假定共轭节理的方向为两组节理锐角夹角角平分线与最小主应力方向的夹角，如图 4-19(a)所示。在煤岩试样三轴压缩试验中所形成的共轭裂隙锐角夹角的角平分线方向与最大主应力方向一致[图 4-19(b)]，可类比说明在构造作用早期，煤层共轭节理锐角角平分线方向可能与最大主应力方向一致。但由于随后煤层还可能经历多次区域性的构造变迁，其共轭节理锐角角平分线方向往往不再与残余最大主应力方向一致。野外煤层所经历的外力加卸载历史与实验室三轴试验加载过程存在根本性差别，不能用实验室试验的裂隙方向推断野外煤层共轭节理方向。

本试验将共轭节理方向、节理粗糙度和地应力作为单因素控制变量设计试验方案，共轭节理中两组节理夹角保持 60°不变，共轭节理方向设置为 0°、45°、90°，节理粗糙度 JRC 设置为 5、10、15、20，应力场 (σ_x,σ_y) 设置 6 组，分别为(5 MPa,7.5 MPa)、(5 MPa,10 MPa)、(5 MPa,12.5 MPa)、(10 MPa,15 MPa)、(15 MPa,20 MPa)、(20 MPa,25 MPa)；注液排量

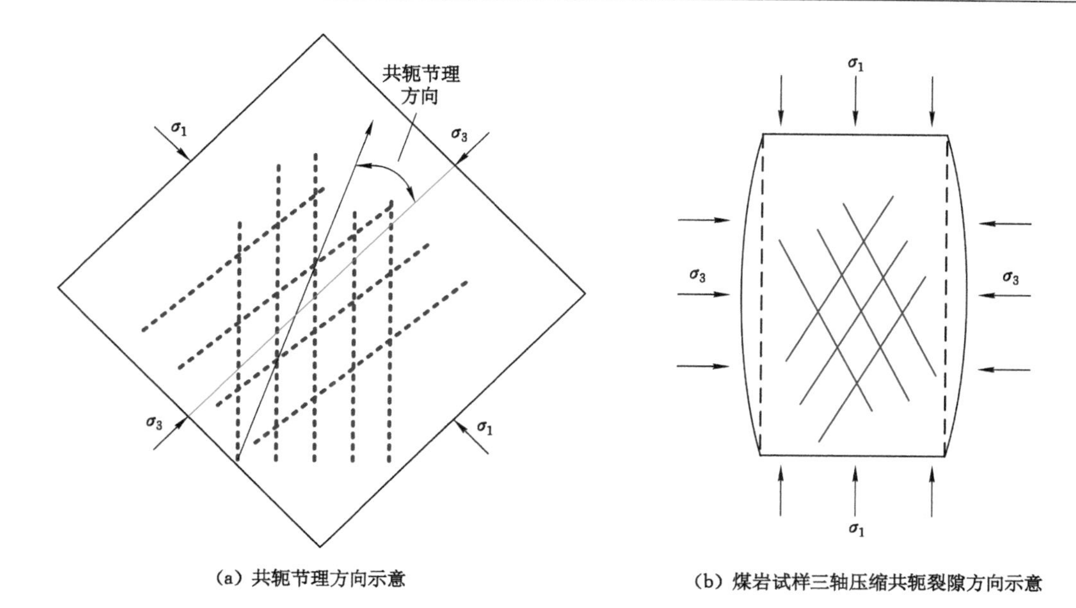

图 4-19 煤层共轭节理方向与最大主应力方向的关系

以变排量形式加载,加载形式参考文献[226],排量峰值设置为 0.006 m^3/s。共进行 13 组试验,具体试验方案如表 4-4 所示。

表 4-4 非连续共轭节理煤岩压裂数值试验方案

方案编号	变量	共轭节理方向/(°)	层理粗糙度	应力场大小/MPa	注液排量峰值/(m^3/s)
NJ-A-1	共轭节理方向	0	15	(5,10)	0.006
NJ-A-2		45	15	(5,10)	0.006
NJ-A-3		90	15	(5,10)	0.006
NJ-R-1	节理粗糙度	0	5	(5,10)	0.006
NJ-R-2		0	10	(5,10)	0.006
NJ-R-3		0	15	(5,10)	0.006
NJ-R-4		0	20	(5,10)	0.006
NJ-S-1	应力场大小	0	15	(5,7.5)	0.006
NJ-S-2		0	15	(5,10)	0.006
NJ-S-3		0	15	(5,12.5)	0.006
NJ-S-4		0	15	(10,15)	0.006
NJ-S-5		0	15	(15,20)	0.006
NJ-S-6		0	15	(20,25)	0.006

4.2.2 数值计算模型

数值计算模型如图 4-20 所示,压裂区半径为 5 m,整个模型半径为 30 m,即两半径之比为 1∶6。模型中节理间距为 0.5 m,随机生成的非连续节理的连续度为 40%。模型共划分 63 832 个单元,共 84 986 个节点。模型边界节点自由度采用固支约束,即约束 x 方向和 y

方向自由度，xy 平面内的转动自由度不被约束。模型物理力学参数如表 4-2 所示。

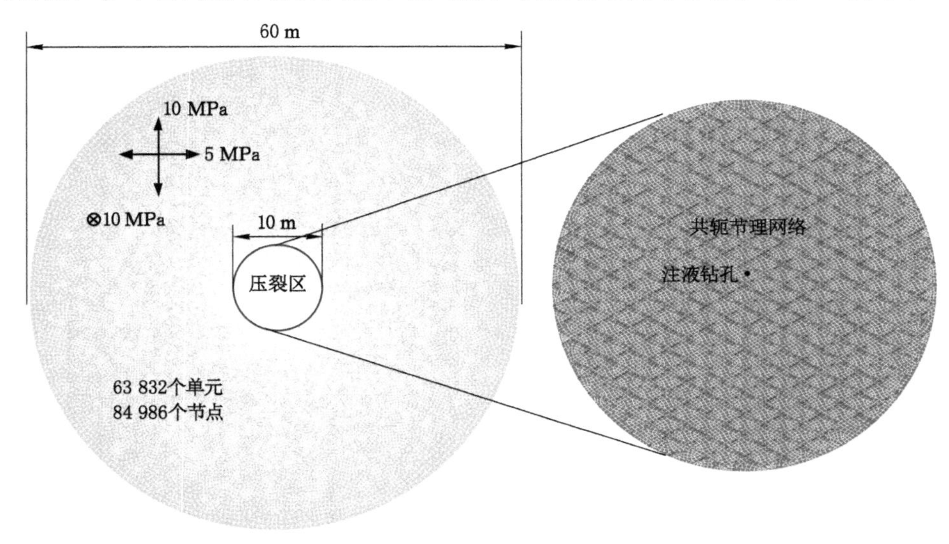

图 4-20 非连续共轭节理煤岩压裂数值计算模型

4.2.3 共轭节理方向对水力裂缝扩展的影响

不同共轭节理方向条件下的水力裂缝扩展特征如图 4-21 至图 4-23 所示。由图 4-21 可知，在共轭节理方向为 0°条件下（共轭节理锐角角平分线与最小主应力方向平行），在 Inrement=150 时形成了 4 条主要的水力裂缝，其中 3 条明显为沿天然节理的水力剪切裂缝，此时裂缝的扩展走向尚不完全明确；随着裂缝扩展，裂缝走向大致垂直于最小主应力方向（x 方向），早期形成的水力剪切裂缝有 2 条不再扩展，从剩余的 1 条水力剪切裂缝上又分叉裂缝，转向 y 方向。当 Increment=600 时，缝网呈现明显的非对称扩展特征；宏观上，缝网影响范围近似为中间宽两头窄的纺锤形。观察图 4-21(d)可知，主裂缝迂回度较高，这与天然节理与主应力的相对方位有关；在裂缝前端出现了拉应力集中的区域，表明裂缝在此位置以张拉破坏为主。共轭节理地层水力缝网中包含张拉型裂缝和剪切型裂缝，共轭节理方

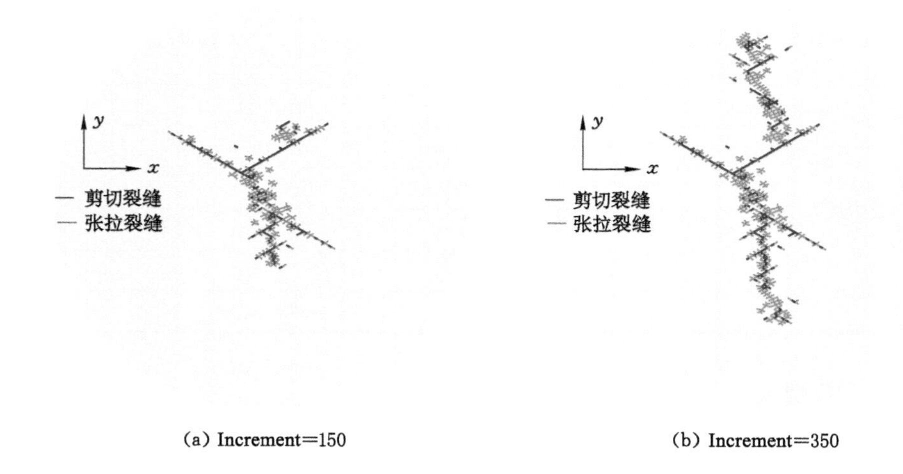

(a) Increment=150 (b) Increment=350

图 4-21 共轭节理方向为 0°条件下的水力裂缝扩展特征

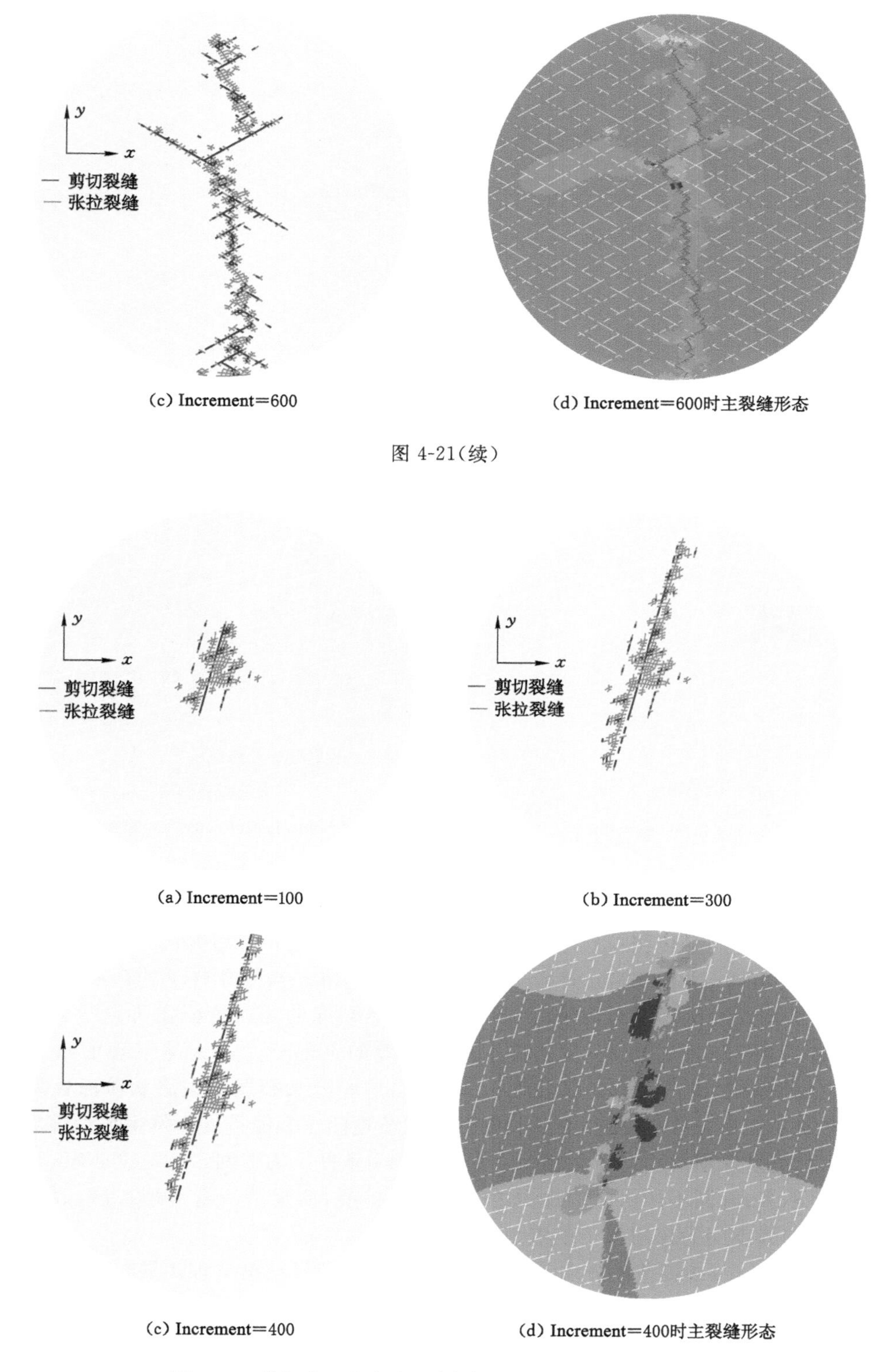

(c) Increment=600　　(d) Increment=600时主裂缝形态

图 4-21(续)

(a) Increment=100　　(b) Increment=300

(c) Increment=400　　(d) Increment=400时主裂缝形态

图 4-22　共轭节理方向为 45°条件下的水力裂缝扩展特征

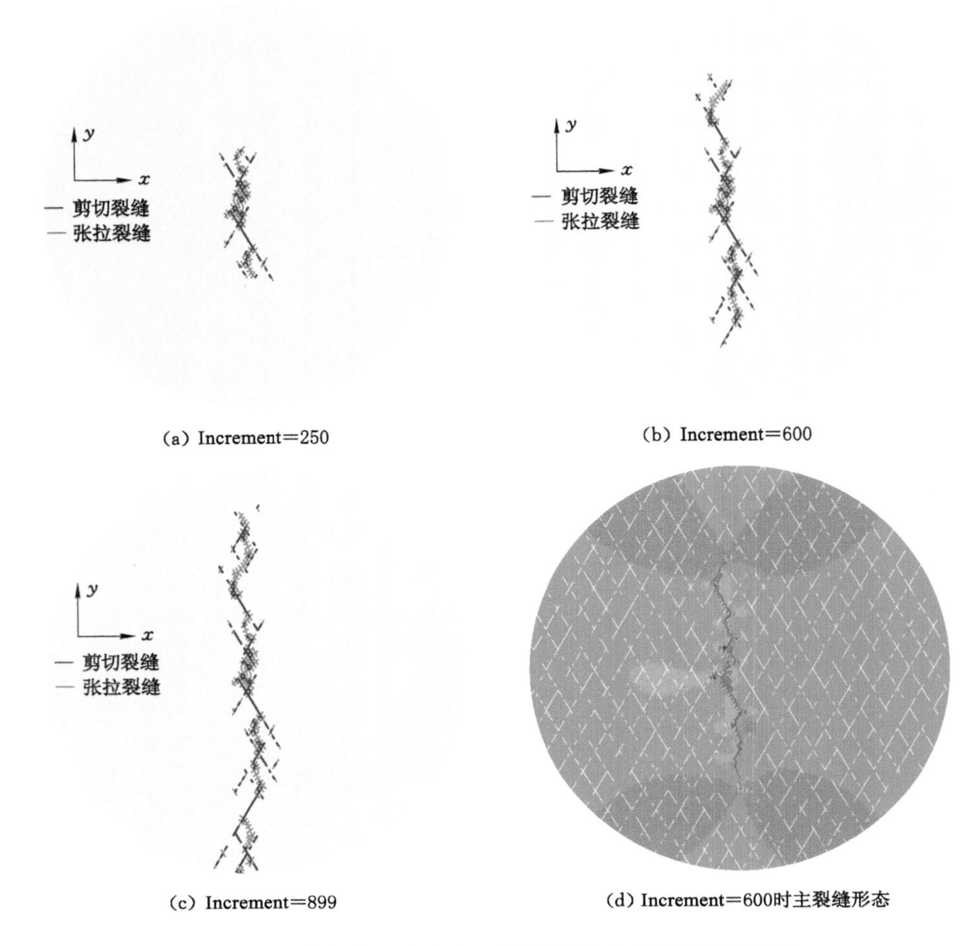

图 4-23 共轭节理方向为 90°条件下的水力裂缝扩展特征

向为 0°条件下的缝网呈以张拉裂缝为主、局部混合剪切裂缝和大型剪切分叉裂缝的形态。

由图 4-22 可知，共轭节理方向为 45°条件下的缝网形态与 0°条件下的存在显著差异，表明共轭节理方向对缝网形态影响较大，同时说明天然裂缝的几何特征在研究压裂缝网形态时不可忽略。共轭节理方向为 45°条件下的主裂缝的上部分为沿天然节理的水力剪切裂缝，在主裂缝两侧形成了丰富的张拉型分叉裂缝，这些分叉裂缝呈现簇状阶段性发育的特点；主裂缝的下部为张拉型裂缝，与主裂缝邻近的节理随主裂缝扩展而发生剪切破坏。整体上，缝网发育仍呈现不对称特征。相比 0°条件下，45°条件下的缝网影响宽度较窄，且大型分叉裂缝数量不多；缝网不严格沿着最大主应力方向扩展，而是沿一组节理扩展，表明此条件下的节理对裂缝走向的作用强于地应力。

由图 4-23 可知，共轭节理方向为 90°条件下的主裂缝呈现沿节理扩展转向煤体、再从煤体转向沿节理扩展的这一交替扩展过程，说明节理和地应力对裂缝扩展过程都有较强影响，节理对局部走向有控制作用，而地应力对缝网宏观走向有绝对控制作用。观察图 4-23(c)可知，此条件下可形成沿节理的多分支水力剪切裂缝结构，裂缝分叉扩展特征明显，但整体上缝网在宽度方向上的影响范围不及 0°条件下的。

综上，共轭节理方向对水力缝网扩展方向、影响宽度、多级分叉特征等有重要影响。共轭节理锐角角平分线与最大主应力方向接近垂直时，所形成的主裂缝迂回度越高、缝网影响范围越大，可形成大型剪切成因的分叉裂缝；共轭节理锐角角平分线与最大主应力方向近似平行时，分叉裂缝数量较多但在缝网宽度方向上影响范围较窄；当共轭节理中某一组节理走向与最大主应力方向夹角较小时，节理对裂缝走向的控制作用强于地应力。

图 4-24 为不同共轭节理方向条件下的注入压力变化曲线及剪切裂缝与张拉裂缝的长度特征。由图 4-24(a)可知，共轭节理方向对注入压力变化影响不大，0°条件下的注入压力稍高于其他两组，这是由于沿水力裂缝节理扩展方向与主应力方向交角较大。3 组在正常压裂阶段的注入压力超过 7.5 MPa，高于最小主应力与煤体抗拉强度之和(6.13 MPa)，说明压裂液注入量充分。由图 4-24(b)可知，随着共轭节理方向从 0°增至 90°(共轭节理锐角角平分线与最小主应力方向夹角从 0°增至 90°)，裂缝总长度从 115.1 m 降低至 50.7 m，张拉裂缝总长度从 86 m 减少至 31.4 m。剪切裂缝与张拉裂缝长度之比随共轭节理方向未呈现明显规律性变化。共轭节理锐角角平分线与最小主应力方向夹角越小，水力压裂的造缝能力越强。

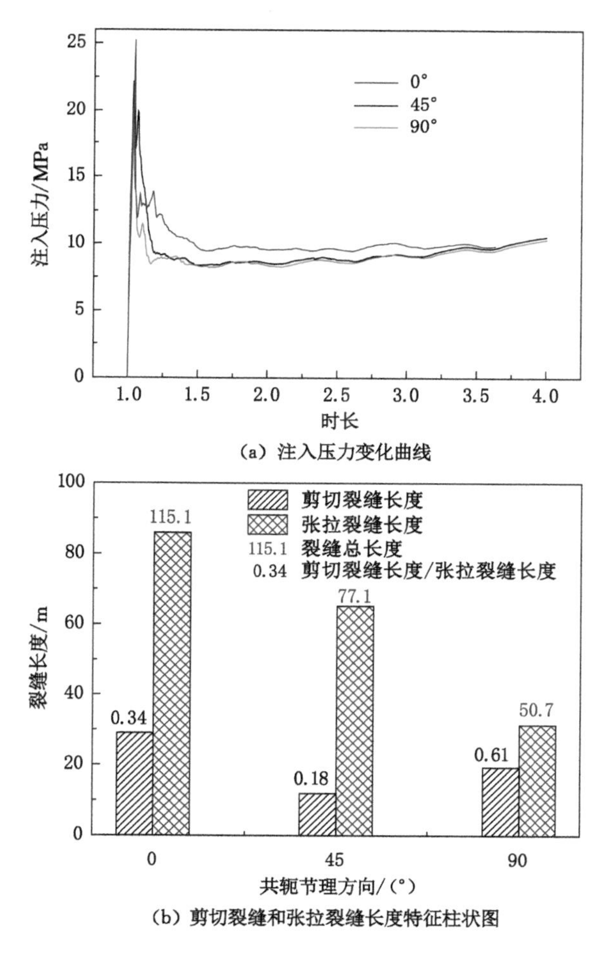

(a) 注入压力变化曲线

(b) 剪切裂缝和张拉裂缝长度特征柱状图

图 4-24 不同共轭节理方向条件下的注入压力和裂缝长度特征

4.2.4 节理粗糙度对水力裂缝扩展的影响

图4-25、图4-26、图4-21和图4-27为节理粗糙度JRC为5、10、15、20条件下的水力压裂数值模拟结果。由图4-25可知，JRC=5条件下，在压裂前期(Increment=200)，主裂缝大致沿节理剪切破坏，主裂缝扩展方向不朝向最大主应力方向，形成了多裂缝分支结构；在压裂后期(Increment=1 000)，缝网在宏观形态上朝向最大主应力方向扩展，且裂缝分叉密集，这与节理强度较低有关。由图4-25(d)可知，主裂缝两翼各经历了一次较大的曲折扩展，说明地应力诱导作用在压裂后期逐步增强。

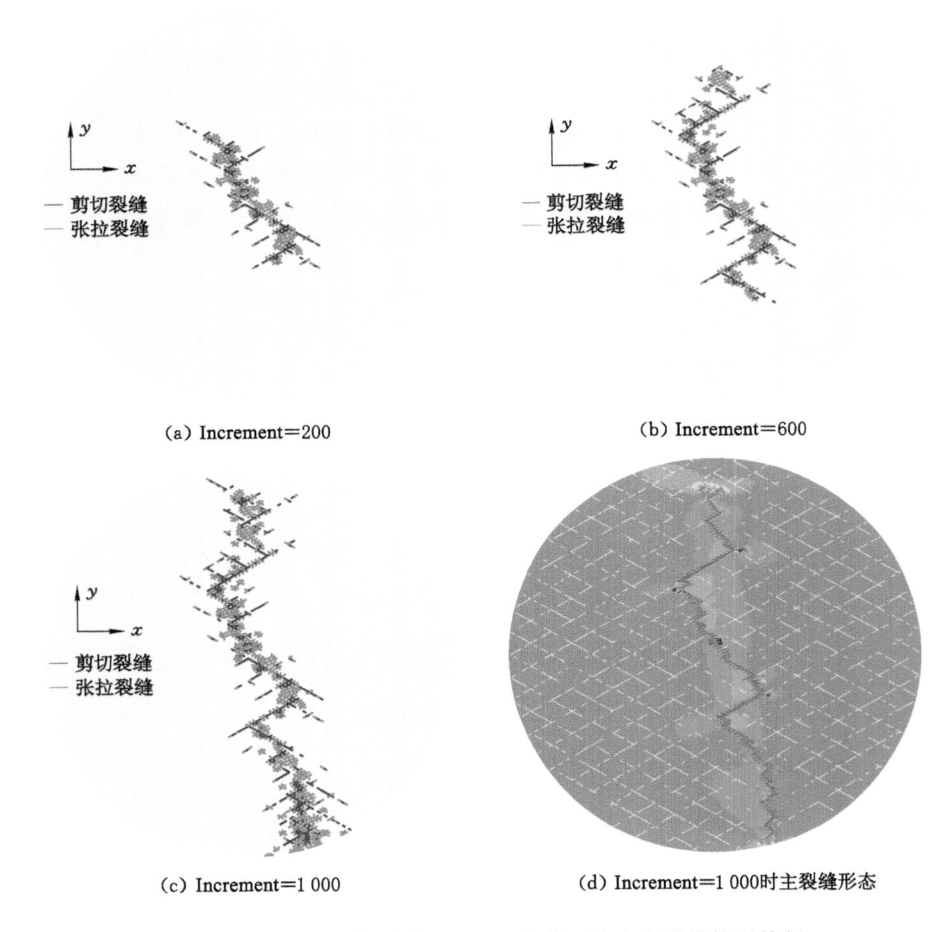

图4-25 共轭节理粗糙度JRC=5条件下的水力裂缝扩展特征

对比图4-25和图4-26可知，随节理粗糙度从5增至10，虽裂缝分支有所减少，但仍形成了丰富的多级裂缝结构，且此结构与图4-21中的JRC=15条件下的差异不大，都呈以张拉裂缝为主、局部混合剪切裂缝和大型剪切分叉裂缝的形态。

由图4-27可知，当节理粗糙度增加至20时，裂缝形态与JRC=5、10或15条件下的存在一定差异，体现在分叉裂缝数量及分叉裂缝延伸度上。JRC=20条件下，裂缝分叉数量有所减少，且在压裂早期(Increment=200)，水力裂缝呈现出近似沿最大主应力方向扩展的现象，说明JRC值的提高使得节理对裂缝方向的控制能力减弱。此外，对比观察图4-25(c)

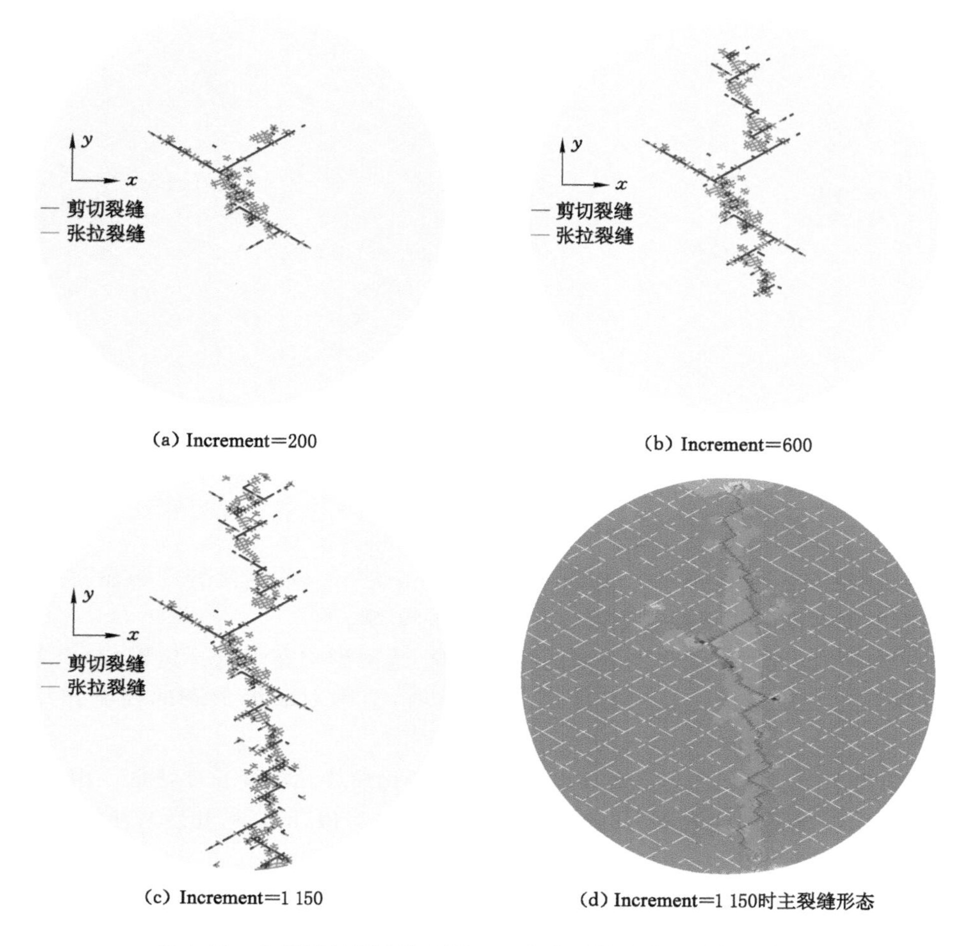

(a) Increment=200
(b) Increment=600
(c) Increment=1 150
(d) Increment=1 150时主裂缝形态

图 4-26 共轭节理粗糙度 JRC=10 条件下的水力裂缝扩展特征

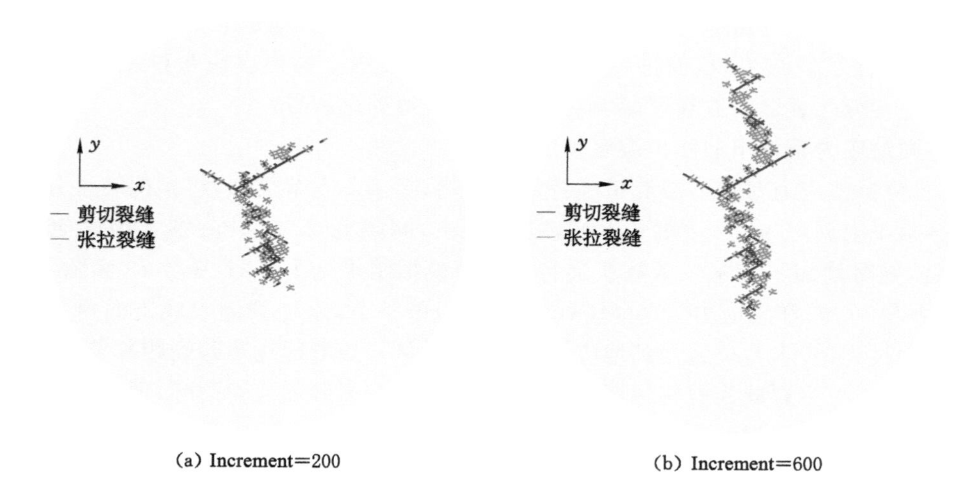

(a) Increment=200
(b) Increment=600

图 4-27 共轭节理粗糙度 JRC=20 条件下的水力裂缝扩展特征

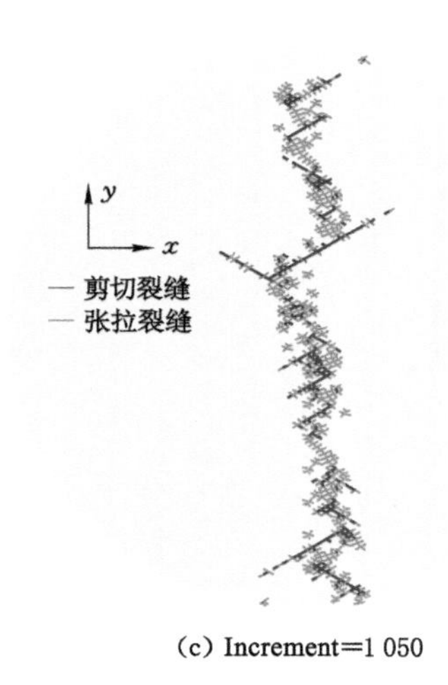

(c) Increment=1 050

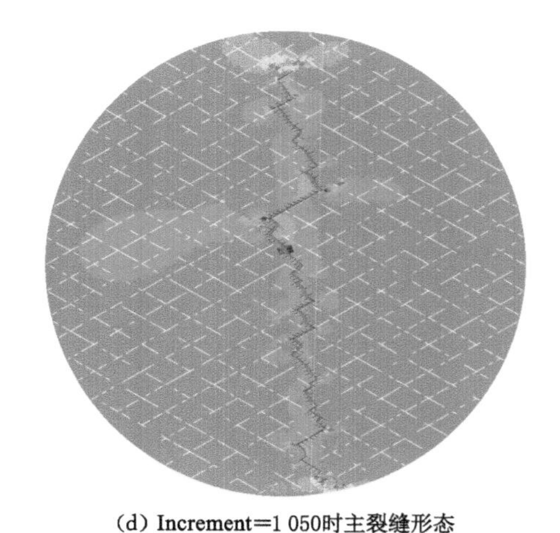

(d) Increment=1 050时主裂缝形态

图 4-27(续)

与图 4-27(c)中的宏观裂缝形态可知,JRC=20 条件下的分叉裂缝延伸度明显变短,这说明节理粗糙度的提高削弱了缝网在宽度方向上所受的影响。

综上,节理粗糙度对压裂早期缝网的扩展方向、缝网影响宽度有一定影响,但总体上不改变裂缝网络的宏观走向。当粗糙度提高至 20 时,节理对裂缝形态的控制作用不及地应力。

图 4-28 为不同节理粗糙度条件下的注入压力变化曲线及裂缝长度特征。由图 4-28(a)可知,各节理粗糙度下的注入压力随时间变化曲线十分类似,节理粗糙度对注入压力变化特征影响微弱。由图 4-28(b)可知,随着节理粗糙度从 5 增加至 20,水力裂缝总长度从 134.8 m 降低至 112.9 m,剪切裂缝长度从 40.5 m 降低至 27.6 m,张拉裂缝长度从 94.3 m 降低至 85.3 m。此外,剪切裂缝长度与张拉裂缝长度之比也呈下降趋势,从 0.43 降至 0.32。节理粗糙度的提高,增强了节理的抗剪切能力,使得剪切裂缝长度及其所占比例降低。值得注意的是,节理粗糙度同样影响了张拉裂缝长度变化,这是由于节理粗糙度增加导致剪切分叉裂缝数量减少,从而进一步使得剪切分叉裂缝上的更次级张拉裂缝数量减少。由此可见,剪切分叉裂缝的数量可影响更次级分叉裂缝的总数量。

4.2.5 不同地应力条件下的水力裂缝扩展形态

为便于分析地应力对水力裂缝扩展特征的影响,与 4.1.5 节类似,将模拟结果分为两组进行讨论:第 1 组固定 σ_x 为 5 MPa 不变,只改变 σ_y,间隔为 2.5 MPa;第 2 组固定应力差 $\sigma_x-\sigma_y$ 不变,同时增加 σ_x 和 σ_y。裂缝扩展特征数值模拟结果见图 4-21、图 4-29 和图 4-30。

由图 4-29 可知,在地应力为(5 MPa,7.5 MPa)条件下,水力裂缝宏观走向沿节理方向扩展,在扩展过程中,水力裂缝受到地应力微弱影响,从一条节理逐步跨到相邻节理扩展;此条件下的水力裂缝主裂缝为剪切裂缝,次级裂缝包括张拉裂缝和剪切裂缝,但剪切裂缝的数量少于张拉裂缝。在压裂后期(Increment=950),水力裂缝发生了显著转向,试图向最大主应力方向折返,但主裂缝仍为剪切裂缝。由于模型范围限制,未能对水力裂缝的进一步扩展做模拟。可以推测,地应力对裂隙地层中水力裂缝的迂回度可能有较大影响。如图 4-31 所示,本书中将水力裂缝迂回度定义为最大主应力方向上一定长度范围内水力裂缝周期性曲

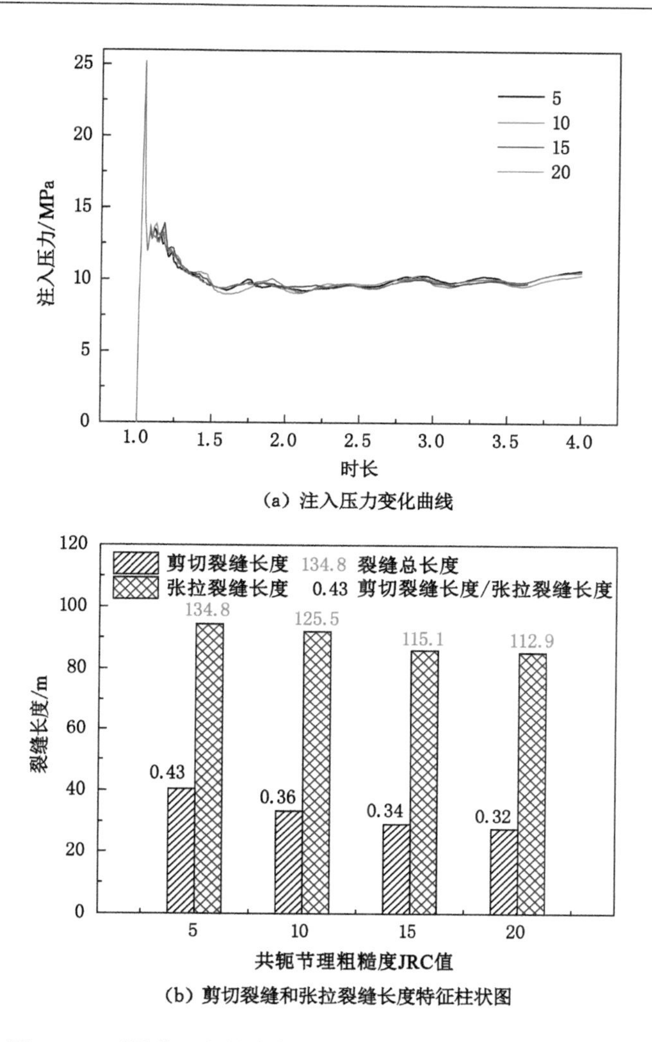

图 4-28 不同节理粗糙度条件下的注入压力和裂缝长度特征

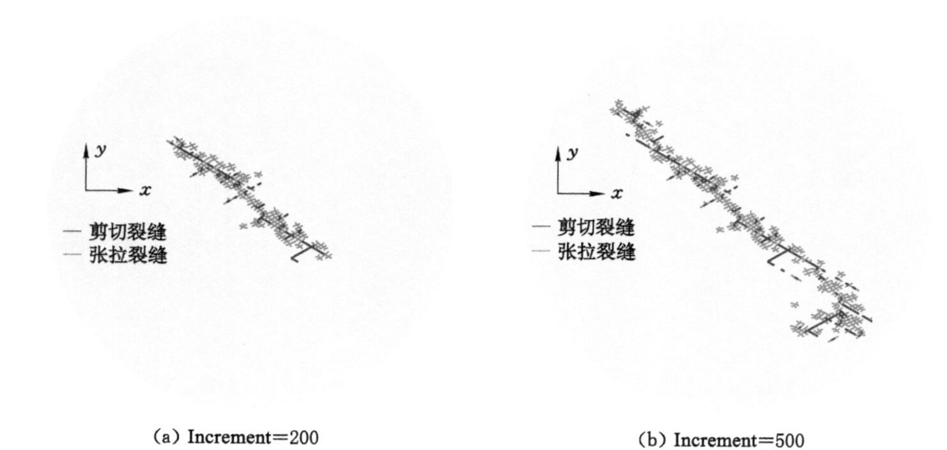

图 4-29 地应力(5 MPa,7.5 MPa)条件下的水力裂缝扩展特征

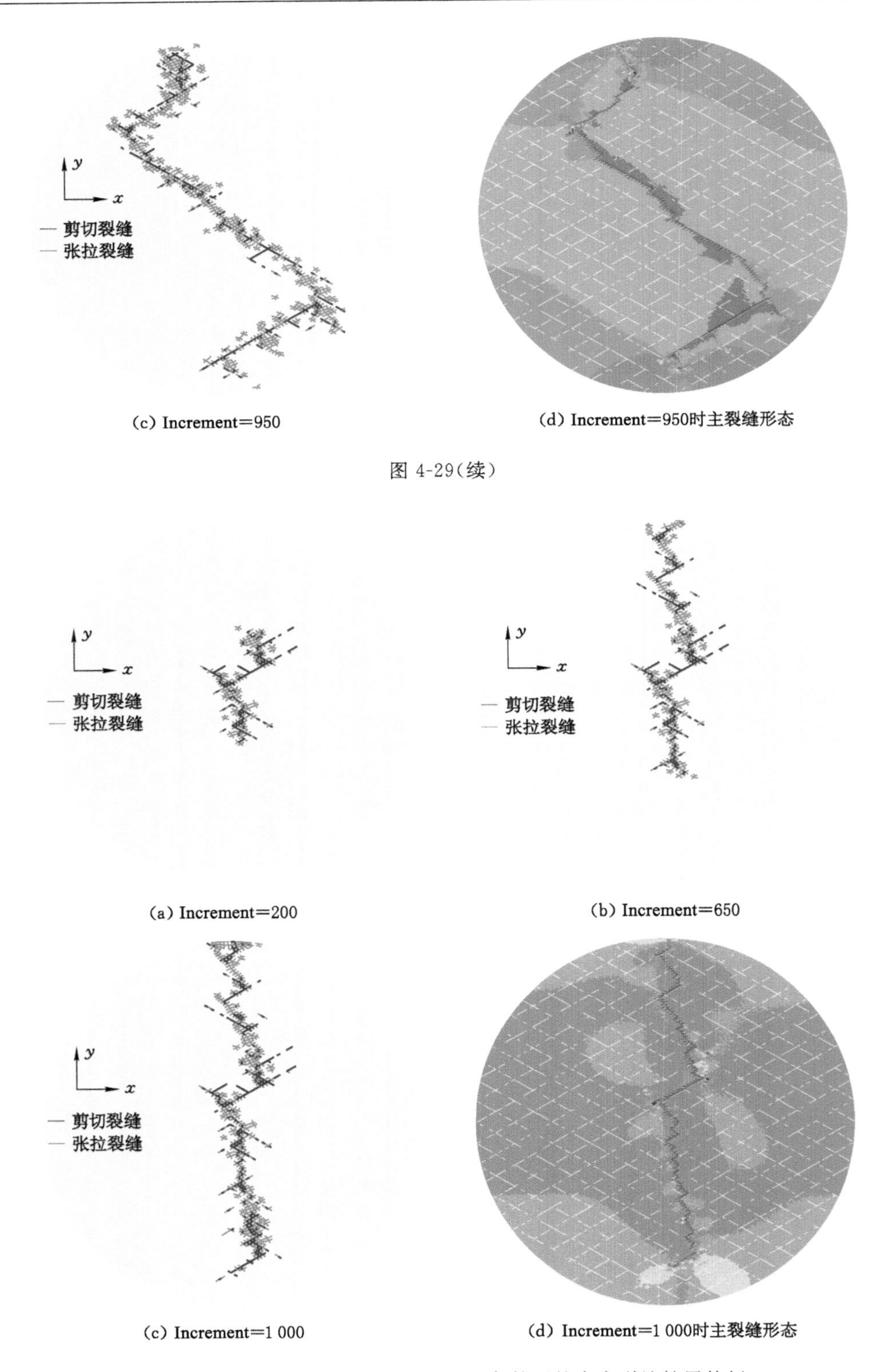

图 4-29(续)

图 4-30 地应力(5 MPa,12.5 MPa)条件下的水力裂缝扩展特征

折次数的倒数：

$$T_B = L_f / n_T \tag{4-1}$$

式中　T_B——水力裂缝迂回度，m；

L_f——最大主应力方向上一定长度范围，可取单位长度 1 m；

n_T——水力裂缝周期性曲折次数。

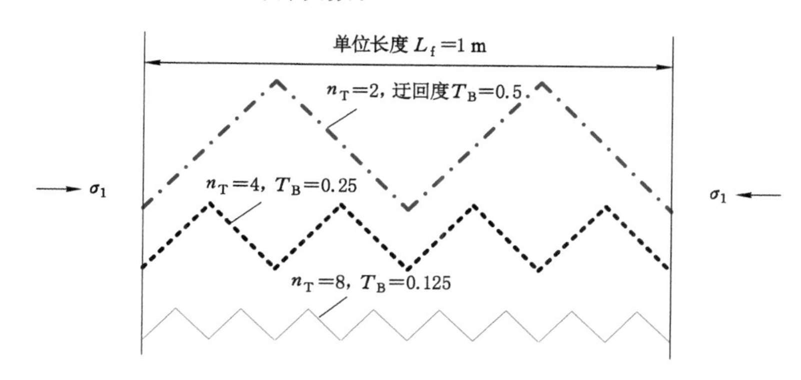

图 4-31　水力裂缝迂回度定义示意图

当应力差较小时，水力裂缝迂回度增大，表示裂缝沿层理扩展较远距离才开始折返；当应力差较大时，应力场对裂缝控制作用增强，水力裂缝迂回度减小，表示裂缝沿层理扩展较短距离马上折返，在宏观上裂缝扩展方向逼近最大主应力方向。

由图 4-21 和图 4-30 可知，随着应力差增大，水力裂缝迂回度的确降低，说明上述推论的合理性。迂回度的降低有利于产生更多的分叉裂缝，从而提升缝网改造的效果。水力裂缝迂回度表达了地应力对裂缝方向的控制程度，迂回度同地应力的控制作用呈反关系。

水力裂缝为何会沿天然裂缝扩展一定距离并折返值得进一步深入研究。

图 4-32 为不同 σ_y 条件下的注入压力变化曲线及裂缝长度特征。由图 4-32(a)可知，σ_y 为 7.5 MPa、10 MPa、12.5 MPa 条件下的初次破裂压力分别为 13.88 MPa、25.26 MPa、22.97 MPa。应力差较低时，应力场不能控制裂缝扩展方向，因此初次破裂压力受节理弱面影响较大而呈现低值。在正常压裂阶段，3 者的注入压力差异不大。由图 4-32(b)可知，随着 σ_y 由 7.5 MPa 增至 12.5 MPa，水力裂缝总长度由 148.2 m 减少为 107.5 m，剪切裂缝长度由 28.8 m 增加至 33.8 m，张拉裂缝长度由 119.4 m 降至 73.7 m，剪切裂缝总长度与张拉裂缝总长度之比由 0.24 增至 0.46。在共轭节理地层中，应力差的增大有助于提高剪切裂缝所占比例，这是由于迂回度减小后产生了更多的剪切分叉裂缝。

图 4-21、图 4-33 至图 4-35 为应力差不变、不同围压条件下的裂缝扩展特征数值模拟结果。对比上述图可知，在(5 MPa，10 MPa)条件下(图 4-21)，裂缝形成了丰富的张拉次级裂缝，但在(10 MPa、15 MPa)、(15 MPa，20 MPa)、(20 MPa、25 MPa)条件下，水力缝网中张拉裂缝的数量显著减少，且随围压增大减少得更加明显；在压裂前期，几乎只沿节理发育了水力剪切裂缝，张拉裂缝数量稀疏且未形成网状分布。当 σ_x 增至 20 MPa 时，形成了水力剪切裂缝的主裂缝结构。此结果与 4.1.5 小节中含层理煤层压裂的结果保持了一致性，即验证了本数值模拟的正确性，同时也解释了深埋煤层压裂与浅埋煤层压裂所形成的缝网类型不同的机理。

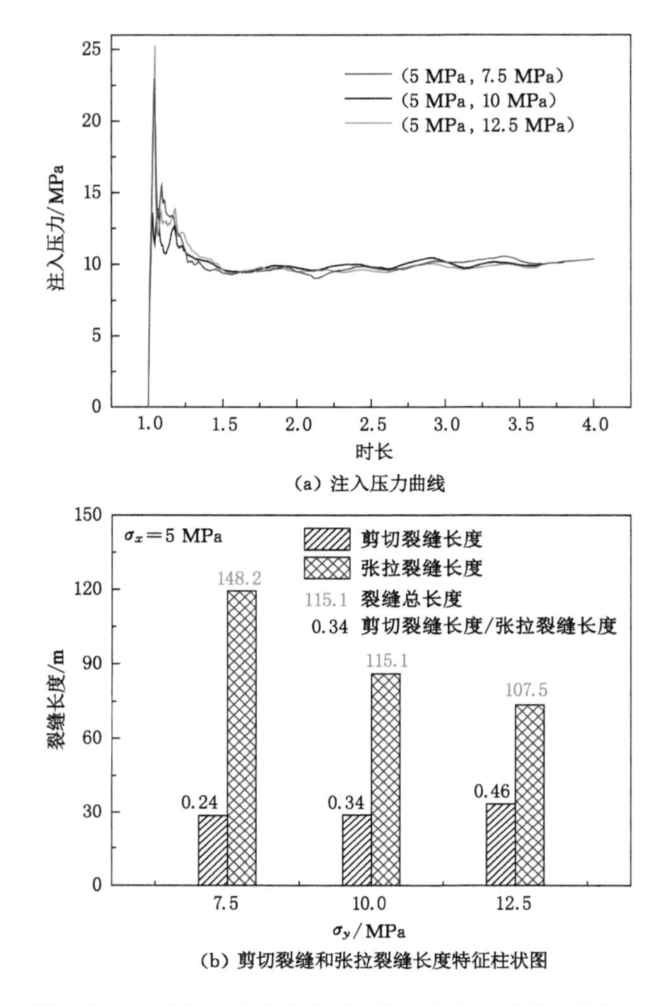

(b) 剪切裂缝和张拉裂缝长度特征柱状图

图 4-32　σ_x不变、σ_y变化条件下的注入压力和裂缝长度特征

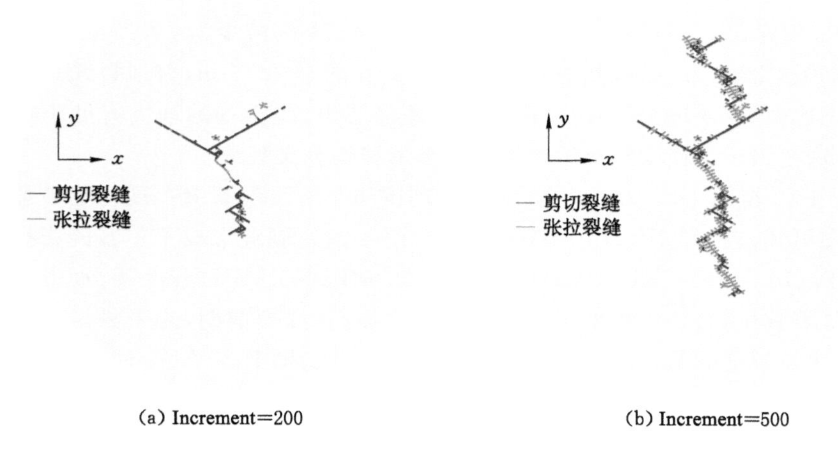

(a) Increment=200　　(b) Increment=500

图 4-33　地应力(10 MPa,15 MPa)条件下的水力裂缝扩展特征

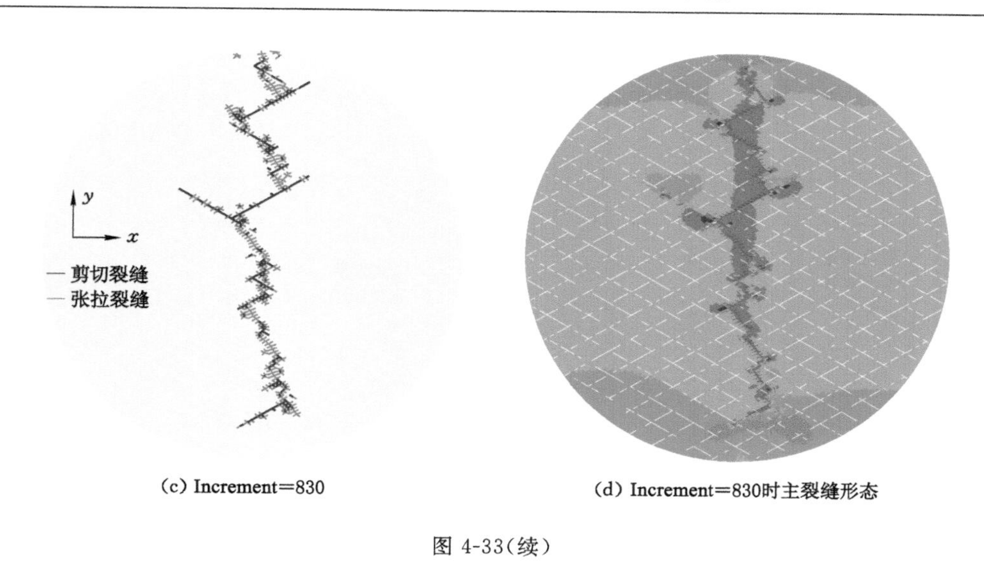

(c) Increment=830

(d) Increment=830时主裂缝形态

图 4-33(续)

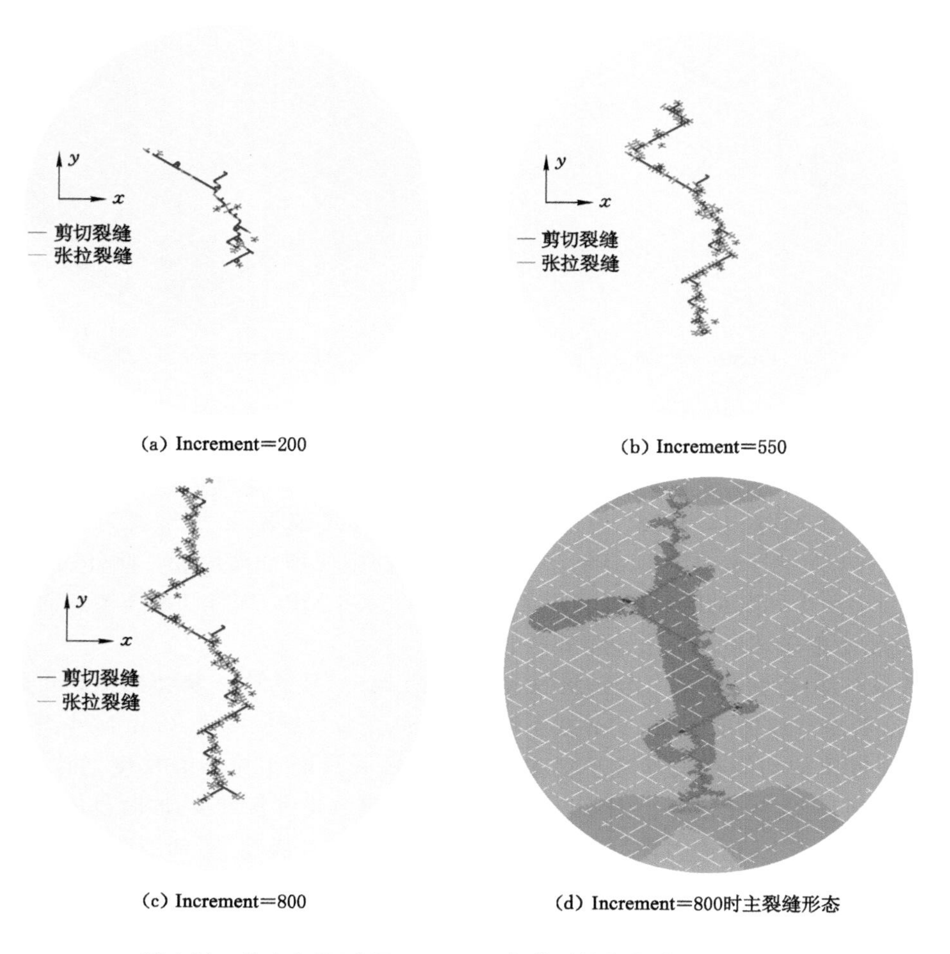

(a) Increment=200

(b) Increment=550

(c) Increment=800

(d) Increment=800时主裂缝形态

图 4-34 地应力(15 MPa,20 MPa)条件下的水力裂缝扩展特征

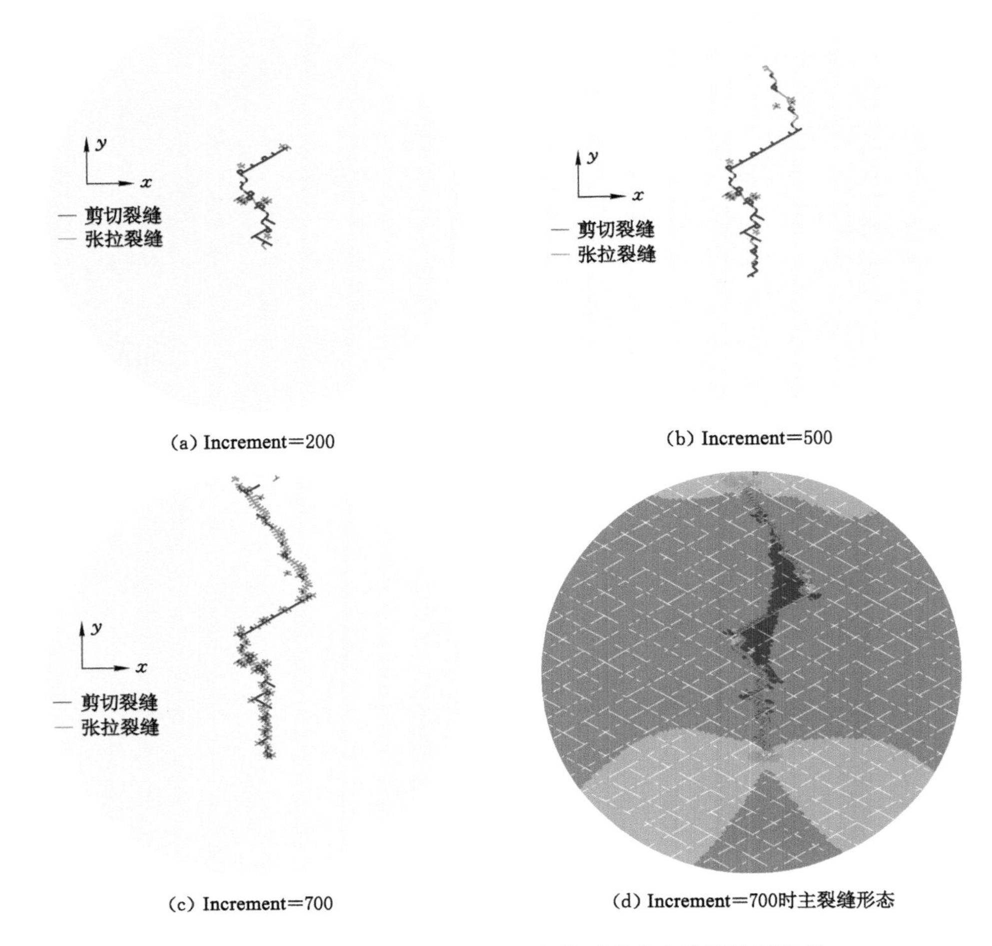

(a) Increment=200　(b) Increment=500

(c) Increment=700　(d) Increment=700时主裂缝形态

图 4-35　地应力(20 MPa,25 MPa)条件下的水力裂缝扩展特征

图 4-36 为不同围压条件下的注入压力变化曲线及裂缝长度特征。由图 4-36(a)可知，σ_x为 5 MPa、10 MPa、15 MPa、20 MPa 条件下的初次破裂压力分别为 20.32 MPa、28.10 MPa、41.02 MPa、46.48 MPa,初次破裂压力随围压增加而增加。此外,正常压裂阶段的注入压力约为 8.8 MPa、15.4 MPa、21.2 MPa、26.6 MPa,同样随围压增加而增加。上述结果表明,高围压环境增加了地层开启的难度。

由图 4-36(b)可知,随着σ_x由 5 MPa 增加至 20 MPa,裂缝总长度由 115.1 m 显著减小至 49.4 m,剪切裂缝长度由 29.1 m 减小至 15.1 m,张拉裂缝长度由 86 m 减小至 34.3 m,张拉裂缝长度比剪切裂缝长度减小得多。剪切裂缝长度与张拉裂缝长度之比为 0.34～0.48,未呈现明显的变化趋势。围压增加使得张拉裂缝数量大量减少,同时也使得剪切分叉裂缝数量减少。综上,地应力环境对水力裂缝的主裂缝破坏类型、剪切裂缝比例、裂缝迂回度、裂缝扩展方向、缝网影响宽度有重要影响,研究多级裂缝形成过程需要重点考虑地应力的影响。

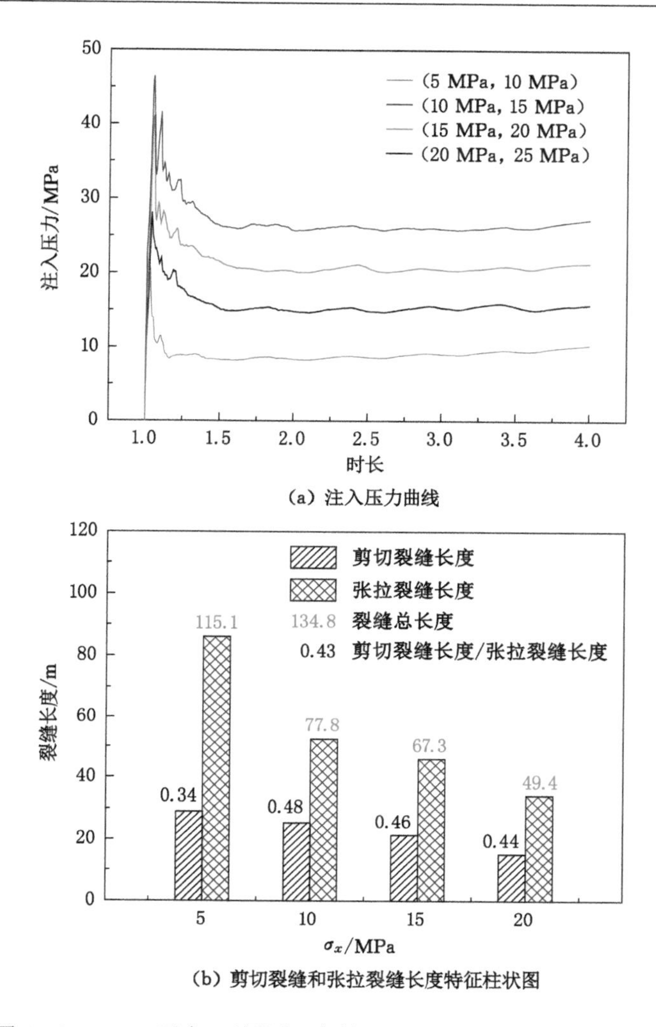

(a) 注入压力曲线

(b) 剪切裂缝和张拉裂缝长度特征柱状图

图 4-36 $\sigma_x-\sigma_y$不变、不同围压条件下的注入压力和裂缝长度特征

4.3 割理网络对水力裂缝扩展特征的影响

4.3.1 试验方案

根据割理的成因,受构造作用轻微的割理多为张性裂隙,且正交割理系统的粗糙度不高。割理在压裂作用下破坏可能受注入排量的影响较大,故本次试验将割理方向与主应力方向保持斜交不变,应力场(σ_x,σ_y)保持(5 MPa,10 MPa)不变,割理粗糙度 JRC 取 10,仅研究排量对割理系统的影响,排量峰值分别设置为 0.000 3 m^3/s、0.000 1 m^3/s、0.000 03 m^3/s、0.000 01 m^3/s,排量加载方式为线性斜坡加载。

4.3.2 数值计算模型

图 4-37 为正交割理系统数值模型与 Voronoi 割理系统数值模型,两模型中仅在割理处嵌入内聚力单元,煤基质内部不再嵌入。正交割理系统模型中压裂区半径为 0.1 m,整个模型半径为 0.6 m。压裂区内单元尺寸约为 2 mm,共划分 16 184 个 CPE4P 多孔渗流单元和

3 781 个 COH2D4P 内聚力单元；整个模型共划分 47 229 个单元。端割理和面割理相互垂直，端割理仅在两相邻面割理间发育，且部分割理不沟通面割理；割理系统与最大主应力方向呈 45°斜交。

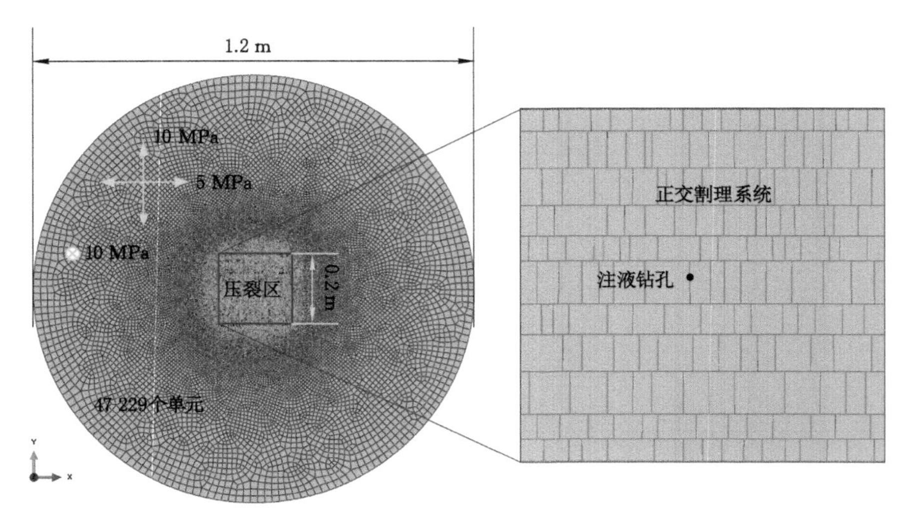

(a) 正交割理系统压裂数值模型

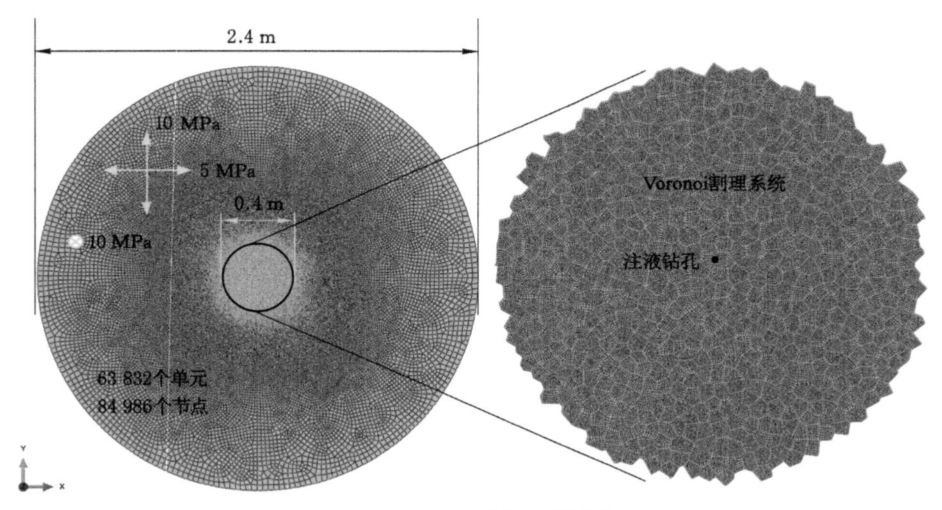

(b) Voronoi割理系统压裂数值模型

图 4-37 割理网络压裂数值模型

Voronoi 割理系统模型中压裂区半径为 0.2 m，整个模型半径为 1.2 m，压裂区内共包含 642 个 Voronoi 多边形。所生成的 Voronoi 模型中会出现短边，这些短边不利于网格划分甚至影响计算精度。图 4-38 中的红色边为初始 Voronoi 模型中边长小于 0.002 m 的短边，需要将它们进行几何修复，修复策略为将短边的两个端点合并为 1 个端点，合并后的端点位置为原始短边的中点。

Voronoi 模型压裂区内单元尺寸约为 2 mm，共划分 33 599 个 CPE4P 单元和 9 195 个

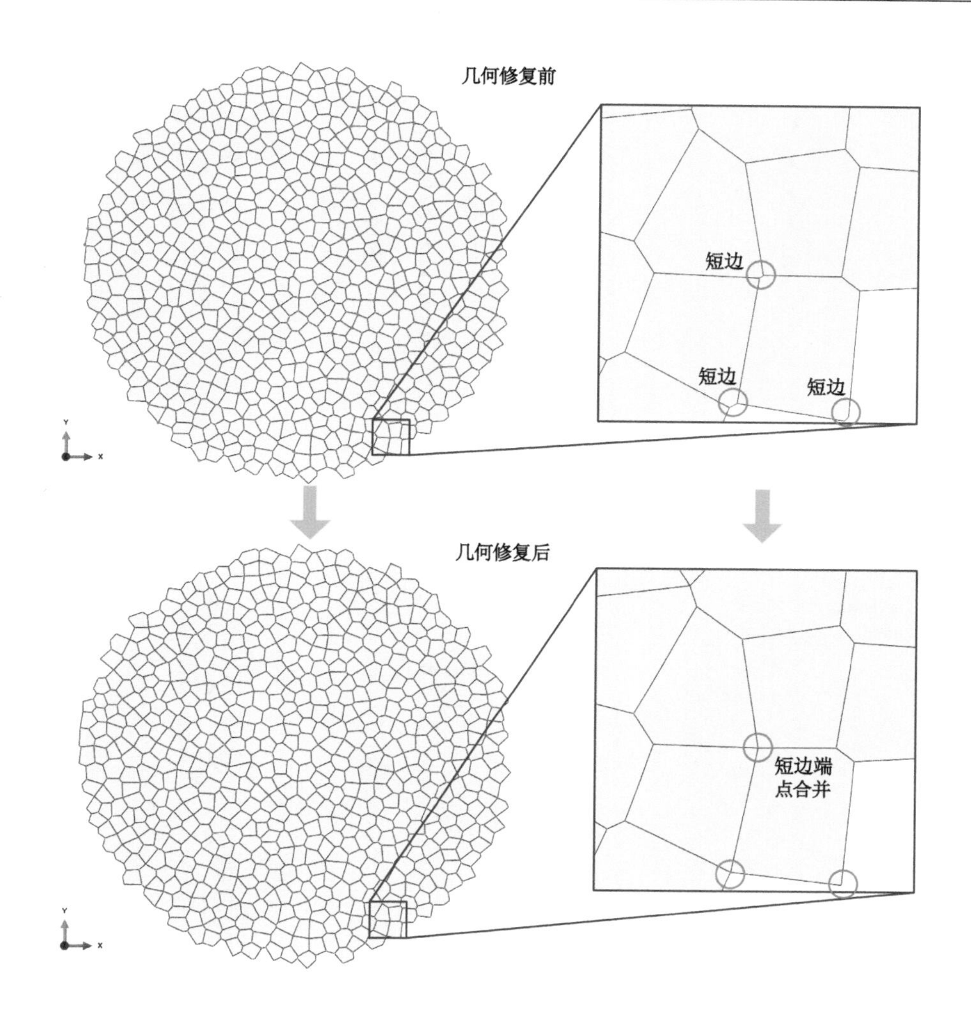

图 4-38 Voronoi 割理模型中短边几何修复原理

COH2D4P 内聚力单元，整个模型共划分 63 832 个单元。数值模拟参数同表 4-2。

4.3.3 正交割理网络对水力裂缝扩展的影响

不同排量条件下正交割理网络中的水力裂缝扩展数值模拟结果如图 4-39 至图 4-42 所示。由图可知，正交割理系统中可形成小规模的缝网结构，水力裂缝沿端割理和面割理交替扩展最终呈网状结构，这表明正交割理系统存在被压裂且生成多级水力裂缝的可能性。正交割理系统中的水力缝网形态与 4.1.5 小节共轭节理地层的缝网形态有所差异，共轭节理地层倾向于形成中间宽、两头窄的纺锤形缝网宏观形态，而正交割理系统中的缝网形态为中间窄、两头宽。正交割理系统似乎对 0.000 3 m^3/s 至 0.000 01 m^3/s 的注入排量不敏感，各组试验结果虽有一定差异，但缝网形态都为中间窄、两头宽，这可能与面割理为贯通裂隙有关，面割理的连续贯通使得压裂液的流动更为容易。分析压裂后的位移分布云图可知，压裂液注入点附近的煤体的位移相对较大，面割理附近煤基质位移大于端割理附近的煤基质位移。

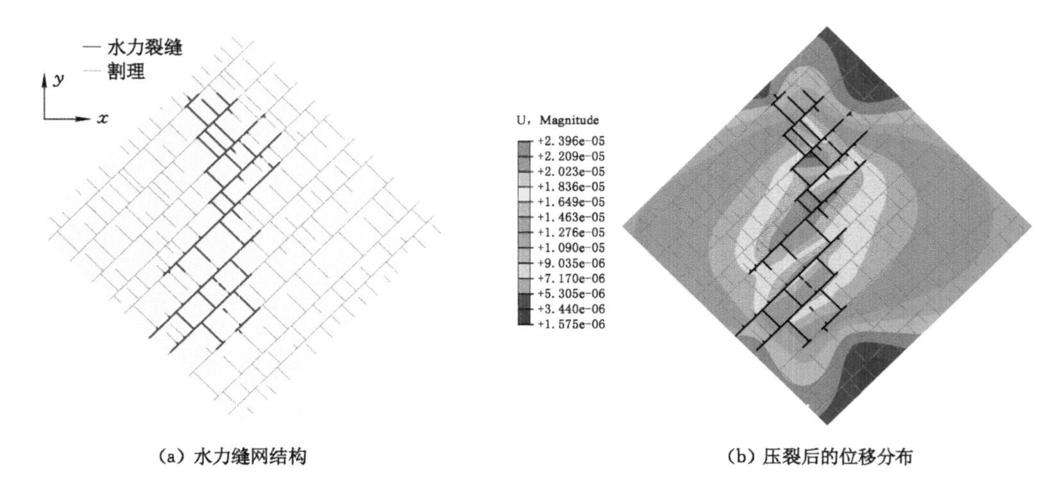

(a) 水力缝网结构　　(b) 压裂后的位移分布

图 4-39　0.000 3 m^3/s 排量下的正交割理系统水力缝网扩展模拟结果

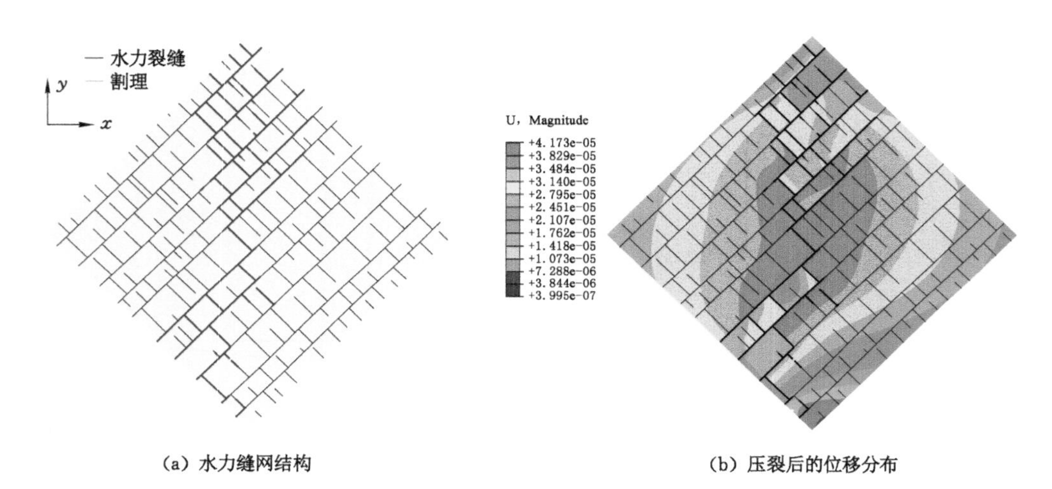

(a) 水力缝网结构　　(b) 压裂后的位移分布

图 4-40　0.000 1 m^3/s 排量下的正交割理系统水力缝网扩展模拟结果

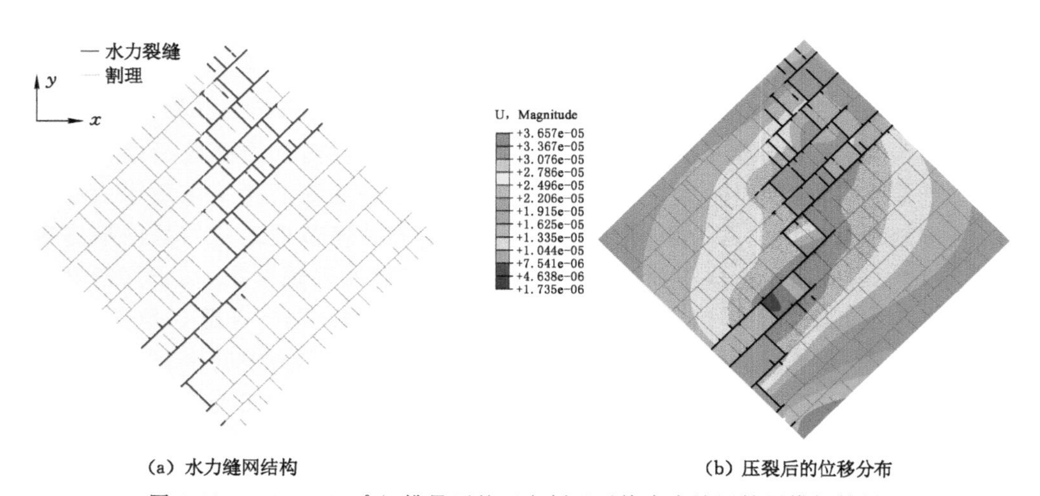

(a) 水力缝网结构　　(b) 压裂后的位移分布

图 4-41　0.000 03 m^3/s 排量下的正交割理系统水力缝网扩展模拟结果

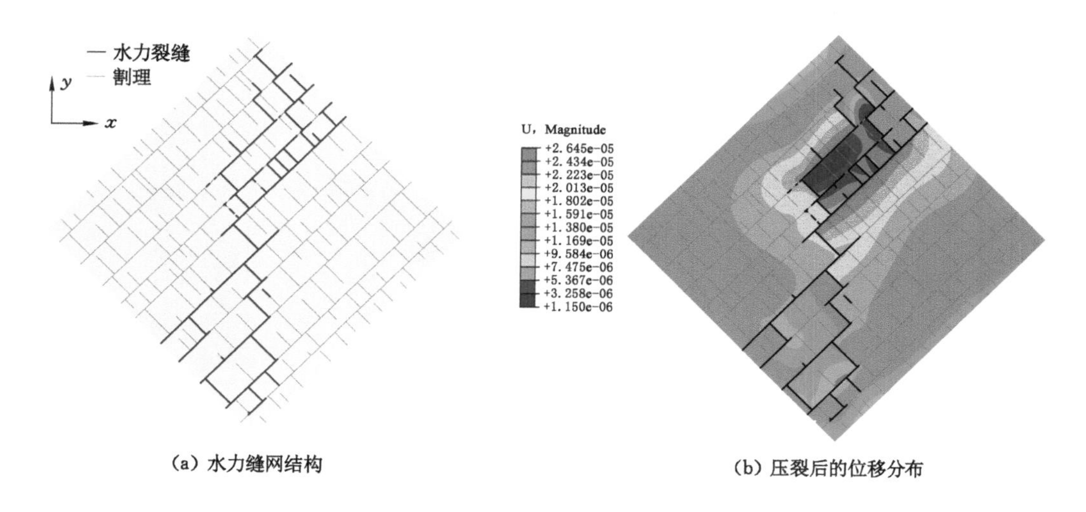

(a) 水力缝网结构　　(b) 压裂后的位移分布

图 4-42　0.000 01 m^3/s 排量下的正交割理系统水力缝网扩展模拟结果

4.3.4 Voronoi 割理网络对水力裂缝扩展的影响

不同排量条件下 Voronoi 割理网络中的水力裂缝扩展数值模拟结果如图 4-43 至图 4-46 所示。由图可知，类似于正交割理网络，排量为 0.000 1 m^3/s 和 0.000 3 m^3/s 条件下，Voronoi 割理系统中所形成的水力缝网大致沿最大主应力方向扩展，且同样为中间窄、两头宽的形态特征。与正交割理网络中不同的是，随着排量的减小，缝网影响长度逐渐减小，0.000 3 m^3/s、0.000 1 m^3/s、0.000 03 m^3/s、0.000 01 m^3/s 排量条件下所形成的水力裂缝总长度分别为 1.888 m、1.744 m、1.04 m、0.694 m，这表明在 Voronoi 割理网络中排量与水力裂缝总长度呈正比关系。

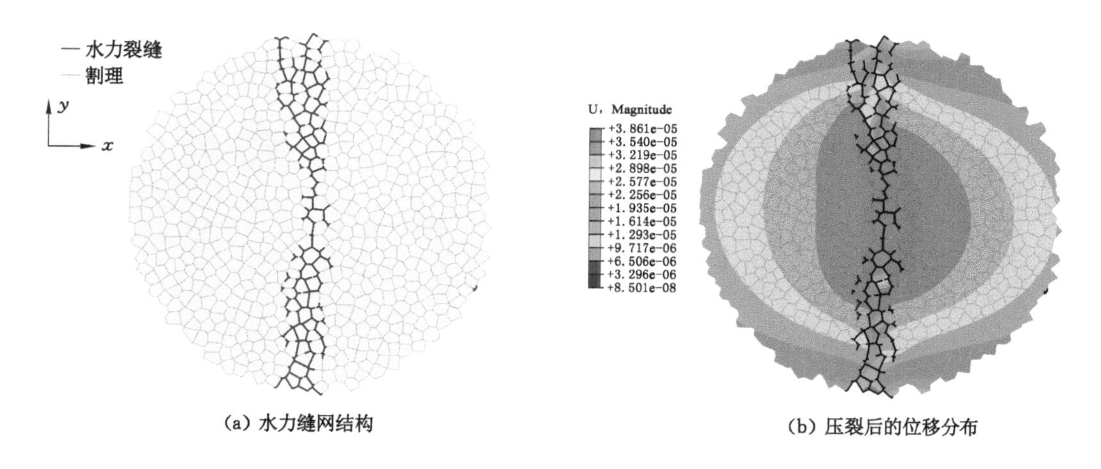

(a) 水力缝网结构　　(b) 压裂后的位移分布

图 4-43　0.000 3 m^3/s 排量下的 Voronoi 割理系统水力缝网扩展模拟结果

层理、非连续共轭节理网络、割理网络中的水力压裂数值试验结果表明，多级水力裂缝的形成、结构形态、破坏类型依赖于不同尺度的裂隙网络、地应力环境、天然裂隙强度参数、天然裂隙方向以及压裂液排量等因素的综合作用。

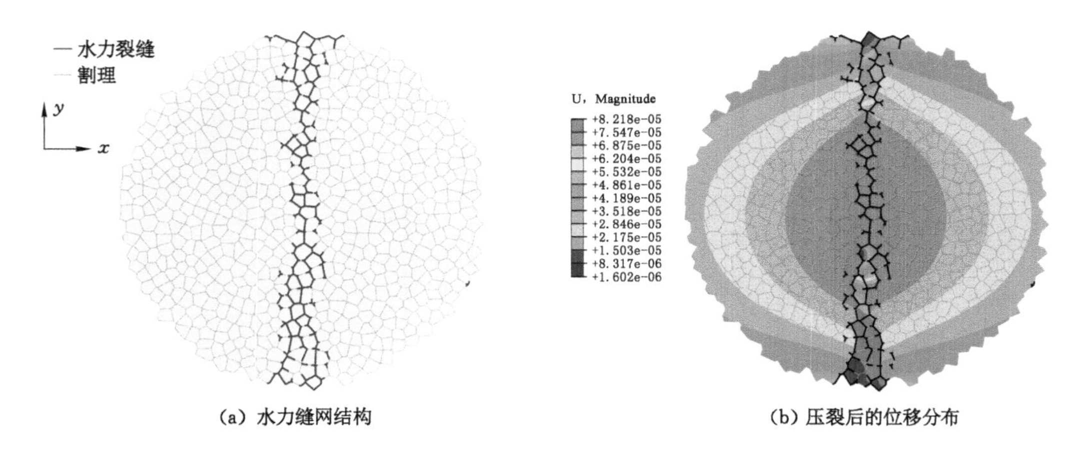

(a) 水力缝网结构 (b) 压裂后的位移分布

图 4-44 0.000 1 m^3/s 排量下的 Voronoi 割理系统水力缝网扩展模拟结果

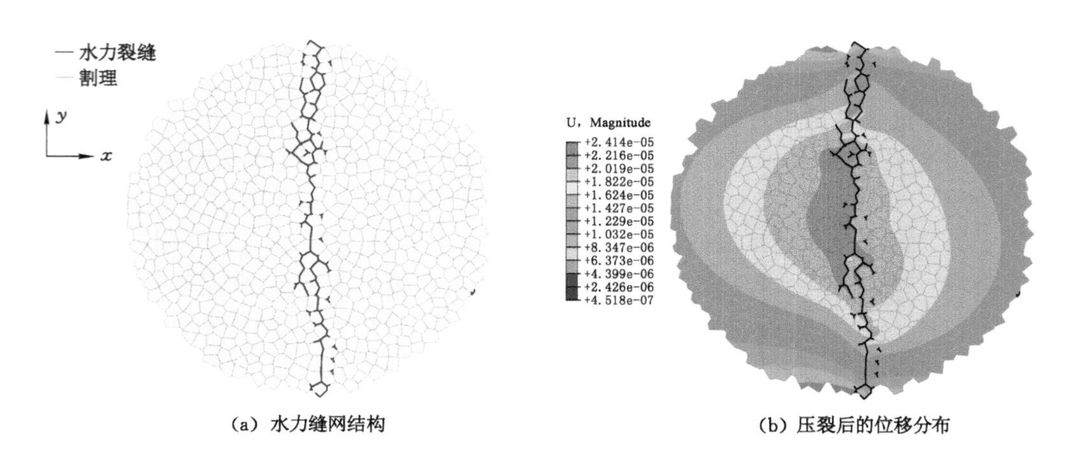

(a) 水力缝网结构 (b) 压裂后的位移分布

图 4-45 0.000 03 m^3/s 排量下的 Voronoi 割理系统水力缝网扩展模拟结果

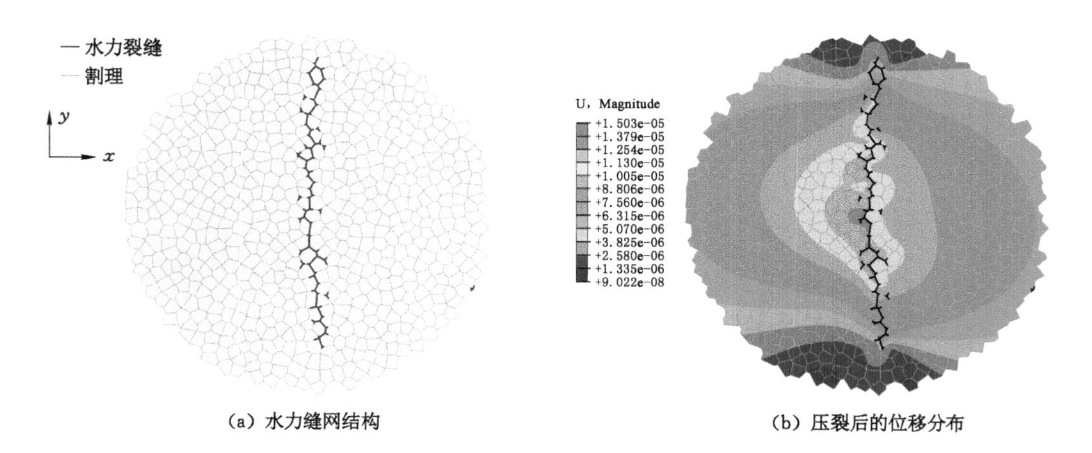

(a) 水力缝网结构 (b) 压裂后的位移分布

图 4-46 0.000 01 m^3/s 排量下的 Voronoi 割理系统水力缝网扩展模拟结果

5　多级水力裂缝形成机理分析

多级水力裂缝指在压裂过程中从宏观到细观的裂缝多级分叉行为，多级水力裂缝的形成是储层体积改造以及有效增透的关键，因此研究多级水力裂缝的形成机理至关重要。本章基于前述的现场调研与数值模拟试验，采用理论分析、工程案例对比分析等方法，研究水力裂缝的分叉行为。

5.1　天然裂缝诱导分叉作用

5.1.1　水力裂缝遇天然裂缝分叉理论判别

裂隙煤岩中的多尺度天然裂缝对裂缝的多级分叉行为及破坏类型有重要影响作用。如图 5-1(a)所示，在初始有效应力场（σ'_x，σ'_y）条件下，σ'_y 与 F_n 的交角设为 θ_s，水力裂缝流体压力为 p_h，则原始状态下未受水力裂缝扰动的天然裂缝面在 A 段的受力情况为：

$$\begin{cases}\sigma'_{nf}=\sigma'_y\sin\theta_s+\sigma'_x\cos\theta_s\\ \tau'_{nf}=\sigma'_y\cos\theta_s-\sigma'_x\sin\theta_s\end{cases}\tag{5-1}$$

式中　σ'_{nf}——天然裂缝未受水力裂缝扰动条件下的有效法向应力，Pa；

τ'_{nf}——天然裂缝未受水力裂缝扰动条件下的有效切向应力，Pa。

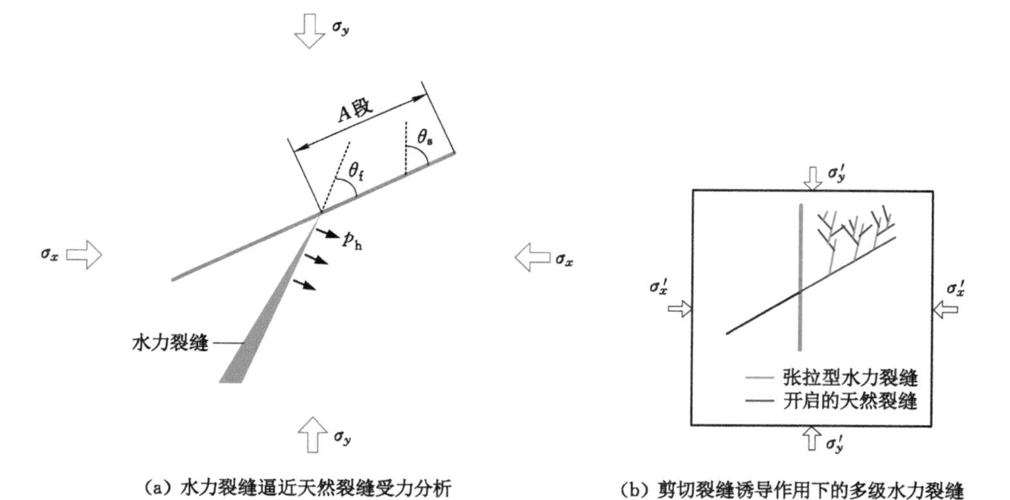

(a) 水力裂缝逼近天然裂缝受力分析　　(b) 剪切裂缝诱导作用下的多级水力裂缝

图 5-1　水力裂缝逼近天然裂缝示意图

弹性应力校核小变形分析中，应力具有叠加性。因此，当水力裂缝 F_h 逼近天然裂缝 F_n 时（其交角设为 θ_f），天然裂缝面在 A 段的受力转变为：

$$\begin{cases} \sigma'_{nf} = \sigma'_y \sin\theta_s + \sigma'_x \cos\theta_s - p_h \cos\theta_f \\ \tau'_{nf} = p_h \sin\theta_f - \sigma'_y \cos\theta_s + \sigma'_x \sin\theta_s \end{cases} \tag{5-2}$$

σ'_{nf} 条件下的巴顿强度准则 τ_B 为[206]：

$$\tau'_B = \sigma'_{nf} \tan[\varphi_b + \mathrm{JRC}\lg(\sigma_{cs}/\sigma'_{nf})] \tag{5-3}$$

若 $\tau'_B \leqslant \tau'_{nf}$，则天然裂缝发生剪切破坏，此时，流体压力 p_h满足：

$$p_h \geqslant \frac{\sigma'_{nf}\tan[\varphi_b + \mathrm{JRC}\lg(\sigma_{cs}/\sigma'_{nf})] + (\sigma'_y \cos\theta_s - \sigma'_x \sin\theta_s)}{\sin\theta_f} \tag{5-4}$$

注意，σ'_{nf} 中包含 p_h项，因此式(5-4)难以得到解析解，可采用 Matlab 求解其数值解。

由式(5-2)可知，流体压力 p_h越高，σ'_{nf} 急剧降低甚至变为零，即压裂作用已完全抵消地应力对天然裂缝的控制作用，则天然裂缝被高压流体开启，具体条件为：

$$p_h \geqslant \frac{\sigma'_y \sin\theta_s + \sigma'_x \cos\theta_s}{\cos\theta_f} \tag{5-5}$$

水力裂缝穿过天然裂缝的条件为：

$$p_h \geqslant \sigma'_y \sin(\theta_s - \theta_f) + \sigma'_x \cos(\theta_s - \theta_f) + \sigma_{t\text{-}c} \tag{5-6}$$

式中　$\sigma_{t\text{-}c}$ ——煤基质抗拉强度，Pa。

式(5-5)的含义为水力裂缝流体压力克服地应力作用及煤基质的抗拉强度。若同时满足式(5-4)和式(5-5)，则可形成以张拉型水力裂缝为主、天然剪切型裂缝为分支的分叉裂缝结构。式(5-4)和式(5-5)中的变量共有 8 个，涉及有效应力场、水力裂缝方向、天然裂缝方向、天然裂缝面粗糙度、天然裂缝面抗压强度和煤基质抗拉强度。

可见，分叉裂缝的判别在理论形式上较为复杂。但易知，当 p_h显著大时，必可同时满足式(5-4)和式(5-5)，从而形成分叉裂缝。因此，压裂工程中，大排量压裂更易于形成分叉裂缝结构。

若存在水力裂缝沿天然裂缝扩展，天然裂缝与最大主应力方向斜交，因地应力场的控制作用，则在天然裂缝上可诱导出张拉型水力裂缝；4.1 节与 4.2 节数值模拟结果显示了此分叉过程，见图 4-7 至图 4-9。煤岩的多尺度裂隙结构使得此“张拉水力裂缝-剪切水力裂缝-张拉水力裂缝”从宏观至细观逐级形成，如图 5-1(b)所示。

5.1.2　天然裂缝粗糙度与裂隙流体压力对水力裂缝分叉行为的影响

当 $\sigma'_x = 5$ MPa，$\sigma'_y = 10$ MPa，$\theta_s = 60°$，$\theta_f = 60°$，$\sigma_{cs} = 30$ MPa，$\sigma_{t\text{-}c} = 1.31$ MPa，$\varphi_b = 27°$ 时，由 p_h与 JRC 判别裂缝分叉及裂缝破坏类型的情况如图 5-2 所示。由图 5-2 可知，p_h-JRC 平面被分为 5 个区域；图中蓝线、红线以及虚线分别表示式(5-4)、式(5-5)与式(5-6)。在区域 1 内，无论粗糙度为多少，因流体压力较低，水力裂缝不能扩展，亦不能促使天然裂缝发生剪切破坏。在区域 2 内，水力裂缝内的流体压力大于最小主应力与煤基质抗拉强度之和，水力裂缝可穿过天然裂缝产生张拉型水力裂缝并扩展，由于天然裂缝的 JRC 为 11.6～20，天然裂缝较粗糙、强度较高，不满足式(5-4)，因此天然裂缝不发生剪切破坏。在区域 3 内，水力裂缝内流体压力低于最小主应力与煤基质抗拉强度之和，因此水力裂缝不能穿过天然裂缝形成张拉型水力裂缝；但此时天然裂缝 JRC 为 0～11.6，强度相对较低，在水力裂缝流体压力的作用下天然裂缝发生剪切破坏。在区域 4 内，同时满足式(5-4)与式(5-6)，水力裂缝不仅穿过天然裂缝扩展，而且使天然裂缝转化为水力剪切裂缝。在区域 5 内，满足式(5-5)和式(5-6)，水力裂缝内流体压力较高，水力裂缝不仅穿过天然裂缝扩展，而且在高压下直接开启了天然裂缝，天然裂缝此时的破坏类型为张拉型。上述理论分析结果恰与 4.1.4 小节的数值模拟结果相互印证。

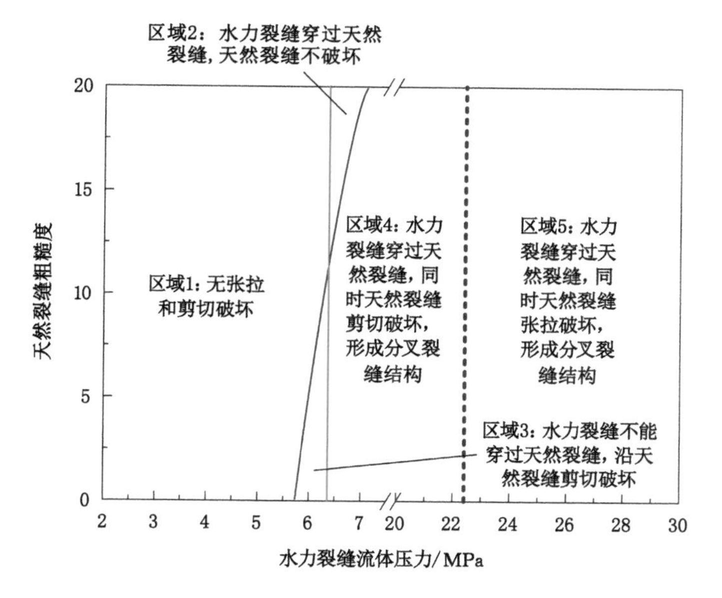

图 5-2 水力裂缝遇天然裂缝分叉行为及破坏类型分析

5.1.3 天然裂缝面抗压强度对水力裂缝分叉行为的影响

当 $\sigma'_x = 5$ MPa，$\sigma'_y = 10$ MPa，$\theta_s = 60°$，$\theta_f = 60°$，$\sigma_{t\text{-}c} = 1.31$ MPa，$\varphi_b = 27°$时，不同天然裂缝面抗压强度 σ_{cs}对水力裂缝分叉行为的影响如图 5-3 所示。由图 5-3 可知，当 $\sigma_{cs} = 20$ MPa 时，在此地应力条件下，水力裂缝无法穿过天然裂缝扩展，只能停止扩展（水力裂缝流体压力较低时）。这是由于较低的裂缝面抗压强度导致剪胀角随正压力增高迅速减小；当正压力等于 σ_{cs}时，$\lg(\sigma_{cs}/\sigma'_{nf}) = 0$，剪胀角为 0°；如图 5-3(b)所示，若正压力超过 $\sigma_{cs} \times 10^{\varphi_j/\text{JRC}}$，剪胀角（负值）完全抵消掉摩擦角，强度曲线形成帽盖、剪胀效应消失。因此，煤岩中天然裂缝面若遇水导致 σ_{cs}降低，则将引起裂缝面强度包络线下移、剪切强度降低，从而促使水力剪切裂缝形成。

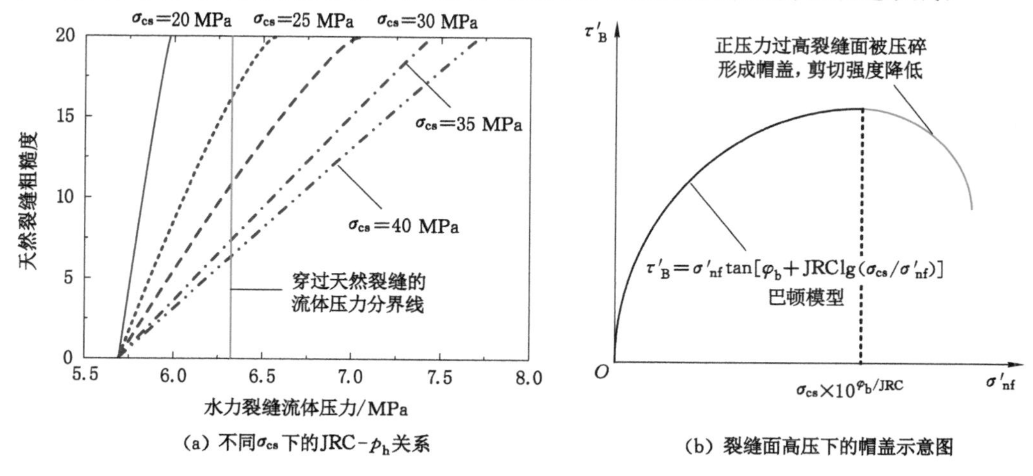

(a) 不同σ_{cs}下的JRC-p_h关系　　(b) 裂缝面高压下的帽盖示意图

图 5-3 天然裂缝面抗压强度 σ_{cs}对水力裂缝分叉行为的影响

引入图 5-2 的分区概念，由图 5-3(a)可知，随着 σ_{cs}的增加，区域 1 和 2 范围逐渐增大，区域 3 和 4 的范围逐渐减小，且判别线交点位置逐渐降低：当 σ_{cs}=25 MPa 时，判别线交点处 σ_{cs}=15.9；当 σ_{cs}=30 MPa 时，判别线交点处 JRC=11.6；当 σ_{cs}=35 MPa 时，判别线交点处 JRC=7.3；当 σ_{cs}=40 MPa 时，判别线交点处 JRC=6.7。这说明，天然裂缝面抗压强度对裂缝破坏成因及分叉行为有重要影响；随着 σ_{cs}增加，在天然裂缝处分叉的难度增加。

5.1.4 有效应力场对水力裂缝分叉行为的影响

当 θ_s=60°，θ_f=60°，σ_{cs}=30 MPa，JRC=20，$\sigma_{t\text{-}c}$=1.31 MPa，φ_b=27°时，不同 σ'_x、σ'_y 对水力裂缝分叉行为的影响如图 5-4 所示，图中蓝线为天然裂缝剪切破坏判别线，红线为水力裂缝穿透天然裂缝判别线，紫线为天然裂缝张拉破坏判别线。天然裂缝破坏判别线的上方范围表示天然裂缝破坏，下方表示未破坏；水力裂缝穿透天然裂缝判别线的上方表示穿透，下方表示未穿透。由图 5-4 可知，当 σ'_x 不变时，随着 σ'_y 增大，若要使天然裂缝发生剪切破坏，水力裂缝内流体压力应增长，即天然裂缝破坏的难度增加。当 σ'_y 不变时，随着 σ'_x 增大，天然裂缝破坏的难度降低，较低的水力裂缝流体压力即可使得天然裂缝发生破坏。随着 σ'_x 增大，水力裂缝穿透天然裂缝的难度同样增加。由此可见，地应力场对水力裂缝的分叉行为的控制作用较为明显，与水力裂缝垂直的最小主应力增加会使得水力裂缝不易穿透天然裂缝，而更加倾向于向天然裂缝转向。图中交点 1 和交点 2 分别表示在 σ'_x=5 MPa 和 σ'_x=10 MPa 条件下的分叉最低工况点，交点 1 的各应力情况为：σ'_x=5 MPa，σ'_y=8.54 MPa，p_h=6.31 MPa；交点 2 的各应力情况为：σ'_x=10 MPa，σ'_y=18.1 MPa，p_h=11.31 MPa。裂缝分叉时所需的有效应力差 $\sigma'_y-\sigma'_x$ 和 p_h都随 σ'_x 增大而增加。

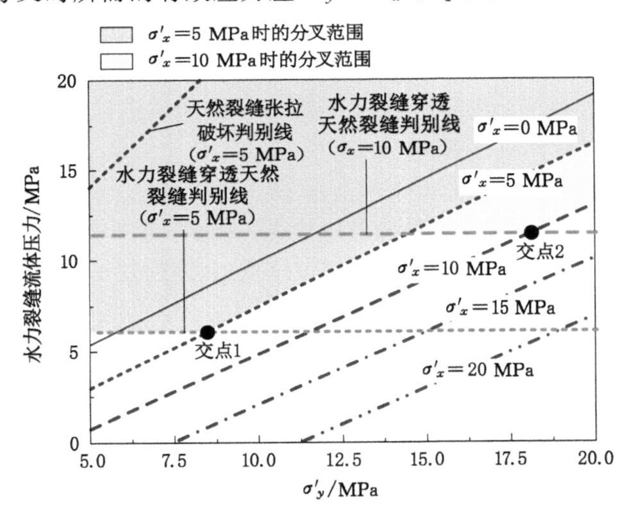

图 5-4 有效应力场对水力裂缝分叉行为的影响

干热岩储层与煤储层压裂的破坏机理显著不同。干热岩所处环境地应力高、基岩抗拉强度高，天然裂缝发生剪切破坏的可能性高于水力裂缝沿基岩劈裂破坏的可能性，现场监测表明，水力剪切裂缝可能是干热岩压裂的主要裂缝类型。煤储层因埋藏较干热岩浅，因此所处环境地应力相对较低，煤基质的抗拉强度显著低于干热岩的基岩，因此，对于煤储层来说，水力裂缝成因受应力环境影响较大，需要根据实际情况具体分析。

5.1.5　天然裂缝方向对水力裂缝分叉行为的影响

当$\sigma'_x=5$ MPa，$\sigma'_y=10$ MPa，$\sigma_{cs}=30$ MPa，JRC$=20$，$\sigma_{t\text{-}c}=1.31$ MPa，$\varphi_b=27°$时，不同θ_s和θ_f对水力裂缝分叉行为的影响如图5-5所示，图中各线的上方区域表示破坏，下方区域表示未破坏。利用图5-5可对不同方向的天然裂缝及水力裂缝的破坏类型、走向、是否分叉作出判断。由图5-5可知，当θ_f不变时，随着θ_s增大，天然裂缝发生剪切破坏所需要的水力裂缝流体压力越小，而发生张拉破坏所需的水力裂缝流体压力越大，天然裂缝更倾向于剪切破坏；随着θ_s减小，天然裂缝更倾向于张拉破坏。当p_h、θ_s、θ_f同时位于黑线和红线上方时，水力裂缝可穿透天然裂缝扩展，并在天然裂缝处形成分叉裂缝。

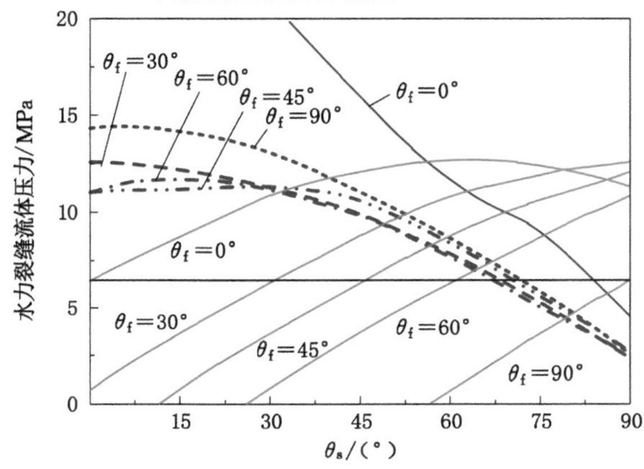

图5-5　天然裂缝方向对水力裂缝分叉行为的影响

5.2　重复压裂诱导应力场改变

重复压裂指采用改变排量、改变加砂方式等工艺对储层进行多次刺激，以达到形成复杂缝网的目的，工程实践中也多采用重复压裂对低透气性煤层或其顶底板进行储层改造。重复压裂下，煤储层可经历多次注液压裂、加砂支撑、停泵卸载的循环过程，充分使储层压裂范围内的局部应力场发生改变，从而在再次压裂时产生不同方向的水力裂缝，形成多级水力裂缝结构。

5.2.1　重复压裂下的诱导应力场特征

图5-6为裂隙煤岩重复压裂过程中的最大主应力变化云图。由图5-6可知，重复压裂使地层的应力环境不断改变，随着裂缝扩展，最大主应力低压区域（黄-红色区域）不断增大，从而表明压裂扰动范围逐渐扩大；相较Increment＝800，Increment＝1 000时的次级裂缝数量显著增多，说明重复压裂通过改变诱导应力场可实现对次级裂缝的开启。由图5-6(e)可知，当Increment＝957时，远场最大主应力方向存在不同程度的改变。近水力缝网的区域的最大主应力方向急剧改变，在随后的重复压裂作用下将诱发多分支裂缝，从而形成复杂缝网结构。

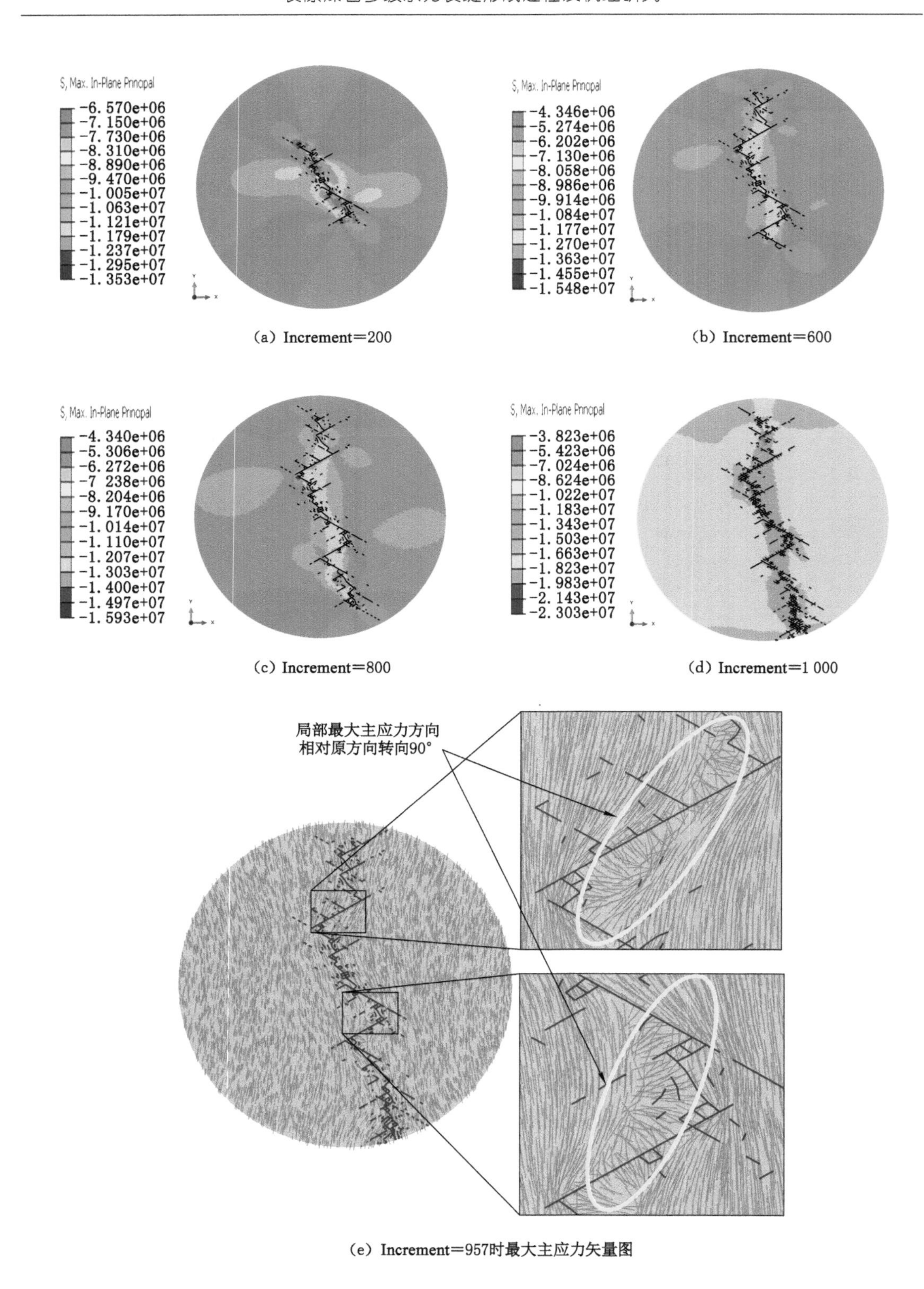

(a) Increment=200　　(b) Increment=600

(c) Increment=800　　(d) Increment=1 000

(e) Increment=957时最大主应力矢量图

图 5-6　裂隙煤岩重复压裂过程中的最大主应力变化特征

此外，重复压裂过程中的停泵或减小排量诱发张拉破坏裂缝的作用亦不可忽略，Su等[17]对此进行了初步分析。大排量压裂阶段，压裂钻孔区域的最大有效主应力呈放射性分布；遭遇突然停泵或减小排量后，钻孔周围的最大有效主应力方向急剧变为环状分布，这将引起钻孔周围的天然裂缝呈圆周状扩展、成核，形成环状分区破裂。在反复压裂下，钻孔周围的径向裂缝与环状裂缝（周缘引张裂缝）交织成网状。图5-7为多孔压裂时最大有效主应力矢量分布云图，其中中间钻孔为压裂孔，两侧钻孔为定向孔（不进行注液压裂，相当于停泵后的钻孔）。由图5-7可知，中间钻孔周围的最大有效主应力呈放射状分布，而定向孔周围的最大有效主应力呈环状分布。

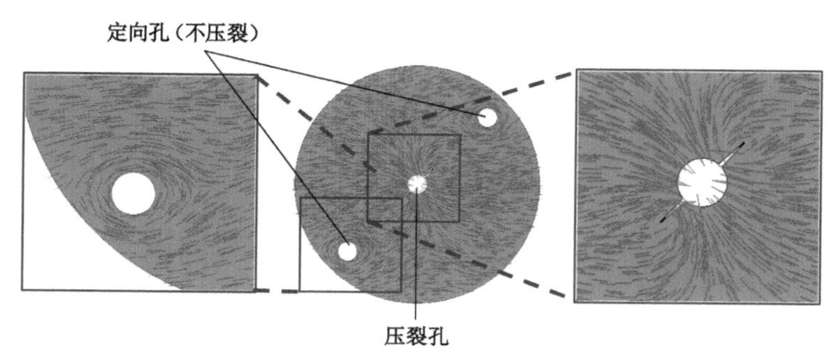

图5-7　多孔压裂时最大有效主应力矢量分布云图

此外，重复压裂也为段塞加砂、变粒径加砂、变压裂液黏度等提供了基础，丰富了压裂工艺；各种工程手段共同促进诱导应力场的改变，从而促进多级水力裂缝的形成。

5.2.2　重复压裂与常规压裂的缝网特征对比

基于参考文献[226,250,275-276]的重复压裂和常规压裂下的缝网特征如表5-1所示。由表5-1可知，重复压裂下，缝网宽度普遍大于50 m，显著比常规压裂下的缝网宽，这说明重复压裂有形成多级裂缝的能力，造缝能力强。

表5-1　重复压裂和常规压裂缝网特征对比

矿区或煤矿	井型	压裂方式	压裂层	缝网长度/m	缝网宽度/m	主裂缝面特征	文献
焦作矿区恩村1号井	垂直井	变排量压裂	$二_1$煤	186.7	约52	垂直缝	郭凯[275]
五里堠井田 LAWLH-023井	垂直井	变排量压裂	3#+4#煤	192.7	53.7	垂直缝	蔺海晓[226]
寺河井田	垂直井	变排量压裂	15#煤	157.7	约50	垂直缝	张永成等[276]
沁水盆地L-03井	垂直井	变排量压裂	15#煤	221.5	68.1	垂直缝	苏现波等[250]
焦作矿区G-005井	垂直井	常规压裂	$二_1$煤	165.3	23.3	垂直缝	苏现波等[250]
晋城矿区L-026井	垂直井	常规压裂	3#煤	214.3	28.5	垂直缝	苏现波等[250]

5.3　大排量压裂诱发裂缝动态扩展与分叉

5.3.1　不同排量下水力裂缝形态分析

压裂初期，压裂目标层裂缝体积小，大排量压裂使注入钻孔附近煤岩体剧烈经受动态荷载，并迫使压裂液在钻孔周围开启复杂裂缝。为分析排量对裂缝扩展和分叉的影响，建立如图 5-8 所示的共轭节理煤层数值模型，物理力学参数与 4.2 节相同，地应力环境为 σ'_x = 5 MPa，σ'_y =10 MPa，分别以 0.003 m^3/s、0.006 m^3/s、0.01 m^3/s 的排量峰值以周期变排量方式将压裂液注入钻孔，裂纹扩展模拟结果如图 5-9 所示，注入压力及裂缝长度对比如图 5-10 所示。

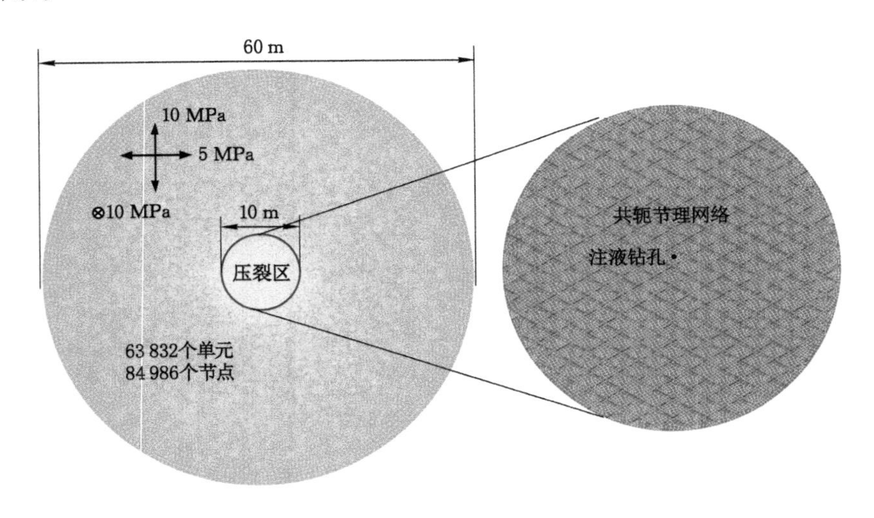

图 5-8　不同排量压裂试验的数值计算模型

由图 5-9 和图 5-10(b)可知，随着注入排量的增大，缝网结构更加复杂，分叉裂缝更加发育。当注入排量为 0.003 m^3/s 时，主裂缝(总)长度为 12.33 m，次级裂缝(总)长度为 29.95 m，次级裂缝长度/主裂缝长度为 2.43，且缝网影响宽度较窄；当注入排量为 0.006 m^3/s 时，主裂缝(总)长度为 15.05 m，次级裂缝(总)长度为 62.50 m，次级裂缝长度/主裂缝长度为 4.15，水力裂缝形成了 5 股较大的分叉；当注入排量为 0.01 m^3/s 时，主裂缝(总)长度为 16.43 m，次级裂缝(总)长度为 87.90 m，次级裂缝长度/主裂缝长度为 5.35，裂缝不仅形成了几股较大的分叉，而且各个分叉的次级裂缝较 0.006 m^3/s 条件下的更加发育。由图 5-10(a)可知，随着注入排量增大，初次破裂压力也逐步增加，对注入钻孔附近的煤岩体的扰动作用增强。

5.3.2　动态水力裂缝分叉原因分析

受到惯性效应的影响，裂缝的传播速度可发生激烈振荡。动态水力裂缝传播问题可分为三类：一是水力压裂作用引起的快速加卸载行为对天然裂缝稳定性的扰动；二是缝内流体压力的快速加载劈裂作用；三是远场地应力恒定条件下达到临界扩展长度的裂缝失稳快速传播。其中，前两类问题为外力随时间变化；第三类为外力恒定但裂纹自身失稳，如断层或弱面因溶蚀作用强度降低而在固有的地应力环境下失稳破坏。动态裂缝传播比静态传播机理复杂得多，可出现诸多特殊的传播行为，如传播速度振荡、传播路径弯折、裂缝分叉等。

理论上裂缝传播的上限速度为瑞利波速 C_R，当裂缝传播速度超过一定阈值后，传播速度会极不稳定，并产生裂缝分叉现象。试验测得晶体和非晶物质的裂缝极限传播速度分别为(0.63～0.9)C_R、(0.4～0.7)C_R[277-278]，且极限传播速度是材料的客观性质。Sharon

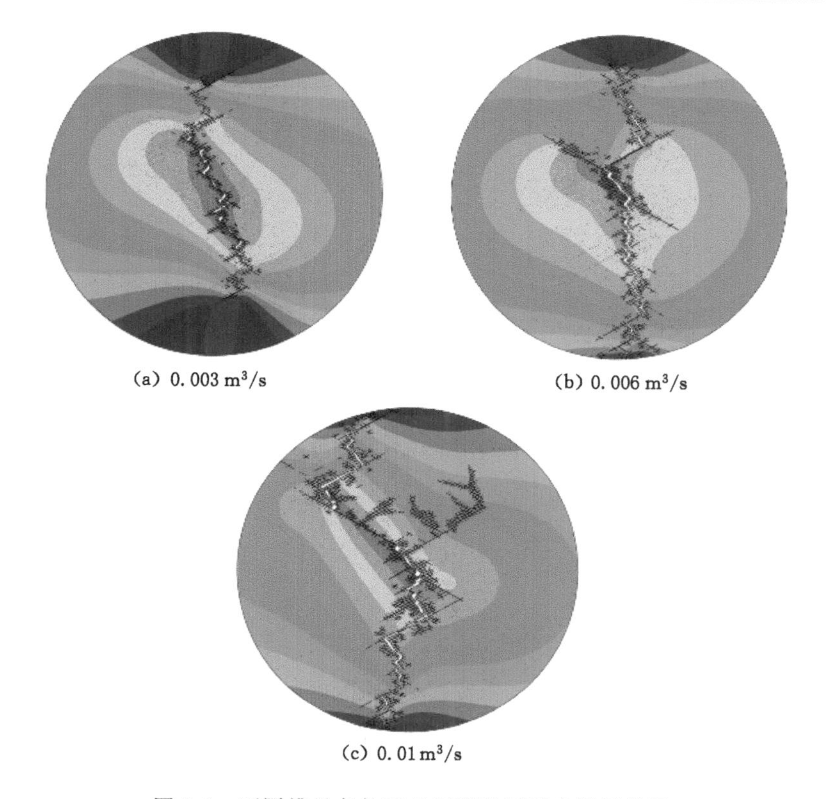

(a) 0.003 m^3/s　(b) 0.006 m^3/s

(c) 0.01 m^3/s

图 5-9　不同排量条件下的压裂缝网形态模拟结果

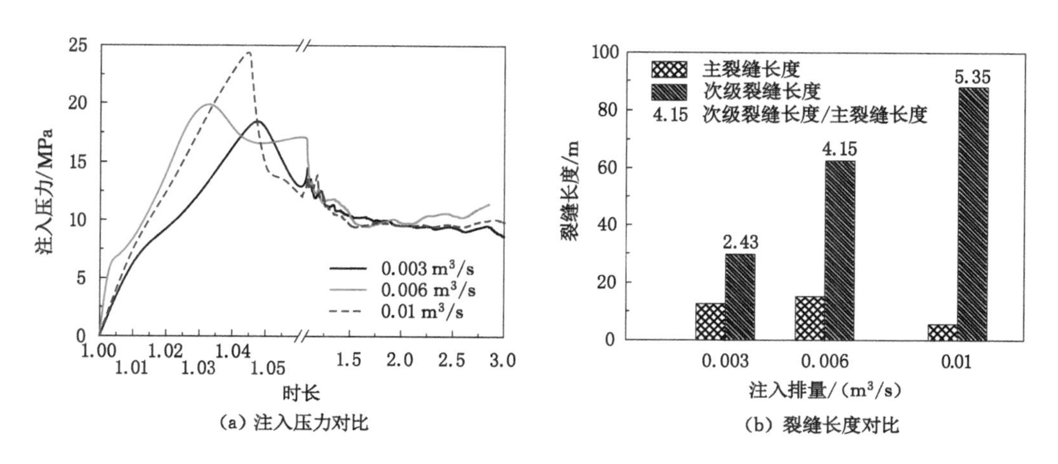

(a) 注入压力对比　(b) 裂缝长度对比

图 5-10　不同排量条件下的压裂特征对比

等[279]分析了动态裂缝分叉特征及分叉长度和传播速度的关系，如图 5-11 所示；但并未进一步明确裂缝分叉的产生机制。Yoffe 等[280]认为，当裂缝传播速度超过一定值后，在裂缝传播的过程中，在裂缝路径附近的局部应力场剧烈改变引起了微裂缝分叉。张振亚[281]利用黏聚区模型考虑断裂位移的率相关性模拟分析了Ⅰ型动态裂缝扩展过程中的分叉行为，证明分叉行为是动态裂缝传播的固有特征，与裂缝的断裂位移的率相关性(即与断裂能或断裂韧度的率相关性)有密切联系，裂缝张开变化率越大，分叉越长且可导致次级裂缝再次分叉。

裂缝分叉是裂缝动态传播过程中的固有现象，增大排量可显著提高对地层的扰动能力，促使裂缝发生动态传播而形成分叉裂缝。

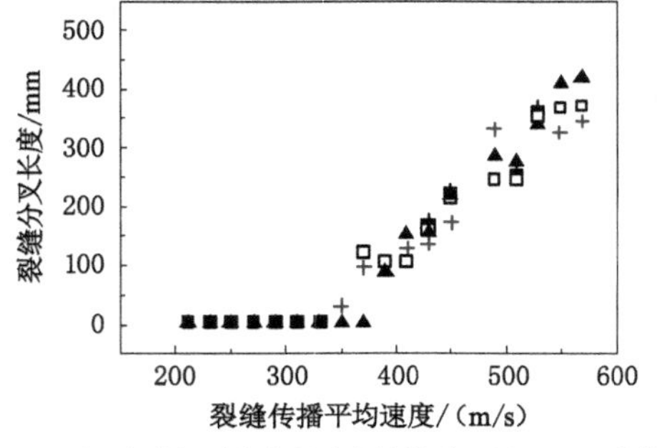

(a) 分叉长度与裂缝传播速度的关系（引自Sharon等[279]）

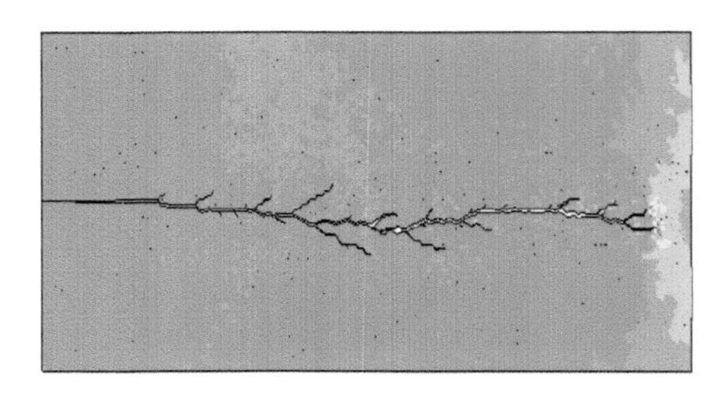

(b) 动态裂缝传播的分叉行为（引自张振亚[281]）

图 5-11　动态裂缝扩展的分叉特征

6 结论与展望

6.1 主要结论

(1) 通过现场调研、类比分析等方法,研究了裂隙煤岩的多尺度结构特征;研发了制备带压强制吸水煤样的试验装置,并进行了自然煤样、自然吸水煤样、带压强制吸水煤样的单轴压缩、常规三轴压缩以及声发射试验,分析了煤遇水软化损伤对水力压裂的影响;讨论了不同尺度裂隙结构对水力裂缝形成的控制作用。

水对煤的软化损伤存在多尺度特征。在宏观尺度上改变了煤的力学性质及结构面力学性质,从而影响压裂工程中储层应力分布及天然剪切裂缝的形成过程;在细观、微观尺度上改变了煤结构,引起煤中孔隙率、孔裂隙结构乃至渗透性变化,进一步影响压裂液的滤失渗流规律。

大型宏观煤岩结构(如碎粒煤、糜棱煤分层,夹矸层,大型节理和断层等)对水力裂缝的扩展方向、类型(水力剪切裂缝的形成)、规模产生重要影响,在分析地层压裂时,应充分考虑此类裂隙几何分布特征及力学特性。手标本尺度裂隙结构对煤岩的断裂特性(断裂过程区、断裂韧度)、压裂液滤失、煤岩样力学性质起主要控制作用;微孔裂隙结构对煤基质渗透特性、煤岩遇水软化特性等起主要控制作用。

(2) 基于黏聚区损伤本构关系提出了一种改进的用于模拟裂隙煤岩缝网压裂的建模方法及数值计算方法。

分析了普通内聚力单元及内聚力孔隙压力单元的特征,提出了一种简便的内聚力单元全局和局部嵌入算法以及用于模拟缝网压裂的孔隙压力节点合并法。

分析了内聚力单元在模拟煤岩破裂时的单元尺寸和刚度,给出了相应的计算方法。估算得到煤样黏聚区长度大约为 0.015 7 m;内聚力单元弹性模量与实体单元弹性模量一致条件下,内聚力单元刚度应至少为实体单元的 80 倍,以减小内聚力单元的嵌入行为对全局模型刚度的影响。

基于黏聚区模型建立了用于裂隙煤岩水力压裂的水力裂缝扩展损伤模型,包括拉剪混合损伤模型和基于巴顿模型的天然裂缝压剪损伤模型,编写了 USDFLD 用户子程序。

分析了内聚力单元法模拟缝网压裂的误差控制方法,并对所建损伤模型进行了对比验证;研究了水力裂缝的应力扰动范围,讨论了多缝压裂的数值或相似模型边界效应。研究表明,模型边界效应对水力裂缝扩展特征影响很大,模型尺寸与水力裂缝长度比例应不小于 5.59。实验室试验不易再现体积压裂现象与加载方式、模型尺寸以及煤岩材料断裂属性有关。

提出了非连续共轭节理网络、正交割理网络以及 Voronoi 裂隙网络的数值建模路径和算法，并采用 Python 语言实现了上述建模过程。

(3) 对裂隙煤岩多级水力裂缝的形成过程进行了数值模拟试验，研究了层理、非连续共轭节理网络、正交割理系统以及 Voronoi 割理系统等天然裂缝网络特征对水力裂缝形成过程的影响，分析了天然裂缝粗糙度、方向以及地应力对缝网形态、影响宽度、水力裂缝分叉过程、缝网中张拉和剪切裂缝比例、次级裂缝占比、注入压力变化的影响。

层理、非连续共轭节理网络、割理网络中的水力压裂数值试验结果表明，多级水力裂缝的形成、结构形态、破坏类型依赖于不同尺度的裂隙网络、地应力环境、天然裂隙强度参数、天然裂隙方向以及压裂液排量等因素的综合作用。

裂隙煤层缝网形态及破坏成因类型与干热岩压裂存在根本性不同。干热岩压裂多为水力剪切裂缝为主导，而埋藏相对较浅的煤层压裂多形成张拉型主裂缝。天然裂缝在高围压条件下对水力缝网主裂缝类型、缝网形态的控制作用增强。应力场恒定条件下，最小主应力增加不利于次级裂缝开启，同时促使主裂缝从张拉型破坏向剪切型破坏过渡。在同一区域地应力环境中，埋藏浅的煤层较埋藏深的煤层产生张拉型水力裂缝的可能性大，埋深的增加会促使张拉型主导的水力缝网向剪切型转变。

裂隙煤岩压裂的水力缝网形成过程中，既存在张拉裂缝，也存在大量的剪切裂缝。张拉型水力裂缝和剪切型水力裂缝在水力裂缝多级分叉扩展过程中可交替出现，多形成张拉型的第 1 级主裂缝、第 2 级剪切次级裂缝、第 3 级张拉次级裂缝的多级分叉结构，但在粗糙度低的天然裂缝网络中更倾向于形成水力剪切主裂缝伴随张拉分叉裂缝的缝网结构。第 2 级剪切次级裂缝的长度和数量显著影响更次级分叉裂缝的数量，从而在宏观上影响水力压裂的缝网改造效果。

次级裂缝总长度占缝网总长度的绝大部分，长度大于 0.05 m 的次级裂缝与主裂缝长度之比普遍超过 4.34，最高可达 14.20，说明在裂隙煤岩压裂中次级裂缝的数量将影响煤层的增透效果，提高次级裂缝占比对提高增透效果或地层导流能力至关重要。

在非连续共轭节理煤层中形成的水力缝网形态多呈纺锤形，靠近注液点的水力缝网影响宽度大，随主裂缝向远方延伸，缝网影响宽度逐渐变窄。但在割理网络中所形成的水力缝网宏观形态与之相反：缝网影响宽度随裂缝扩展而变宽，这与压裂液排量、原生割理的张性特征以及面割理贯穿长度较长有关。

定义了水力裂缝迂回度的概念，即最大主应力方向上单位长度范围内水力裂缝周期性曲折次数的倒数。采用水力裂缝迂回度评价了最大主应力以及天然裂缝对水力裂缝走向的控制作用，水力裂缝迂回度与地应力的控制作用呈反关系。水力裂缝迂回度随主应力差增大而降低；水力裂缝迂回度越小，非连续共轭节理地层中分叉裂缝数量越多。

共轭节理方向对水力缝网扩展方向、影响宽度、多级分叉特征等有重要影响。共轭节理锐角角平分线与最大主应力方向接近垂直时，所形成的主裂缝迂回度越高、缝网影响范围越大，可形成大型剪切成因的分叉裂缝；共轭节理锐角角平分线与最大主应力方向近似平行时，分叉裂缝数量较多但在缝网宽度方向上影响范围较窄；当某组节理走向与最大主应力方向夹角较小时，节理对裂缝走向的控制作用强于地应力。

(4) 采用理论分析、数值模拟，结合工程案例研究了裂隙煤岩多级水力裂缝的形成机理。

多尺度天然裂缝诱导分叉、重复压裂诱导地应力大小和方向改变、大排量动态压裂导致裂缝动态传播分叉是裂隙煤岩压裂形成多级水力裂缝的主要机制。其中，裂隙煤岩内所存在的多尺度天然裂缝是多级分叉的内因，重复压裂、大排量动态压裂是形成多级裂缝的外因。

建立了单条水力裂缝遇天然裂缝分叉的理论判别方法，分析了天然裂缝粗糙度、裂隙流体压力、天然裂缝面抗压强度、有效应力场、天然裂缝方向对水力裂缝分叉行为的影响。

重复压裂比常规压裂的缝网改造能力更强，尤其体现在缝网影响宽度方面；重复压裂作用下水力裂缝附近的局部应力场方向可改变 90°，为后续压裂过程中裂缝实现多级分叉提供了应力环境。初步探讨了大排量压裂下动态水力裂缝的分叉特征。排量增大可有效增加次级裂缝的分支数量以及更次级裂缝的复杂度。单孔隙压裂液排量为 0.003 m^3/s、0.006 m^3/s、0.01 m^3/s 条件下的次级裂缝长度与主裂缝长度之比分别为 2.43、4.15、5.35，从而表明增大排量可有效增加次级裂缝数量；相应的初次破裂压力分别为 18.62 MPa、20.67 MPa、25.26 MPa，增大排量促使煤岩破裂由静力学过程向动力学过程转变，提高了对地层的扰动能力，从而使水力裂缝发生动态传播。

6.2 主要创新点

(1) 提出了一种全局嵌入内聚力单元的优化算法，提出了基于内聚力单元法的非连续裂隙网络、割理网络的建模方法。

(2) 分析了裂隙煤岩水力压裂影响下裂隙煤岩中天然裂缝剪胀、扩展与剪切失稳机理，基于 USDFLD 用户子程序建立并编写了内聚力单元天然裂缝压剪损伤本构模型；揭示了层理、非连续共轭节理网络、正交割理系统以及 Voronoi 割理系统等天然裂缝网络特征对水力裂缝形成过程的影响，分析了天然裂缝粗糙度、方向以及地应力对缝网形态、影响宽度、水力裂缝分叉过程、缝网中张拉和剪切裂缝比例、次级裂缝占比、注入压力变化的影响。

(3) 分析了裂隙煤岩多级水力裂缝的形成机理。建立了单条水力裂缝遇天然裂缝分叉的理论判别方法，揭示了天然裂缝粗糙度、裂隙流体压力、天然裂缝面抗压强度、有效应力场、天然裂缝方向对水力裂缝分叉行为的影响；分析了重复压裂诱导应力场特征以及注液排量对次级裂缝占比的影响。多尺度天然裂缝诱导分叉、重复压裂诱导地应力大小和方向改变以及大排量动态压裂导致裂缝动态传播分叉是裂隙煤岩压裂形成多级水力裂缝的主要机制。

6.3 展　　望

(1) 本书因篇幅受限未能对裂隙煤岩多段压裂应力场演化规律、水力裂缝扩展规律以及成缝机理进行研究，不同压裂工艺如顺序多段、交错多段、定向水压致裂等条件下的多级裂缝形态及成缝机理值得进一步深入研究。

(2) 裂隙煤岩数值模拟中，天然裂缝在不同正压力下的断裂能参数未能准确测得，而是根据混凝土材料试验结果中Ⅱ型断裂能与Ⅰ型断裂能的经验比例类比估算得到，未来应对裂隙煤岩材料的Ⅱ型断裂能参数做定量研究。

(3) 受计算资源限制，本书仅对平面应变条件下的多级水力裂缝扩展过程进行了数值模拟，忽略了裂缝沿第 3 方向的尺寸和方向变化；但本书所提出的模拟方法和思路用于模拟三维水力裂缝扩展完全可行，未来可采用内聚力单元法对三维裂缝形态演化做进一步研究。

（4）动态水力裂缝扩展过程中，断裂位移在惯性效应影响下可能会呈现率相关性。因此，在大排量压裂条件下水力裂缝扩展过程中断裂位移的率相关性以及对裂缝分叉的影响值得进一步分析。

参考文献

[1] LEI Q, YANG L F, DUAN Y Y, et al. The "fracture-controlled reserves" based stimulation technology for unconventional oil and gas reservoirs [J]. Petroleum exploration and development, 2018, 45(4): 770-778.

[2] TENMA N, YAMAGUCHI T, ZYVOLOSKI G. The Hijiori Hot Dry Rock test site, Japan: evaluation and optimization of heat extraction from a two-layered reservoir[J]. Geothermics, 2008, 37(1): 19-52.

[3] What is "Unconventional" oil and gas? [R/OL]. (2024-02-29)[2024-04-20]. https://www.planete-energies.com/en/media/article/what-unconventional-oil-and-gas.

[4] WHITE C M, SMITH D H, JONES K L, et al. Sequestration of carbon dioxide in coal with enhanced coalbed methane recovery: a review[J]. Energy and fuels, 2005, 19(3): 659-724.

[5] JEFFREY R, SETTARI A, MILLS K, et al. Hydraulic fracturing to induce caving: fracture model development and comparison to field data[C]//Rock Mechanics in the National Interest, 2001.

[6] VAN AS A, JEFFREY R G. Hydraulic fracturing as a cave inducement technique at northparkes mines [J]. Australasian institute of mining and metallurgy publication series, 2000(7): 165-172.

[7] SUN R J. Theoretical size of hydraulically induced horizontal fractures and corresponding surface uplift in an idealized medium [J]. Journal of geophysical research, 1969, 74(25): 5995-6011.

[8] ABOU-SAYED A S, BRECHTEL C E, CLIFTON R J. In situ stress determination by hydrofracturing: a fracture mechanics approach[J]. Journal of geophysical research: solid earth, 1978, 83(B6): 2851-2862.

[9] HARPER J. The marcellus shale: an old "new" gas reservoir in pennsylvania[J]. Pennsylvania geology, 2008, 38(1): 2-13.

[10] GANDOSSI L. An overview of hydraulic fracturing and other formation stimulation technologies for shale gas production [J]. Eur Commisison Jt Res Cent Tech Reports, 2013, 26347: 4-29.

[11] MCDANIEL B W. Hydraulic fracturing techniques used for stimulation of coalbed methane wells[C]//SPE Eastern Regional Meeting. Columbus, 1990.

[12] MONTGOMERY C T, SMITH M B. Hydraulic fracturing: history of an enduring technology[J]. Journal of petroleum technology, 2010, 62(12): 26-40.

[13] SAMPATH K H S M,PERERA M S A,RANJITH P G,et al. CH_4-CO_2 gas exchange and supercritical CO_2 based hydraulic fracturing as CBM production-accelerating techniques:a review[J]. Journal of CO_2 utilization,2017,22:212-230.
[14] 刘晓. 煤—围岩水力扰动增透机理及技术研究[D]. 焦作:河南理工大学,2015.
[15] MCCLURE M W, HORNE R N. An investigation of stimulation mechanisms in enhanced geothermal systems[J]. International journal of rock mechanics and mining sciences,2014,72:242-260.
[16] WANG S,LI H M,LI D Y. Numerical simulation of hydraulic fracture propagation in coal seams with discontinuous natural fracture networks[J]. Processes, 2018, 6(8):113.
[17] SU X B,WANG Q,LIN H X,et al. A combined stimulation technology for coalbed methane wells:part 1. theory and technology[J]. Fuel,2018,233:592-603.
[18] 王耀锋,何学秋,王恩元,等. 水力化煤层增透技术研究进展及发展趋势[J]. 煤炭学报,2014,39(10):1945-1955.
[19] 陈作,王振铎,曾华国. 水平井分段压裂工艺技术现状及展望[J]. 天然气工业,2007,27(9):78-80.
[20] 刘春丽,张庆宽. Barnett 页岩对致密地层天然气开发的启示[J]. 国外油田工程,2009,25(1):14-16.
[21] 王冕冕,郭肖,曹鹏,等. 影响页岩气开发因素及勘探开发技术展望[J]. 特种油气藏,2010,17(6):12-17.
[22] 王小龙. 扩展有限元法应用于页岩气藏水力压裂数值模拟研究[D]. 合肥:中国科学技术大学,2017.
[23] FIERSTIEN J. Technology driving unconventional exploration[J]. Geo expro,2014,11(4): 28-30.
[24] MU F Y,ZHONG W Z,ZHAO X L,et al. Strategies for the development of CBM gas industry in China[J]. Natural gas industry B,2015,2(4):383-389.
[25] 王德新,彭礼浩,吕从容. 泥页岩裂缝油、气藏的钻井、完井技术[J]. 西部探矿工程,1996(6):15-17.
[26] 黄玉珍,黄金亮,葛春梅,等. 技术进步是推动美国页岩气快速发展的关键[J]. 天然气工业,2009,29(5):7-10.
[27] 张鹏. 体积压裂在超低渗油藏的开发应用[J]. 中国石油和化工标准与质量,2014,34(3):184.
[28] ZHANG D L, DAI Y, MA X H, et al. An analysis for the influences of fracture network system on multi-stage fractured horizontal well productivity in shale gas reservoirs[J]. Energies,2018,11(2):414.
[29] GONG D G,QU Z Q,GUO T K,et al. Variation rules of fracture initiation pressure and fracture starting point of hydraulic fracture in radial well[J]. Journal of petroleum science and engineering,2016,140:41-56.
[30] GUO T K, QU Z Q, GONG D G, et al. Numerical simulation of directional

propagation of hydraulic fracture guided by vertical multi-radial boreholes[J]. Journal of natural gas science and engineering,2016,35:175-188.

[31] CHENG Y G,LU Y Y,GE Z L,et al. Experimental study on crack propagation control and mechanism analysis of directional hydraulic fracturing[J]. Fuel,2018,218:316-324.

[32] LIU Y,XIA B W,LIU X T. A novel method of orienting hydraulic fractures in coal mines and its mechanism of intensified conduction[J]. Journal of natural gas science and engineering,2015,27:190-199.

[33] FU X,LI G S,HUANG Z W,et al. Experimental and numerical study of radial lateral fracturing for coalbed methane[J]. Journal of geophysics and engineering,2015,12(5):875-886.

[34] HUANG B X,WANG Y Z,CAO S G. Cavability control by hydraulic fracturing for top coal caving in hard thick coal seams[J]. International journal of rock mechanics and mining sciences,2015,74:45-57.

[35] HUANG B X,LIU C Y,FU J H,et al. Hydraulic fracturing after water pressure control blasting for increased fracturing[J]. International journal of rock mechanics and mining sciences,2011,48(6):976-983.

[36] SONG C P,LU Y Y,TANG H M,et al. A method for hydrofracture propagation control based on non-uniform pore pressure field[J]. Journal of natural gas science and engineering,2016,33:287-295.

[37] YAN F Z,LIN B Q,ZHU C J,et al. A novel ECBM extraction technology based on the integration of hydraulic slotting and hydraulic fracturing[J]. Journal of natural gas science and engineering,2015,22:571-579.

[38] MAO R B,FENG Z J,LIU Z H,et al. Laboratory hydraulic fracturing test on large-scale pre-cracked granite specimens[J]. Journal of natural gas science and engineering,2017,44:278-286.

[39] ZHANG X W,LU Y Y,TANG J R,et al. Experimental study on fracture initiation and propagation in shale using supercritical carbon dioxide fracturing[J]. Fuel,2017,190:370-378.

[40] ISHIDA A,ISHIGO E,AIBA E,et al. Lace curtain: rendering animation of woven cloth using BRDF/BTDF: estimating physical characteristics from subjective impression[C]//ACM SIGGRAPH 2012 posters. California,2012.

[41] ZHANG X F,ZHU W C,KONIETZKY H,et al. Effect of supercritical carbon dioxide fracturing on shale pore structure[J]. SPE journal,2023,28(3):1399-1413.

[42] ISHIDA T,CHEN Q,MIZUTA Y,et al. Influence of fluid viscosity on the hydraulic fracturing mechanism[J]. Journal of energy resources technology,2004,126(3):190-200.

[43] ISHIDA T,CHEN Y Q,BENNOUR Z,et al. Features of CO_2 fracturing deduced from acoustic emission and microscopy in laboratory experiments[J]. Journal of

geophysical research:solid earth,2016,121(11):8080-8098.
[44] 尤明庆.水压致裂法测量地应力方法的研究[J].岩土工程学报,2005,27(3):350-353.
[45] HUBBERT M K,WILLIS D G. Mechanics of hydraulic fracturing[J]. Transactions of the AIME,1957,210(1):153-168.
[46] FELLGETT M W,KINGDON A,WILLIAMS J D O,et al. Stress magnitudes across UK regions: new analysis and legacy data across potentially prospective unconventional resource areas[J]. Marine and petroleum geology,2018,97:24-31.
[47] WANNIARACHCHI W A M,RANJITH P G,PERERA M S A,et al. Investigation of effects of fracturing fluid on hydraulic fracturing and fracture permeability of reservoir rocks: an experimental study using water and foam fracturing [J]. Engineering fracture mechanics,2018,194:117-135.
[48] PANAH A K,YANAGISAWA E. Laboratory studies on hydraulic fracturing criteria in soil[J]. Soils and foundations,1989,29(4):14-22.
[49] RAZAVI O,VAJARGAH A K,VAN OORT E,et al. Comprehensive analysis of initiation and propagation pressures in drilling induced fractures [J]. Journal of petroleum science and engineering,2017,149:228-243.
[50] GEERTSMA J,DE KLERK F. A rapid method of predicting width and extent of hydraulically induced fractures[J]. Journal of petroleum technology,1969,21(12): 1571-1581.
[51] PERKINS T K,KERN L R. Widths of hydraulic fractures[J]. Journal of petroleum technology,1961,13(9):937-949.
[52] SETTARI A,CLEARY M P. Three-dimensional simulation of hydraulic fracturing [J]. Journal of petroleum technology,1984,36(7):1177-1190.
[53] AL-OBAIDI K. Induced fractures modelling in reservoir dynamic simulators (and optimum hydraulic fracture dimensions/modelling) [D]. Edinburgh: Heriot Watt University,2015.
[54] ADACHI J, SIEBRITS E, PEIRCE A, et al. Computer simulation of hydraulic fractures[J]. International journal of rock mechanics and mining sciences, 2007, 44(5):739-757.
[55] ZHANG X,DETOURNAY E,JEFFREY R. Propagation of a penny-shaped hydraulic fracture parallel to the free-surface of an elastic half-space[J]. International journal of fracture,2002,115(2):125-158.
[56] LECAMPION B,DETOURNAY E. An implicit algorithm for the propagation of a hydraulic fracture with a fluid lag[J]. Computer methods in applied mechanics and engineering,2007,196(49/50/51/52):4863-4880.
[57] ZHANG X,JEFFREY R G. The role of friction and secondary flaws on deflection and re-initiation of hydraulic fractures at orthogonal pre-existing fractures [J]. Geophysical journal international,2006,166(3):1454-1465.
[58] JI L J,SETTARI A,SULLIVAN R B. A novel hydraulic fracturing model fully

coupled with geomechanics and reservoir simulation[J]. SPE journal,2009,14(4):423-430.

[59] ZHONG R Z, MISKA S, YU M J, et al. An integrated fluid flow and fracture mechanics model for wellbore strengthening[J]. Journal of petroleum science and engineering,2018,167:702-715.

[60] WANG J H, ELSWORTH D, DENISON M K. Hydraulic fracturing with leakoff in a pressure-sensitive dual porosity medium[J]. International journal of rock mechanics and mining sciences,2018,107:55-68.

[61] ZHANG X, WU B, CONNELL L D, et al. A model for hydraulic fracture growth across multiple elastic layers[J]. Journal of petroleum science and engineering,2018,167:918-928.

[62] WANG H Y, YI S T, SHARMA M M. A computationally efficient approach to modeling contact problems and fracture closure using superposition method[J]. Theoretical and applied fracture mechanics,2018,93:276-287.

[63] ZHAO H B, LI Z, ZHU C X, et al. Reliability analysis models for hydraulic fracturing[J]. Journal of petroleum science and engineering,2018,162:150-157.

[64] BADJADI M A, ZHU H H, ZHANG C Q, et al. Enhancing water management in shale gas extraction through rectangular pulse hydraulic fracturing [J]. Sustainability,2023,15(14):10795.

[65] WANG H Y, ZHOU D S. Mechanistic study on the effect of seepage force on hydraulic fracture initiation[J]. Fatigue & fracture of engineering materials & structures,2024,47(5):1602-1619.

[66] SUN R, WANG J G. Effects of in situ stress and multiborehole cluster on hydraulic fracturing of shale gas reservoir from multiscale perspective[J]. Journal of energy engineering,2024,150(2):04024002.

[67] 付江伟. 井下水力压裂煤层应力场与瓦斯流场模拟研究[D]. 徐州:中国矿业大学,2013.

[68] 刘志帆,刘志强,施安峰,等. 水平井水力压裂影响参数的数值模拟[J]. 地球科学,2017,42(8):1394-1402.

[69] 袁志刚,王宏图,胡国忠,等. 穿层钻孔水力压裂数值模拟及工程应用[J]. 煤炭学报,2012,37(S1):109-114.

[70] 彪仿俊,刘合,张士诚,等. 水力压裂水平裂缝影响参数的数值模拟研究[J]. 工程力学,2011,28(10):228-235.

[71] 徐刚,彭苏萍,邓绪彪. 煤层气井水力压裂压力曲线分析模型及应用[J]. 中国矿业大学学报,2011,40(2):173-178.

[72] 杜春志,茅献彪,卜万奎. 水力压裂时煤层缝裂的扩展分析[J]. 采矿与安全工程学报,2008,25(2):231-234+238.

[73] 赵阳升,杨栋,胡耀青,等. 低渗透煤储层煤层气开采有效技术途径的研究[J]. 煤炭学报,2001,26(5):455-458.

[74] 富向,刘洪磊,杨天鸿,等.穿煤层钻孔定向水压致裂的数值仿真[J].东北大学学报(自然科学版),2011,32(10):1480-1483.

[75] ZOU J P, CHEN W Z, JIAO Y Y. Numerical simulation of hydraulic fracture initialization and deflection in anisotropic unconventional gas reservoirs using XFEM [J]. Journal of natural gas science and engineering,2018,55:466-475.

[76] ZHAO H F, WANG X H, LIU Z Y, et al. Investigation on the hydraulic fracture propagation of multilayers-commingled fracturing in coal measures[J]. Journal of petroleum science and engineering,2018,167:774-784.

[77] 程万,金衍,陈勉,等.三维空间中水力裂缝穿透天然裂缝的判别准则[J].石油勘探与开发,2014,41(3):336-340.

[78] 赵金洲,杨海,李勇明,等.水力裂缝逼近时天然裂缝稳定性分析[J].天然气地球科学,2014,25(3):402-408.

[79] 赵金洲,任岚,胡永全,等.裂缝性地层水力裂缝非平面延伸模拟[J].西南石油大学学报(自然科学版),2012,34(4):174-180.

[80] 张然,李根生,赵志红,等.压裂中水力裂缝穿过天然裂缝判断准则[J].岩土工程学报,2014,36(3):585-588.

[81] 李勇明,许文俊,赵金洲,等.页岩储层中水力裂缝穿过天然裂缝的判定准则[J].天然气工业,2015,35(7):49-54.

[82] 唐煊赫,朱海燕,李奎东.基于FEM-DFN的页岩气储层水力压裂复杂裂缝交错扩展模型[J].天然气工业,2023,43(1):162-176.

[83] 赵海峰,陈勉,金衍,等.页岩气藏网状裂缝系统的岩石断裂动力学[J].石油勘探与开发,2012,39(4):465-470.

[84] QIU G Z, CHANG X, LI J, et al. Study on the interaction between hydraulic fracture and natural fracture under high stress [J]. Theoretical and applied fracture mechanics,2024,130: 104259.

[85] SHERRATT J, SHARIFI H A, RAFATI R. Modifying the orientation of hydraulically fractured wells in tight reservoirs: the effect of in situ stresses and natural fracture toughness[J]. Geomechanics for energy and the environment,2023,36:100507.

[86] YOON J S, ZANG A, STEPHANSSON O, et al. Discrete element modelling of hydraulic fracture propagation and dynamic interaction with natural fractures in hard rock[J]. Procedia engineering,2017,191:1023-1031.

[87] YOON J S, ZIMMERMANN G, ZANG A. Discrete element modeling of cyclic rate fluid injection at multiple locations in naturally fractured reservoirs[J]. International journal of rock mechanics and mining sciences,2015,74:15-23.

[88] YOON J S, ZIMMERMANN G, ZANG A. Numericalinvestigation on stress shadowing in fluid injection-induced fracture propagation in naturally fractured geothermal reservoirs [J]. Rock mechanics and rock engineering, 2015, 48 (4): 1439-1454.

[89] YOON J S, ZANG A, STEPHANSSON O. Numerical investigation on optimized stimulation of intact and naturally fractured deep geothermal reservoirs using hydro-mechanical coupled discrete particles joints model [J]. Geothermics, 2014, 52: 165-184.

[90] AL-BUSAIDI A, HAZZARD J F, YOUNG R P. Distinct element modeling of hydraulically fractured Lac du Bonnet granite[J]. Journal of geophysical research: solid earth,2005,110(B6):132-144.

[91] SHIMIZU H. Distinct element modeling for fundamental rock fracturing and application to hydraulic fracturing[D]. Kyoto:Kyoto University,2010.

[92] WANG T, HU W R, ELSWORTH D, et al. The effect of natural fractures on hydraulic fracturing propagation in coal seams[J]. Journal of petroleum science and engineering,2017,150:180-190.

[93] WANG T,ZHOU W B,CHEN J H,et al. Simulation of hydraulic fracturing using particle flow method and application in a coal mine[J]. International journal of coal geology,2014,121:1-13.

[94] XIE J,HUANG H Y,MA H Y,et al. Numerical investigation of effect of natural fractures on hydraulic-fracture propagation in unconventional reservoirs[J]. Journal of natural gas science and engineering,2018,54:143-153.

[95] GHADERI A, TAHERI-SHAKIB J, SHARIF NIK M A. The distinct element method (DEM) and the extended finite element method (XFEM) application for analysis of interaction between hydraulic and natural fractures [J]. Journal of petroleum science and engineering,2018,171:422-430.

[96] GHADERI A, TAHERI-SHAKIB J, SHARIFNIK M A. The effect of natural fracture on the fluid leak-off in hydraulic fracturing treatment[J]. Petroleum,2019, 5(1):85-89.

[97] KAR S,CHAUDHURI A,SINGH A,et al. Phase field method to model hydraulic fracturing in saturated porous reservoir with natural fractures [J]. Engineering fracture mechanics,2023,286:109289.

[98] ZHAO X Y,WANG T,ELSWORTH D,et al. Controls of natural fractures on the texture of hydraulic fractures in rock [J]. Journal of petroleum science and engineering,2018,165:616-626.

[99] DAHI-TALEGHANI A, GONZALEZ-CHAVEZ M, YU H, et al. Numerical simulation of hydraulic fracture propagation in naturally fractured formations using the cohesive zone model[J]. Journal of petroleum science and engineering,2018,165: 42-57.

[100] HU Y, GAN Q, HURST A, et al. Investigation of coupled hydro-mechanical modelling of hydraulic fracture propagation and interaction with natural fractures [J]. International journal of rock mechanics and mining sciences,2023,169:105418.

[101] HAGHI A H,CHALATURNYK R,GHOBADI H. The state of stress in SW Iran

and implications for hydraulic fracturing of a naturally fractured carbonate reservoir [J]. International journal of rock mechanics and mining sciences,2018,105:28-43.

[102] WANG W W,OLSON J E,PRODANOVIĆ M,et al. Interaction between cemented natural fractures and hydraulic fractures assessed by experiments and numerical simulations[J]. Journal of petroleum science and engineering,2018,167:506-516.

[103] MAJER E L, BARIA R, STARK M, et al. Induced seismicity associated with enhanced geothermal systems[J]. Geothermics,2007,36(3):185-222.

[104] YIN Q, MA G W, JING H W, et al. Hydraulic properties of 3D rough-walled fractures during shearing: an experimental study[J]. Journal of hydrology, 2017, 555:169-184.

[105] GUO T K,RUI Z H,QU Z Q,et al. Experimental study of directional propagation of hydraulic fracture guided by multi-radial slim holes[J]. Journal of petroleum science and engineering,2018,166:592-601.

[106] WAN L M, CHEN M, HOU B, et al. Experimental investigation of the effect of natural fracture size on hydraulic fracture propagation in 3D [J]. Journal of structural geology,2018,116:1-11.

[107] WEI D,GAO Z Q,FAN T L,et al. Experimental hydraulic fracture propagation on naturally tight intra-platform shoal carbonate[J]. Journal of petroleum science and engineering,2017,157:980-989.

[108] ZHANG B,LIU J Y,WANG S G,et al. Impact of the distance between pre-existing fracture and wellbore on hydraulic fracture propagation[J]. Journal of natural gas science and engineering,2018,57:155-165.

[109] FATAHI H,HOSSAIN M M,SARMADIVALEH M. Numerical and experimental investigation of the interaction of natural and propagated hydraulic fracture[J]. Journal of natural gas science and engineering,2017,37:409-424.

[110] ZHAO Z H,LI X,HE J M,et al. Investigation of fracture propagation characteristics caused by hydraulic fracturing in naturally fractured continental shale[J]. Journal of natural gas science and engineering,2018,53:276-283.

[111] DAMANI A,SONDERGELD C H,RAI C S. Experimental investigation of in situ and injection fluid effect on hydraulic fracture mechanism using acoustic emission in Tennessee sandstone[J]. Journal of petroleum science and engineering, 2018, 171: 315-324.

[112] 庄茁,柳占立,王涛,等. 页岩水力压裂的关键力学问题[J]. 科学通报,2016,61(1): 72-81.

[113] LUO S, ZHAO Z H, PENG H, et al. The role of fracture surface roughness in macroscopic fluid flow and heat transfer in fractured rocks[J]. International journal of rock mechanics and mining sciences,2016,87:29-38.

[114] LIU R C,LI B,JIANG Y J. A fractal model based on a new governing equation of fluid flow in fractures for characterizing hydraulic properties of rock fracture

networks[J]. Computers and geotechnics,2016,75:57-68.

[115] LIU R C,LI B,JIANG Y J,et al. A numerical approach for assessing effects of shear on equivalent permeability and nonlinear flow characteristics of 2-D fracture networks[J]. Advances in water resources,2018,111:289-300.

[116] LIU R C,LI B,JIANG Y J. Critical hydraulic gradient for nonlinear flow through rock fracture networks: the roles of aperture, surface roughness, and number of intersections[J]. Advances in water resources,2016,88:53-65.

[117] SCHLOTFELDT P,ELMO D,PANTON B. Overhanging rock slope by design: an integrated approach using rock mass strength characterisation,large-scale numerical modelling and limit equilibrium methods [J]. Journal of rock mechanics and geotechnical engineering,2018,10(1):72-90.

[118] PANZA E,AGOSTA F,RUSTICHELLI A,et al. Fracture stratigraphy and fluid flow properties of shallow-water, tight carbonates: the case study of the Murge Plateau (southern Italy)[J]. Marine and petroleum geology,2016,73:350-370.

[119] HE Q Y,SUORINENI F T,MA T H,et al. Parametric study and dimensional analysis on prescribed hydraulic fractures in cave mining [J]. Tunnelling and underground space technology,2018,78:47-63.

[120] CHEN Z R. Finite element modelling of viscosity-dominated hydraulic fractures[J]. Journal of petroleum science and engineering,2012,88/89:136-144.

[121] PAUL B,FAIVRE M,MASSIN P,et al. 3D coupled HM-XFEM modeling with cohesive zone model and applications to non planar hydraulic fracture propagation and multiple hydraulic fractures interference [J]. Computer methods in applied mechanics and engineering,2018,342:321-353.

[122] TABIEI A, ZHANG W L. Cohesive element approach for dynamic crack propagation: artificial compliance and mesh dependency [J]. Engineering fracture mechanics,2017,180:23-42.

[123] HUANG B. Research on theory and application of hydraulic fracture weakening for coal-rock mass[D]. Xuzhou:China University of Mining Technology,2009.

[124] WENG X W. Modeling of complex hydraulic fractures in naturally fractured formation[J]. Journal of unconventional oil and gas resources,2015,9:114-135.

[125] FENG Y C,GRAY K E. Modeling of curving hydraulic fracture propagation from a wellbore in a poroelastic medium[J]. Journal of natural gas science and engineering, 2018,53:83-93.

[126] FRIES T P,BELYTSCHKO T. The extended/generalized finite element method: an overview of the method and its applications[J]. International journal for numerical methods in engineering,2010,84(3):253-304.

[127] STOLARSKA M,CHOPP D L,MOËS N,et al. Modelling crack growth by level sets in the extended finite element method[J]. International journal for numerical methods in engineering,2001,51(8):943-960.

[128] MOHAMMADNEJAD T, KHOEI A R. Hydro-mechanical modeling of cohesive crack propagation in multiphase porous media using the extended finite element method[J]. International journal for numerical and analytical methods in geomechanics,2013,37(10):1247-1279.

[129] MOHAMMADNEJAD T, KHOEI A R. An extended finite element method for hydraulic fracture propagation in deformable porous media with the cohesive crack model[J]. Finite elements in analysis and design,2013,73:77-95.

[130] TALEGHANI A D, OLSON J E. How natural fractures could affect hydraulic-fracture geometry[J]. SPE journal,2014,19(1):161-171.

[131] DAHI-TALEGHANI A, OLSON J E. Numerical modeling of multistranded-hydraulic-fracture propagation: accounting for the interaction between induced and natural fractures[J]. SPE journal,2011,16(3):575-581.

[132] SHI F, WANG X L, LIU C, et al. An XFEM-based method with reduction technique for modeling hydraulic fracture propagation in formations containing frictional natural fractures[J]. Engineering fracture mechanics,2017,173:64-90.

[133] HADDAD M, SEPEHRNOORI K. Integration of XFEM and CZM to model 3D multiple-stage hydraulic fracturing in Quasi-brittle shale formations: solution-dependent propagation direction[C]//Proceedings of the AADE National Technical Conference and Exhibition. Texas,2015.

[134] HADDAD M, SEPEHRNOORI K. XFEM-based CZM for the simulation of 3D multiple-cluster hydraulic fracturing in quasi-brittle shale formations[J]. Rock mechanics and rock engineering,2015,49:4731-4748.

[135] LIU C, WANG X L, DENG D W, et al. Optimal spacing of sequential and simultaneous fracturing in horizontal well[J]. Journal of natural gas science and engineering,2016,29:329-336.

[136] LIU C, SHI F, ZHANG Y P, et al. High injection rate stimulation for improving the fracture complexity in tight-oil sandstone reservoirs[J]. Journal of natural gas science and engineering,2017,42:133-141.

[137] WANG X L, LIU C, WANG H, et al. Comparison of consecutive and alternate hydraulic fracturing in horizontal wells using XFEM-based cohesive zone method[J]. Journal of petroleum science and engineering,2016,143:14-25.

[138] SHI F, WANG X L, LIU C, et al. An XFEM-based numerical model to calculate conductivity of propped fracture considering proppant transport, embedment and crushing[J]. Journal of petroleum science and engineering,2018,167:615-626.

[139] SHI F, WANG X L, LIU C, et al. A coupled extended finite element approach for modeling hydraulic fracturing in consideration of proppant[J]. Journal of natural gas science and engineering,2016,33:885-897.

[140] KHOEI A R, VAHAB M, HAGHIGHAT E, et al. A mesh-independent finite element formulation for modeling crack growth in saturated porous media based on

an enriched-FEM technique[J]. International journal of fracture, 2014, 188(1): 79-108.

[141] KHOEI A R, HIRMAND M, VAHAB M, et al. An enriched FEM technique for modeling hydraulically driven cohesive fracture propagation in impermeable media with frictional natural faults: numerical and experimental investigations [J]. International journal for numerical methods in engineering, 2015, 104(6): 439-468.

[142] KHOEI A R, VAHAB M, HIRMAND M. Modeling the interaction between fluid-driven fracture and natural fault using an enriched-FEM technique[J]. International journal of fracture, 2016, 197(1): 1-24.

[143] KHOEI A R, HOSSEINI N, MOHAMMADNEJAD T. Numerical modeling of two-phase fluid flow in deformable fractured porous media using the extended finite element method and an equivalent continuum model [J]. Advances in water resources, 2016, 94: 510-528.

[144] GORDELIY E, PEIRCE A. Implicit level set schemes for modeling hydraulic fractures using the XFEM [J]. Computer methods in applied mechanics and engineering, 2013, 266: 125-143.

[145] GORDELIY E, PEIRCE A. Coupling schemes for modeling hydraulic fracture propagation using the XFEM [J]. Computer methods in applied mechanics and engineering, 2013, 253: 305-322.

[146] 王涛，高岳，柳占立，等. 基于扩展有限元法的水力压裂大物模实验的数值模拟[J]. 清华大学学报(自然科学版), 2014, 54(10): 1304-1309.

[147] REN Q W, DONG Y W, YU T T. Numerical modeling of concrete hydraulic fracturing with extended finite element method [J]. Science in China series E: technological sciences, 2009, 52(3): 559-565.

[148] WANG X L, SHI F, LIU H, et al. Numerical simulation of hydraulic fracturing in orthotropic formation based on the extended finite element method[J]. Journal of natural gas science and engineering, 2016, 33: 56-69.

[149] DENG Y H, XIA Y, WANG D, et al. A study of Hydraulic fracture propagation in laminated shale using extended finite element method [J]. Computers and geotechnics, 2024, 166: 105961.

[150] SABER E, QU Q D, SARMADIVALEH M, et al. Propagation of multiple hydraulic fractures in a transversely isotropic shale formation[J]. International journal of rock mechanics and mining sciences, 2023, 170: 105510.

[151] LI Z C, LI L C, LI M, et al. A numerical investigation on the effects of rock brittleness on the hydraulic fractures in the shale reservoir[J]. Journal of natural gas science and engineering, 2018, 50: 22-32.

[152] YANG Y H, WU Z H, ZUO Y J, et al. Three-dimensional numerical simulation study of pre-cracked shale based on CT technology[J]. Frontiers inearth science, 2023, 10: 1120630.

[153] 富向."点"式定向水力压裂机理及工程应用[D].沈阳:东北大学,2013.
[154] 孙剑秋.水力压裂裂缝扩展规律和破裂压力的数值研究[D].大连:大连理工大学,2015.
[155] 门晓溪.岩体渗流—损伤耦合及其水力压裂机理数值试验研究[D].沈阳:东北大学,2015.
[156] 李永生.多点控制水力压裂机理及应用研究[D].焦作:河南理工大学,2016.
[157] OMIDI O, ABEDI R, ENAYATPOUR S. An adaptive meshing approach to capture hydraulic fracturing [C]//Proceedings of the 49th US Rock Mechanics/Geomechanics Symposium, 2015.
[158] OBEYSEKARA A, LEI Q, SALINAS P, et al. Modelling stress-dependent single and multi-phase flows in fractured porous media based on an immersed-body method with mesh adaptivity[J]. Computers and geotechnics, 2018, 103: 229-241.
[159] LI S C, XU Z H, MA G W, et al. An adaptive mesh refinement method for a medium with discrete fracture network: the enriched Persson's method[J]. Finite elements in analysis and design, 2014, 86: 41-50.
[160] JU Y, WANG Y L, CHEN J L, et al. Adaptive finite element-discrete element method for numerical analysis of the multistage hydrofracturing of horizontal wells in tight reservoirs considering pre-existing fractures, hydromechanical coupling, and leak-off effects[J]. Journal of natural gas science and engineering, 2018, 54: 266-282.
[161] WIJESINGHE D R, NATARAJAN S, YOU G, et al. Adaptive phase-field modelling of fracture propagation in poroelastic media using the scaled boundary finite element method [J]. Computer methods in applied mechanics and engineering, 2023, 411: 116056.
[162] CHEN Z R, JEFFREY R G, ZHANG X, et al. Finite-element simulation of a hydraulic fracture interacting with a natural fracture[J]. SPE journal, 2017, 22(1): 219-234.
[163] SHENG G L, ZHAO H, MA J L, et al. A new approach for flow simulation in complex hydraulic fracture morphology and its application: fracture connection element method[J]. Petroleum science, 2023, 20(5): 3002-3012.
[164] OLSON J E. Predicting fracture swarms: the influence of subcritical crack growth and the crack-tip process zone on joint spacing in rock[J]. Geological society, 2004, 231(1): 73-88.
[165] OLSON J E, DAHI-TALEGHANI A. Modeling simultaneous growth of multiple hydraulic fractures and their interaction with natural fractures[C]//SPE Hydraulic Fracturing Technology Conference, 2009.
[166] OLSON J E. Multi-fracture propagation modeling: applications to hydraulic fracturing in shales and tight gas sands [C]//American Rock Mechanics Association, 2008.
[167] WU K, OLSON J E. A simplified three-dimensional displacement discontinuity

method for multiple fracture simulations[J]. International journal of fracture,2015,193(2):191-204.

[168] WU K. Numerical modeling of complex hydraulic fracture development in unconventional reservoirs[D]. Austin:The University of Texas at Austin,2014.

[169] ZHANG X,JEFFREY R G. Reinitiation or termination of fluid-driven fractures at frictional bedding interfaces[J]. Journal of geophysical research:solid earth,2008,113(B8):B08416.

[170] ZHANG X,JEFFREY R G. Role of overpressurized fluid and fluid-driven fractures in forming fracture networks[J]. Journal of geochemical exploration,2014,144:194-207.

[171] ZHANG X,JEFFREY R G,THIERCELIN M. Deflection and propagation of fluid-driven fractures at frictional bedding interfaces:a numerical investigation[J]. Journal of structural geology,2007,29(3):396-410.

[172] WENG X,KRESSE O,COHEN C E,et al. Modeling of hydraulic fracture network propagation in a naturally fractured formation[C]//SPE Hydraulic Fracturing Technology Conference, 2011.

[173] WENG X W,KRESSE O,CHUPRAKOV D,et al. Applying complex fracture model and integrated workflow in unconventional reservoirs[J]. Journal of petroleum science and engineering,2014,124:468-483.

[174] DI Y,TANG H Y. Simulation of multistage hydraulic fracturing in unconventional reservoirs using displacement discontinuity method (DDM)[M]//WU Y S. Hydraulic fracture modeling. Amsterdam:Elsevier,2018.

[175] CHENG W, WANG R J,JIANG G S, et al. Modelling hydraulic fracturing in a complex-fracture-network reservoir with the DDM and graph theory[J]. Journal of natural gas science and engineering,2017,47:73-82.

[176] SESETTY V,GHASSEMI A. A numerical study of sequential and simultaneous hydraulic fracturing in single and multi-lateral horizontal wells[J]. Journal of petroleum science and engineering,2015,132:65-76.

[177] XIE L M, MIN K B, SHEN B T. Simulation of hydraulic fracturing and its interactions with a pre-existing fracture using displacement discontinuity method [J]. Journal of natural gas science and engineering,2016,36:1284-1294.

[178] REN L,SU Y L,ZHAN S Y,et al. Modeling and simulation of complex fracture network propagation with SRV fracturing in unconventional shale reservoirs[J]. Journal of natural gas science and engineering,2016,28:132-141.

[179] ZHANG R H,CHEN M,TANG H Y,et al. Production performance simulation of a horizontal well in a shale gas reservoir considering the propagation of hydraulic fractures[J]. Geoenergy science and engineering,2023,221:111272.

[180] YOON J S,ZIMMERMANN G,ZANG A,et al. Discrete element modeling of fluid injection-induced seismicity and activation of nearby fault[J]. Canadian geotechnical

journal,2015,52(10):1457-1465.

[181] ZOU Y S,ZHANG S C,MA X F,et al. Numerical investigation of hydraulic fracture network propagation in naturally fractured shale formations [J]. Journal of structural geology,2016,84:1-13.

[182] SHIMIZU H,MURATA S,ISHIDA T. The distinct element analysis for hydraulic fracturing in hard rock considering fluid viscosity and particle size distribution[J]. International journal of rock mechanics and mining sciences,2011,48(5):712-727.

[183] DENG S C,LI H B,MA G W,et al. Simulation of shale-proppant interaction in hydraulic fracturing by the discrete element method[J]. International journal of rock mechanics and mining sciences,2014,70:219-228.

[184] ZHU G P,ZHAO Y X,ZHANG T,et al. Micro-scale reconstruction and CFD-DEM simulation of proppant-laden flow in hydraulic fractures[J]. Fuel,2023,352:129151.

[185] 傅雪海,秦勇,薛秀谦,等. 煤储层孔、裂隙系统分形研究[J]. 中国矿业大学学报,2001,30(3):225-228.

[186] 谢和平,于广明,杨伦,等. 采动岩体分形裂隙网络研究[J]. 岩石力学与工程学报,1999,18(2):147-151.

[187] 于广明,谢和平,周宏伟,等. 结构化岩体采动裂隙分布规律与分形性实验研究[J]. 实验力学,1998,13(2):14-23.

[188] 靳钟铭,魏锦平,靳文学. 综放工作面煤体裂隙演化规律研究[J]. 煤炭学报,2000(增刊 1):43-45.

[189] 靳钟铭,康天合,弓培林,等. 煤体裂隙分形与顶煤冒放性的相关研究[J]. 岩石力学与工程学报,1996(2):48-54.

[190] 李振涛. 煤储层孔裂隙演化及对煤层气微观流动的影响[D]. 北京:中国地质大学(北京),2018.

[191] 汪文勇,高明忠,张朝鹏,等. 基于 DIC 技术的预裂煤岩体裂隙演化特性研究[J]. 煤炭科学技术,2018,46(3):73-79.

[192] 周福军,陈剑平,牛岑岑. 裂隙化岩体不连续面密度的分形研究[J]. 岩石力学与工程学报,2013,32(增 1):2624-2631.

[193] 陈玮胤,姜波,屈争辉,等. 碎裂煤显微裂隙分形结构及其孔渗特征[J]. 煤田地质与勘探,2012,40(2):31-34.

[194] 邹俊鹏,陈卫忠,杨典森,等. 基于 SEM 的珲春低阶煤微观结构特征研究[J]. 岩石力学与工程学报,2016,35(9):1805-1814.

[195] 陆瑞全,王朋朋,李佩禅. 基于 CT 图像的煤岩剪切裂隙多重分形及缺项分析[C]//北京力学会. 北京力学会第二十四届学术年会会议论文集,2018.

[196] ZHOU H W, ZHONG J C, REN W G, et al. Characterization of pore-fracture networks and their evolution at various measurement scales in coal samples using X-ray μCT and a fractal method[J]. International journal of coal geology,2018,189:35-49.

[197] PANDEY R, HARPALANI S. An imaging and fractal approach towards

understanding reservoir scale changes in coal due to bioconversion[J]. Fuel,2018,230:282-297.

[198] ZHANG X D,ZHANG S,YANG Y L,et al. Numerical simulation by hydraulic fracturing engineering based on fractal theory of fracture extending in the coal seam [J]. Journal of natural gas geoscience,2016,1(4):319-325.

[199] LIU P C,YUAN Z,LI K W. An improved capillary pressure model using fractal geometry for coal rock[J]. Journal of petroleum science and engineering,2016,145:473-481.

[200] LIU R C,YU L Y,JIANG Y J,et al. Recent developments on relationships between the equivalent permeability and fractal dimension of two-dimensional rock fracture networks[J]. Journal of natural gas science and engineering,2017,45:771-785.

[201] WANG C,XU J K,ZHAO X X,et al. Fractal characteristics and its application in electromagnetic radiation signals during fracturing of coal or rock[J]. International journal of mining science and technology,2012,22(2):255-258.

[202] ZHENG S J,YAO Y B,LIU D M,et al. Characterizations of full-scale pore size distribution,porosity and permeability of coals:a novel methodology by nuclear magnetic resonance and fractal analysis theory[J]. International journal of coal geology,2018,196:148-158.

[203] SHI X H,PAN J N,HOU Q L,et al. Micrometer-scale fractures in coal related to coal rank based on micro-CT scanning and fractal theory[J]. Fuel,2018,212:162-172.

[204] ZHOU X P,XIAO N. A hierarchical-fractal approach for the rock reconstruction and numerical analysis[J]. International journal of rock mechanics and mining sciences,2018,109:68-83.

[205] 肖勇.增强地热系统中干热岩水力剪切压裂 THMC 耦合研究[D].成都:西南石油大学,2017.

[206] BARTON N. Review of a new shear-strength criterion for rock joints[J]. Engineering geology,1973,7(4):287-332.

[207] 孙辅庭,佘成学,万利台.新的岩石节理粗糙度指标研究[J].岩石力学与工程学报,2013,32(12):2513-2519.

[208] 孙辅庭,佘成学,蒋庆仁.一种新的岩石节理面三维粗糙度分形描述方法[J].岩土力学,2013,34(8):2238-2242.

[209] 曹平,贾洪强,刘涛影,等.岩石节理表面三维形貌特征的分形分析[J].岩石力学与工程学报,2011,30(增2):3839-3843.

[210] 周枝华,杜守继.岩石节理表面几何特性的三维统计分析[J].岩土力学,2005,26(8):1227-1232.

[211] LÊ H K,HUANG W C,LIAO M C,et al. Spatial characteristics of rock joint profile roughness and mechanical behavior of a randomly generated rock joint[J]. Engineering geology,2018,245:97-105.

[212] ZHAO L H,ZHANG S H,HUANG D L,et al. Quantitative characterization of joint roughness based on semivariogram parameters[J]. International journal of rock mechanics and mining sciences,2018,109:1-8.

[213] WANG L Q, WANG C S, KHOSHNEVISAN S, et al. Determination of two-dimensional joint roughness coefficient using support vector regression and factor analysis[J]. Engineering geology,2017,231:238-251.

[214] YONG R, YE J, LI B, et al. Determining the maximum sampling interval in rock joint roughness measurements using Fourier series[J]. International journal of rock mechanics and mining sciences,2018,101:78-88.

[215] ZHENG B W,QI S W. A new index to describe joint roughness coefficient (JRC) under cyclic shear[J]. Engineering geology,2016,212:72-85.

[216] BIENIAWSKI Z T. Engineering classification of jointed rock masses[J]. Civil engineer in south Africa,1973,15(12):335-343.

[217] CHEN J Q,LI X J,ZHU H H,et al. Geostatistical method for inferring RMR ahead of tunnel face excavation using dynamically exposed geological information[J]. Engineering geology,2017,228:214-223.

[218] GONZÁLEZ N C,ÁLVAREZ F M I,MENÉNDEZ D A,et al. Modification of rock failure criteria considering the RMR caused by joints[J]. Computers and geotechnics,2006,33(8):419-431.

[219] LADERIAN A,ABASPOOR M A. The correlation between RMR and Q systems in parts of Iran[J]. Tunnelling and underground space technology, 2012, 27(1): 149-158.

[220] BARTON N. Some new Q-value correlations to assist in site characterisation and tunnel design[J]. International journal of rock mechanics and mining sciences,2002, 39(2):185-216.

[221] BARTON N,LIEN R,LUNDE J. Engineering classification of rock masses for the design of tunnel support[J]. Rock mechanics,1974,6(4):189-236.

[222] MOHAMMADI M, HOSSAINI M F. Modification of rock mass rating system: interbedding of strong and weak rock layers[J]. Journal of rock mechanics and geotechnical engineering,2017,9(6):1165-1170.

[223] PALMSTROM A. Character ising the strength of rock masses for use in design of underground structures[J]. Conference of design and construction of underground structures, 1995,8:43-52.

[224] HOEK E,BROWN E T. Practical estimates of rock mass strength[J]. International journal of rock mechanics and mining sciences,1997,34(8):1165-1186.

[225] 王鹏,苏现波,韩颖,等.煤体结构的定量表征及其意义[J].煤矿安全,2014,45(11):12-15.

[226] 蔺海晓.基于损伤理论的煤系气储层改造缝网演化规律研究[D].焦作:河南理工大学,2016.

[227] 郭红玉,苏现波,夏大平,等.煤储层渗透率与地质强度指标的关系研究及意义[J].煤炭学报,2010,35(8):1319-1322.

[228] 郭红玉,拜阳,蔺海晓,等.寺家庄井田煤储层渗透率表征方法优选[J].安全与环境学报,2015,15(2):111-115.

[229] 郭红玉,拜阳,蔺海晓,等.煤体结构全程演变过程中渗透特性试验研究及意义[J].煤炭学报,2014,39(11):2263-2268.

[230] MA G,SU X B,LIN H X,et al. Theory and technique of permeability enhancement and coal mine gas extraction by fracture network stimulation of surrounding beds and coal beds[J]. Natural gas industry B,2014,1(2):197-204.

[231] ZHANG W,CHEN J P,CHEN H E,et al. Determination of RVE with consideration of the spatial effect[J]. International journal of rock mechanics and mining sciences, 2013,61:154-160.

[232] XU C Y,YANG J,LAI H J,et al. UP-CNN:un-pooling augmented convolutional neural network[J]. Pattern recognition letters,2019,119:34-40.

[233] 郝立坤.图像处理方法在 photoshop 阅卷中的应用研究[D].太原:太原理工大学,2018.

[234] 王丹丹.基于深度学习混合模型的人脸检测算法研究[D].兰州:兰州理工大学,2017.

[235] 楚敏南.基于卷积神经网络的图像分类技术研究[D].湘潭:湘潭大学,2015.

[236] 彭俊.基于卷积神经网络的交易环境下蔬果图像识别研究[D].杭州:浙江农林大学,2017.

[237] 张华.基于深度学习的人脸识别[D].西安:西安电子科技大学,2017.

[238] 幸坚炬.基于卷积神经网络的人脸识别在疲劳驾驶检测中的应用[D].广州:广东技术师范学院,2017.

[239] 崔雪红.基于深度学习的轮胎缺陷无损检测与分类技术研究[D].青岛:青岛科技大学,2018.

[240] 余萍,赵继生.基于矩阵 2-范数池化的卷积神经网络图像识别算法[J].图学学报,2016,37(5):694-701.

[241] 国家矿山安全监察局.煤矿瓦斯等级鉴定规范:GB 40880—2021[M].北京:中国标准出版社,2021.

[242] 焦作矿业学院瓦斯地质研究室.瓦斯地质概论[M].北京:煤炭工业出版社,1990.

[243] CLOSE J C. Natural fractures in coal[J]. American association of petroleum geologists,1993, 38:119-132.

[244] GAMSON P D,BEAMISH B B,JOHNSON D P. Coal microstructure and secondary mineralization: their effect on methane recovery[J]. Geological society, 1996, 109(1):165-179.

[245] 傅雪海,秦勇.多相介质煤层气储层渗透率预测理论与方法[M].徐州:中国矿业大学出版社,2003.

[246] 张慧.煤孔隙的成因类型及其研究[J].煤炭学报,2001,26(1):40-44.

[247] GAN H,NANDI S P,JR WALKER P L. Nature of the porosity in American coals

[J]. Fuel,1972,51(4):272-277.
[248] 施兴华.煤中微裂隙结构特征及其对煤渗透性的控制机理[D].焦作:河南理工大学,2018.
[249] 王文.含水煤样动静组合加载力学响应试验研究[D].焦作:河南理工大学,2016.
[250] 苏现波,马耕.煤系气储层缝网改造技术及应用[M].北京:科学出版社,2017.
[251] LI Z T,LIU D M,CAI Y D,et al. Multi-scale quantitative characterization of 3-D pore-fracture networks in bituminous and anthracite coals using FIB-SEM tomography and X-ray μ-CT[J]. Fuel,2017,209:43-53.
[252] 上官禾林.基于压汞法的油页岩孔隙特征的研究[D].太原:太原理工大学,2014.
[253] 杨起,韩德馨.中国煤田地质学:上册[M].北京:煤炭工业出版社,1979.
[254] 霍永忠,张爱云.煤层气储层的显微孔裂隙成因分类及其应用[J].煤田地质与勘探,1998(6):29-33.
[255] 张慧,王晓刚,员争荣,等.煤中显微裂隙的成因类型及其研究意义[J].岩石矿物学杂志,2002,21(3):278-284.
[256] DRON R W. Notes on cleat in the Scottish coalfield[J]. Transaction of American institute of mining,metallurgical,and petroleum engineers,1925,70:115-117.
[257] 苏现波,冯艳丽,陈江峰.煤中裂隙的分类[J].煤田地质与勘探,2002,30(4):21-24.
[258] ZHANG Y H,LEBEDEV M,SARMADIVALEH M,et al. Swelling effect on coal micro structure and associated permeability reduction[J]. Fuel,2016,182:568-576.
[259] SHEPHERD J,RIXON L K,GRIFFITHS L. Outbursts and geological structures in coal mines:a review[J]. International journal of rock mechanics and mining sciences & geomechanics abstracts,1981,18(4):267-283.
[260] GAMSON P D, BEAMISH B B, JOHNSON D P. Coal microstructure and micropermeability and their effects on natural gas recovery[J]. Fuel,1993,72(1):87-99.
[261] CHEN Y,TANG D Z,XU H,et al. Pore and fracture characteristics of different rank coals in the eastern margin of the Ordos basin,China[J]. Journal of natural gas science and engineering,2015,26:1264-1277.
[262] 徐志英.岩石力学[M].3版.北京:中国水利水电出版社,1993.
[263] 郭全民.混凝土梁断裂过程区数学力学模型研究[D].石家庄:石家庄铁道大学,2015.
[264] 涂远鑫.含直裂缝的素混凝土梁断裂特性的有限断裂力学分析[D].南昌:华东交通大学,2017.
[265] 乔洋,张盛,刘少伟,等.砂岩方梁断裂过程区范围的实验确定方法[J].实验力学,2020,35(2):287-299.
[266] 赵毅鑫,龚爽,姜耀东,等.基于半圆弯拉试验的煤样抗拉及断裂性能研究[J].岩石力学与工程学报,2016,35(6):1255-1264.
[267] KLEIN P A,FOULK J W,CHEN E P,et al. Physics-based modeling of brittle fracture:cohesive formulations and the application of meshfree methods[J]. Theoretical and applied fracture mechanics,2001,37(1/2/3):99-166.

[268] BLAL N,DARIDON L,MONERIE Y,et al. Micromechanical-based criteria for the calibration of cohesive zone parameters[J]. Journal of computational and applied mathematics,2013,246:206-214.
[269] DASSAULT S. Abaqus analysis users' manual[M]. [S. l. :s. n.] ,2017.
[270] 张广明,刘合,张劲,等. 储层流固耦合的数学模型和非线性有限元方程[J]. 岩土力学,2010,31(5):1657-1662.
[271] 殷有泉. 固体力学非线性有限元引论[M]. 北京:北京大学出版社,1987.
[272] 董康兴. 弱层理剪切诱导缝网裂缝的形成与扩展机理研究[D]. 大庆:东北石油大学,2017.
[273] SHET C, CHANDRA N. Analysis of energy balance when using cohesive zone models to simulate fracture processes[J]. Journal of engineering materials and technology,2002,124(4):440-450.
[274] GAO F. Simulation of failure mechanisms around underground coal mine openings using discrete element modelling [D]. VANCOUVER: Simon Fraser University,2013.
[275] 郭凯. 低渗煤层气储层压裂参数优化研究[D]. 青岛:山东科技大学,2011.
[276] 张永成,郝海金,李兵,等. 煤层气水平井微地震成像裂缝监测应用研究[J]. 煤田地质与勘探,2018,46(4):67-71.
[277] PAXSON T L,LUCAS R A,BROBERG B,et al. An experimental investigation of the velocity characteristics of a fixed boundary fracture model[C]//Proceedings of an International Conference on Dynamic Crack Propagation. Dordrecht: Springer,1973.
[278] WASHABAUGH P D,KNAUSS W G. Non-steady,periodic behavior in the dynamic fracture of PMMA[J]. International journal of fracture,1993,59(2):189-197.
[279] SHARON E,GROSS S P,FINEBERG J. Local crack branching as a mechanism for instability in dynamic fracture[J]. Physical review letters,1995,74(25):5096-5099.
[280] YOFFE E H. LXXV. The moving Griffith crack[J]. The London,Edinburgh,and Dublin philosophical magazine and journal of science,1951,42(330):739-750.
[281] 张振亚. 脆性材料中动态裂纹传播问题的研究[D]. 宁波:宁波大学,2013.